JN284720

中華民国期農村土地行政史の研究

―国家―農村社会間関係の構造と変容―

笹川 裕史 著

汲古書院

汲古叢書 43

目　次

序章　問題の所在と本書の構成 …………………………………………………3
　　第1節　中華民国期農村土地行政史研究の意義……3
　　第2節　国家による農村社会把握とその変容……9
　　第3節　本書の内容と構成……13

第1部　農村土地行政の系譜と立案主体 ……………………………………21
　第1章　北京政府経界局と日本 …………………………………………21
　　第1節　土地変革をめぐる中華民国と日本……21
　　第2節　北京政府時期の経界局をめぐる政治過程……23
　　第3節　経界局の事業計画立案と日本……32
　　第4節　国民政府時期における課題設定の変容と日本……38
　第2章　蕭錚と中国地政学会 ……………………………………………48
　　第1節　もう一つの中国土地改革……48
　　第2節　中国地政学会結成に至るまでの蕭錚……50
　　第3節　中国地政学会の組織と活動（抗日戦争前）……54
　　第4節　蕭錚および中国地政学会にとっての戦争と戦後……64
　　第5節　台湾土地改革への道程……72

第2部　江浙地域と抗戦前の到達水準 ………………………………………79
　第3章　浙江省の先駆的試みとその挫折
　　　　　──「二五減租」と「土地陳報」── ………………………79
　　第1節　国民政府成立期における農村統治の課題と浙江省農村……79
　　第2節　「二五減租」の実施と形骸化……86
　　第3節　「土地陳報」の実施と失敗……97

第4節　小括と展望——国民政府論への一視点——……102
　第4章　浙江省農村土地行政の到達水準と実験県 …………………109
　　第1節　「土地陳報」失敗後の諸展開……109
　　第2節　蘭谿自治実験県の場合……116
　　第3節　平湖地政実験県の場合……124
　　第4節　小　　括……130
　第5章　江蘇省の地価税導入と自作農創出計画 ………………………139
　　第1節　土地・地税制度の近代化の進展概況……139
　　第2節　地価税導入をめぐる諸問題とその調整……146
　　第3節　自作農創出計画の立案……155
　　第4節　小　　括……159

第3部　「剿匪区」と抗戦初期までの到達水準 ……………………165
　第6章　江西省「剿匪区」統治 ……………………………………165
　　第1節　「剿匪区」統治に関する一視点……165
　　第2節　「賢良士民」帰郷推進工作……167
　　第3節　「剿匪区」統治の現実……175
　　第4節　小　　括……181
　第7章　江西省農村土地行政の到達水準 ……………………………186
　　第1節　省財政改革と田賦問題……186
　　第2節　「治標策」の実施とその困難……190
　　第3節　「治本策」の展開とその成果……198
　　第4節　小　　括……208

第4部　戦時行政への転換と屈折 ………………………………………215
　第8章　日本占領区と重慶政府統治区 ……………………………215
　　第1節　日本占領区における農村土地行政——江蘇省の事例——……215

第2節　重慶政府の戦時体制と農村土地行政の変容……219
　　　第3節　小　　括……228
　第9章　戦時から戦後にかけての地税行政と請願活動 ……………232
　　　第1節　地域社会からの利害表出と請願……232
　　　第2節　戦時下における請願活動の特質……233
　　　第3節　戦後における地税行政の変容と地域社会の動向……243
　　　第4節　国共内戦の本格化と全国糧食会議の開催……250
　　　第5節　小　　括……253
　第10章　戦後江蘇省の農村土地行政 …………………………………260
　　　第1節　江蘇省における戦前と戦後……260
　　　第2節　戦後国民政府の復帰と地税行政の再開……262
　　　第3節　地域社会の反応と地税徴収の実態……268
　　　第4節　小　　括……275

終章　結　　語 ……………………………………………………………279
　　　第1節　全般的趨勢と進展過程の特徴……279
　　　第2節　成果と意義……284
　　　第3節　推進要因と阻害要因……286
　　　第4節　日中戦争の影響……290
　　　第5節　まとめと展望……292

あとがき……………………………………………………………………297

索　　引……………………………………………………………………301
中文目次……………………………………………………………………327
中文要旨……………………………………………………………………330

図表一覧

表1-1	経界評議委員会人名表	25
表2-1	中国地政学会関連主要人物表	54
表2-2	中国地政学会年次大会一覧	56
表2-3	抗戦時期国民党統治区における主な各省土地改革と地政学会関係者	67
表3-1	浙江省農戸分類表	81
表3-2	浙江省龍游県（8村）・東陽県（8村）・崇徳県（9村）・永嘉県（6村）の農村住民の階層分布（1933年）	82
表3-3	浙江省歴年田賦収入表	84
表3-4	浙江省各県県長の官金横領	85
表3-5	浙江省各県県長告訴事件（1928年度）	85
表3-6	浙江省「二五減租」政策の時期区分と各級仲裁機関	88
表3-7	浙江省における省政府と省党部の主張の対立点	90
表3-8	浙江省「二五減租」政策実施中の小作争議の原因	93
表3-9	浙江省住民による「二五減租」政策の取り止め（および緩和）を求める請願書	94
表4-1	浙江省における土地測量の進展	112
表4-2	蘭谿自治実験県重要人物表	117
表4-3	蘭谿実験県における冊書の登録とその実態	119
表4-4	蘭谿県における土地所有権を示す証書類	121
表4-5	蘭谿県における土地紛糾の種類	123
表4-6	平湖地政実験県重要人物表	125
表4-7	平湖県航空測量の期間・経費および他との比較	126
表4-8	平湖における土地の諸権利を示す証書類	127
表5-1	江蘇省土地陳報進展表	141
表5-2	江蘇省土地測量進展表	143
表5-3	江蘇省地政局主要職員表	145
表5-4	上海県における旧田賦と地価税との比較	148
表5-5	南匯県における旧田賦と地価税との比較	150
表5-6	上海県・南匯県の地価算定に対する抗議文一覧	151
表5-7	啓東県地価券還本付息概算表	158
表6-1	勧告各県賢良士民回郷協剿の標語18種	169
表6-2	収復区農戸分類表	171
表6-3	江西省における農村合作社発展状況	172

図表一覧

表6－4	収復区農家負債表	174
表6－5	江西省農家借款の借入先	174
表6－6	江西省農村合作委員会歴年貸款統計	174
表6－7	江西省最近7年度実徴田賦統計	177
表6－8	江西省歳入状況	177
表7－1	江西省10県農戸分類表（1934年）	189
表7－2	1935年度から1937年度までの江西省田賦・営業税収入	198
表7－3	江西省における1941年9月までの土地行政進展表	199
表7－4	江西省における原有農地面積と実測農地面積との比較	202
表7－5	江西省における旧田賦額と地価税徴収額との比較	205
表8－1	日本占領時期の江蘇省における田賦徴収状況	217
表8－2	土地陳報・科則改定の実施状況	223
表8－3	土地陳報による課税面積・課税額の増加	223
表9－1	地税負担の不公平を是正することを求める請願	235
表9－2	田賦実物徴収の廃止にかかわる請願	248
表9－3	1941－1948年の田賦実物徴収・糧食の強制買い上げ・借り上げ	252
表10－1	戦後江蘇省各県地籍原図一覧	263
表10－2	戦後江蘇省各県田賦徴冊残存概況	266
表10－3	戦後江蘇省田賦実物徴収換算率	268
表10－4	1946年度江蘇省地税徴収状況	275
表11－1	全国歴年土地測量進展表	280
表11－2	全国各省市別土地測量進展表	281
表11－3	全国自作農創出概況表	287

図4－1	1937年5月までの浙江省土地行政の進展	112
図5－1	江蘇省土地陳報の進展	141
図5－2	江蘇省土地測量の進展	143
図7－1	江西省における田賦滞納県	193
図7－2	江西省土地整理進行計画と1941年9月までの土地測量進展状況	200

中華民国期農村土地行政史の研究
―― 国家－農村社会間関係の構造と変容 ――

序章　問題の所在と本書の構成

第1節　中華民国期農村土地行政史研究の意義

　本書の主題は、中華民国期（1912～49年）における農村土地行政の展開過程とそれが直面した諸問題を明らかにすることである。この作業を通じて、同時期の国家－農村社会間関係の構造と変容の一端が動態的に把握されることになろう。そこには、限定された視角からではあるが、中華民国期、とりわけその後期にあたる国民政府時期（1928～49年）という時代が持っていた可能性とともに、矛盾や曲折に満ちた当該時期の実像が映し出されている。

　中華民国期の農村土地行政の内容は多岐にわたり、しかもそれぞれの実施水準や成果は一様ではなく、時期的にも地域的にも偏差が大きい。しかし、実際に実施に移された項目を中心に全体を見渡せば、その基軸的な位置を占めていたのは土地・地税制度の近代化であった。したがって、本書の場合も、その他の関連する事項にも論及するとはいえ、考察の中心は、土地・地税制度の近代化にある。その基本的な内容は、1筆ごとの土地測量、土地登記、土地所有権の確定・保障、地価の算定、およびこれらを踏まえた地税徴収の制度的実現を指す[1]。このような内容を盛り込んだ事業の立案・計画やごく局地的な試みは、清末民初に遡ることができるが、それが一定水準の手順と精度を伴って、ある程度広域的に実施され、曲がりなりにもいくつかの地域で軌道に乗るのは国民政府時期である。したがって、本書の大半は、国民政府時期の分析に充てられる。

　一般に土地・地税制度の近代化は、世界の多くの地域で近代社会に移行する過程で実施されたが、日本および戦前日本が支配した東アジア諸地域においては、ヨーロッパの先例に学びながら、より短期間に迅速かつ徹底的に遂行された。その変革は、前近代的な支配構造を掘り崩し、その後の資本主義的経済発展を促す前提条件の一つを創出した。すなわち、明治日本の地租改正を嚆矢として、台湾や朝鮮などにおいて次々と日本が実施した土地調査・地租改正事業がそれである。

この中で、日本本土の地租改正は、日本近代史研究において明治維新の歴史的性格を解明する一環として精力的に研究され、戦前から今日に至るまでの豊富な研究史を有している(2)。また、台湾・朝鮮の土地調査・地租改正事業についても、日本本土の地租改正研究ほどの豊富な蓄積はないが、それぞれに優れた専著が出版されている(3)。さらに、これらの研究を踏まえて、土地・地税制度の近代化を比較的容易に受容しやすい東アジア農業社会の共通した特質を抽出しようとする興味深い試みもなされている(4)。

ところが、同じ東アジアにありながら、中華民国期中国における土地・地税制度の近代化については、その実現に向けた努力や到達した水準を検証する作業は、従来ほとんど行われることはなかった。何らかの形で当該時期の農村土地行政に関わった専門家を中心とした同時代人の観察や調査類、日本でいえば、これらを最大限に利用した天野元之助らのほぼ同時代の仕事が、今なお最も参照に値する材料を提供している(5)。ただし、こうした同時代人の考察は、個々の断面をとらえた記述として貴重であっても、全体的趨勢との関連づけを欠いているのはいうまでもない。また、自らが目指す改革理念を尺度として旧弊を過度に強調する現状批判であったり、あるいは自らが関わった事業の成果を誇示する政治的意図が含まれていたり、といった様々な偏りは避けられない。これに対して、同時代の認識から一定の距離を保った歴史研究としての分析はなお空白に近いのであり、その点では豊富な蓄積をもつ日本近代史の地租改正研究の場合とは著しい対照を示している。

研究が進展しなかったのは、主として次の二つの事情が関わっていたと考えられる。

まず第1に、事実の問題として、中華民国期中国における土地・地税制度の近代化は、日本における地租改正やその支配下で実施された類似の諸事業とは異なって、全国的な成果を生み出すことなく未完のままに終わったことである。しかも、事業が軌道に乗ったいくつかの地域においても、その直後の日本の侵略戦争とそれに続く政治的激動が、達成したばかりの成果をほぼ根こそぎにしてしまった。そのことによって、この改革が孕む可能性と派生するであろう諸矛盾の行方を中長期的に検証しうる条件は失われたのである。一般に、事業が完了して中長期的

な成果の検証が容易な改革と比べて、未完に終わった改革が本格的な歴史研究の対象になりにくいのは贅言を要すまい。

　しかし、研究の進展を妨げたのは、そればかりではなく、もう一つの事情があった。すなわち、歴史観に関わる問題である。いうまでもなく、戦後の中国近代史研究は中国共産党の正統的革命史観に長く呪縛されてきた。中国共産党の正統的革命史観は、中国社会主義の歴史的必然性を一国史的枠組において論証することを目的として組み立てられており、そこでは1949年革命が中国を新たな歴史的発展段階に移行させた偉業として高く評価され、これを担った中国共産党の政治的営為が歴史叙述の基軸となった。とりわけ、49年革命の過程で中国共産党が実行した全国的な土地改革は、農民自らが立ち上がって二千年来の「封建的」地主制度を廃棄し、農民的土地所有を実現した最も徹底したブルジョア的農村革命としてとらえられ、その位置づけは長く揺らぐことはなかった。そうした中で、革命の打倒対象であった国民政府をはじめ、中華民国期の土地・地税制度の近代化に向けた努力が、その内実にふさわしい意義づけを伴って注目される余地はなかった。総じていえば、革命に敵対した「反動政府」の、しかも未完に終わった事業を、当時において利用可能な断片的な文献で跡づける作業が、さしたる魅力を持つはずもなかったわけである。

　また、同じく歴史観の問題として付言すれば、戦後の日本近代史研究の動向も無視し得ない。日本近代史研究においては、明治維新のブルジョア的性格を否定する戦前の「講座派」的見解が戦後の学界においても長きに亙って優位を占め、地租改正についても「封建的」ないしは「半封建的」な性格を濃厚に残存させた不徹底な変革として低く評価されてきた。(6)そのような研究状況はすでに過去のものとなったが、戦後において自らの再構築を目指した日本の中国近代史研究は、こうした同時代の日本近代史研究の方法論や枠組みからも無縁ではあり得なかった。自国の地租改正についての豊富な研究史を持ちながらも、その主流となった評価の枠組みに引きずられて、ここでも、中華民国期中国の土地・地税制度の近代化を改めて取り上げようとする積極的な動機は育まれることはなかったのである。(7)

　戦後において通説的位置を占めた中国共産党の正統的革命史観は、プロレタリ

ア文化大革命を頂点とする中国自体の政治的混迷の深まりとその露呈を主な契機にして、1970年代頃から様々な形で批判的実証研究の波にさらされることになる。そうした趨勢の中で、国民政府のブルジョア的・民族主義的性格についての再評価も80年代に本格化した。しかし、その場合においても、当初は土地行政を含む農村統治については相対的に関心が低かった。国民政府再評価論が登場した当初においては、その動機からして当然のことであるが、同政府の積極的側面が比較的容易かつ明確に検証しうる分野に研究が集中していた。そのような実証研究が一定の厚みに達し、新しい見解が学界で定着するに伴って、ようやく本書の土台となった諸論文のような、結果的に顕著な成果をあげるには至らなかった分野にも実証研究が及び、国民政府研究の幅は広がっていくのである。(8)

　それでは、中華民国期の土地・地税制度の近代化を基軸とした農村土地行政をあえて研究する意義は、一体どこにあるのか。ここでは、以下の4点を提示し、本書の立場をあらかじめ明示しておきたい。

　まず第1に、中華民国期における土地・地税制度の近代化に向けた努力は、全国的に見れば未完におわり、中長期的な政策効果は検証できないとはいえ、その地域的な実施過程の分析は同時期における国家－農村社会間関係の構造と変容を浮き上がらせ、その特質をうかがう格好の素材を提供するという点である。最後の王朝国家から引き継いだ民国期国家による農村社会の掌握はいかなる構造を持ち、それが中華民国期の全体を通じていかなる変容を遂げたのか。変容を遂げたとすれば、どの程度のものであり、変容過程を促進したり阻害したりした諸要因は何であったのか。こうした問題の解明は、中華民国期という時代の歴史的個性を把握する上で不可欠な検討課題にほかならない。この点は、本書全体の基軸的な論点となるため、節を改めて、あらかじめ簡単な前提となる見通しを提示しておくことにしたい。

　第2に、中華民国期農村土地行政史の研究は、近年の国民政府再評価論に新たな内容を付け加えることになる点である。前述したように、国民政府の再評価論は着実な成果をあげてきたが、農村統治に関してはなお立ち入った実証的解明が進展しているとはいいがたく、同政府の全体像を新たに構築する上で大きな制約になっていた。とりわけ、旧来の通説においては、農村の有力者である地主層を

打倒すべき「封建勢力」としてとらえ、これを国民政府の階級的基盤の一つとして位置づけてきたことを想起すれば、政府と農村社会との関係についての本格的な再検討の作業を抜きにして旧通説の亡霊を完全に葬り去ることはできない。

　ただし、国民政府の農村土地行政の展開過程は矛盾と曲折に満ちており、その研究が提示するのは、すでに学界で有力な地歩を築いた国民政府の積極的再評価をさらに推し進め、これを単純に補完する側面ばかりではない。そうした側面もたしかに一定程度明らかになるが、ここに照らし出されるのは、むしろ国民政府の複雑で多面的な実像である。すなわち、政権内部の利害対立や方針の分岐、政策理念と実施実態との顕著な乖離、地域ごとの偏差のあまりの大きさ、地域社会からの異議申し立ての頻発とそれを制御できない統治能力の弱体さ、一貫した政策展開を阻む内外環境、等々。ここには、一筋縄の方法や短絡な結論を容易に受け付けない研究対象のとらえがたさが横たわっている。こうした点を十分に踏まえた上で、一定の傾向を浮き彫りにすることは容易ではないが、その作業はより立体的かつ動態的な国民政府像の構築に資することになろう。

　第3に、第2点とも密接に関わるが、中国共産党の土地改革を相対化する視点を提供することになる点である。近年の中国側の研究においては、「改革開放」政策の進展に伴って、「中華民国史」という新たなジャンルが切り開かれ、従来無視されてきた国民政府の土地政策についても論及されることが多くなった。しかし、その場合においても、中国共産党の土地改革に対する高い評価を前提に、その優位性を際だたせるための格好の素材としてこれに批判的に論及する姿勢がなお鮮明に見受けられる[9]。たしかに、事実において中国共産党の土地改革は旧来の農村における権力構造を基本的に解体せしめたのであり、その圧倒的な事実と直接に対比させれば、歴史の波に押し流された国民政府のあれこれの政策努力はいかにも卑小で枝葉末節的な印象を与えることになる。

　しかし、中国共産党の土地改革が採用した方式に深く内在する深刻な問題点はすでに明らかにされ、その負の遺産が革命後の中国社会とそこに住む人々を無惨に翻弄した事実も広く認識されている。また、経済的側面から見ても、中国共産党の土地改革は経営の成り立たない規模の零細農家を広範に創出し、必ずしも農業生産の発展に結びつかなかったばかりか、その後の急速な農業集団化の強行を

必然化させる要因となったことが論じられている。そして、初級合作社、高級合作社を経て人民公社にまで行き着いた農業集団化も、今日においては中国共産党自身の手によってすでに否定され、解体されてしまっている。

　一方、国民政府の農村土地行政は主として土地・地税制度の近代化を目指していたが、それに止まらず、その実現を土台とした更なる政策展開を構想していた。その中には、中国共産党とは異なった方式の土地改革プランの提示とその実現に向けた模索も含まれており、これは大陸では挫折を余儀なくされたが、大陸とは異なった内外環境にあった戦後台湾において基本的に結実したのである。そこには、農家経営の適正規模に対する一定の配慮や、社会的荒廃を招きかねない激烈な大衆運動の忌避など、中国共産党の土地改革をむしろ相対化し、逆にその欠陥を照射するような要素さえ含まれていた。

　以上の点を考慮するなら、国民政府の農村土地行政が目指した政策努力は、大陸では実現には至らなかったとはいえ、もう一つの異なった性格の土地改革につながる可能性を内包した試みとして正当に位置づけるべきであろう。少なくとも、アプリオリに中国共産党の土地改革を唯一のあるべき基準として設定し、国民政府の政策努力を等閑視したり、一方的にその不徹底さを批判して済ませるわけにはいかない。

　第4に、限定された視角からではあるが、1937年7月から始まる日中戦争が中国の歴史発展に与えた深刻な影響の一端を浮かび上がらせることができる点である。本書で繰り返し指摘することになるが、中華民国期の農村土地行政の展開過程を辿っていくと、幾多の内在的な問題点を抱えていたとはいえ、これを屈折させ阻害する最大の要因は何よりも日中戦争の勃発であったという事実に行き当たる。

　一般に、旧来の国民政府論においては、日中戦争時期の諸政策やその弊害を同政府の本来的性格の発現として批判する傾向が見受けられるが、それらは長期にわたる総力戦によって強いられた戦時体制に起因する点を抜きにして語ることはできない。国民政府は近代国家としての内実を十分に整える余裕を持たないまま総力戦を強いられたのであり、自らの存続を賭けてそれまでの政策基調を戦時に即応したものへ転換していく。この時期における農村土地行政の屈折と後退は、

それを示す典型的な事例の一つにほかならない。そして、その矛盾の蓄積が農村統治の空洞化を招き、戦後の再建に際しても極めて重い足枷となって立ち現れるのである。この点は、国民政府が戦後まもなく大陸において政権の座から追われることと無関係ではなかろう。

以上、中華民国期農村土地行政史を研究する意義を、四つに分けて提示してみた。これらのうち、本書が重視するのは、第1の点である。後の三つは、実は第1の点を基軸にしてそこから派生した問題領域の広がりを示すものにほかならない。したがって、次節以降では第1の点を中心にやや具体的に敷衍しておくことにしたい。

第2節　国家による農村社会把握とその変容

前節でも触れたように、中華民国期において土地・地税制度の近代化を基軸とした農村土地行政が本格的な展開を見せるのは、国民政府の統治下においてである。では、国民政府が農村土地行政を実施する以前、国家による農村社会の把握はどのようなものであったのか。ここでは、清朝から引き継いだ当該時期の国家による土地把握・地税徴収の特質を中心に概観しておこう。

当時の地税徴収の基礎となる国家による土地把握は、「胥吏依存型」ないしは「胥吏請負型」とも呼ぶべき特徴をもっている。当時の国家の土地・租税台帳は、明清時代に作成された『魚鱗冊』や『黄冊』に由来するが、長い年月の経過とともに、その記載内容が実態から遊離して形骸化し、とりわけ太平天国をはじめとする清末の大規模民衆反乱の中で散逸したものも多かった。ところが、国家はこれらの台帳の不備を是正し、あるいは修復することなく放置してきた。この時期の国家には個々の土地所有を把握しようとする関心は極めて薄弱であったのである。このため、行政機構の末端における実際の地税徴収の基礎となる土地把握は、納税者や納税額の移転登記を職務とする胥吏（「冊書」・「荘書」・「社書」など地域によって名称は異なる）に頼るほかなかった。

胥吏は自ら秘蔵する土地台帳の写しによって国家の徴税業務を実質的に支え、その資格は半ば世襲され、また売買の対象ともされていた。このような胥吏が国

家の監視の届かぬところで様々な不正行為を行い中間利得を得ていたわけだが、その手段の諸相は、たとえば、天野元之助の著書にほぼ余すところなく描かれている。その結果、実際の土地所有と納税義務とが正確に対応しない現象、すなわち「有田無糧」（田地を所有していても納税義務がない）、「有糧無田」（納税義務があるのに田地を所有していない）、「田多糧少」（所有する田地にくらべて納税すべき額が少ない）「田少糧多」（所有する田地にくらべて納税すべき額が多い）といった現象は珍しくなかった。

　また、以上のような土地把握を胥吏の恣意に委ねた体制は、農村社会の現実の力関係が徴税過程に大きく介在することにつながる。とりわけ、農村社会に隠然たる勢力をもち、権力の末端や胥吏層にも影響力を及ぼし得る有力地主は、税負担上の非公式の既得権を享受していた。たとえば、有力地主の税額を減じて、他の納税者に不正に割り当てるといった行為（「飛灑詭寄」）は、胥吏の不正行為の常套手段の一つであって、後に本格的な土地測量を伴った地籍整理が実施されると、本来なら課税すべき漏税地（「黒地」）が広範に検出されることになる。また、有力地主の中には、宗族ぐるみで公然と地税不払いを行い、これを名誉とする風潮さえ広がっていた（「大戸抗糧」）。こうして、税負担の不公平は常態化し、税収は停滞・減少傾向を示すことになる。

　以上のような現象は、近代国家の常態を基準とすれば、税務行政の紊乱・腐敗にほかならない。このような観点からの税務行政批判は、近代的知識・価値観を身につけた同時代の観察者や改革を志向するテクノクラートにほぼ普遍的に見られる。

　しかし、上述の土地把握・地税徴収のありかたは、歴史的に見れば、清朝から引き継いだ民国期国家による緩やかな農村社会把握のもたらした構造的特質であって、構造を支えている諸条件に変化がない限り、一定の合理性をもっていたと考えられる。すなわち、行政側からすれば、内実はどうあれ、極めて少ない労力と経費でもって既定の田賦定額をそれなりに確保しえていたのである。このような視点から過去の研究史を振り返れば、専ら税務行政の紊乱・腐敗を強調する天野元之助とは異なって、小沼正はこの点を見逃さなかったことに気づく。華北農村の田賦徴収機構を論じた小沼の表現を借りれば、それは「近代的な行政機構では

序章　問題の所在と本書の構成　　　　　　　　　　　　11

到底考えられない、きわめて巧妙な徴収機構であった」ということになる。国家による緩やかな農村社会把握には、それに対応した特異な行政機構や農村社会秩序が編成されていたのであり、ここには近代的な合理性とは異なった、別の合理性の存在を想定することができよう。

　ところが、このような独自な合理性をもった機構は、やがて根本的に是正すべき旧弊として強烈に意識されるようになる。その主な契機は、清末から民国初期にかけての莫大な対外賠償の支払いや各種近代化政策の実施などに伴う財政需要の膨張であった。これにより流通部門からの収奪強化が図られるとともに、田賦に対しても各種の付加税が上乗せされ、農村の土地所有者を対象とした直接・間接の税負担も著しく増大する。しかし、前述した機構は、農村社会が潜在的に有する担税能力を新規に有効に引き出すには弾力性に乏しく、強いて収奪を強化すれば、税負担の不公平をさらに拡大する方向に作用し、もとから内在していた制度的矛盾を際限なく顕在化させる結果となる。歴史的に継承されてきた末端行政の緩やかな農村社会把握のままでは、有効に対処しえない事態に直面しはじめていたのである。

　かくして、中華民国期には北京政府においても国民政府においても、前述の構造を打破するために、土地・地税制度の近代化が重要な政策課題として提起されたのである。それでは、以上のような既存の構造に即して考えれば、土地・地税制度の近代化が何をもたらすかについて、簡単な見通しをあらかじめ提示しておこう。

　まず第1に、国家－農村社会間関係が大きく変容することである。すなわち、前述した「胥吏依存型」ないしは「胥吏請負型」の土地把握から、国家が個々の土地所有を直接に把握する体制への移行である。この場合においては胥吏が暗躍し、農村社会内部の力関係が徴税過程を非公式に左右する余地は少なくとも制度的には廃絶される。これは、清朝から引き継いだ民国期国家の緩やかな農村社会把握に代わって、国家による農村社会のより直接的で確実な掌握という新たな構造が形成される端緒にほかならない。

　第2に、この変容が農村の諸階層にそれぞれ異なった影響を与えることである。すなわち、旧来の構造の中で有力地主が享受していた税制上の非公式の既得権を

掘り崩し、大筋において既得権をもたない一般の土地所有者（地主、自作農、自小作農を含む）の利益に沿うものとなる。

　第3に、この改革はより一層の資本主義発展に適合した性格を本来的にもっていることである。すなわち、この改革が実現すれば、私的土地所有が国家によって正確に把握され、法的に保障されることになり、土地の商品化や資本への転換はより円滑化する。中国の場合は、日本とは異なって早くから自由な土地売買が行われていたとはいえ、土地所有を公的に確証する制度が整っていない中で、土地をめぐる争いや訴訟が頻繁に起こっていた。そのような状況は大きく改善されることになろう。

　また、この改革によって、地税収入が増加すれば、各種の近代化政策を推進する政府の財政基盤を強化することにもつながる。日本の地租改正の場合がそうであったように、中国においても土地・地税制度の近代化に取り組む直接の動機は、こうした財政上の現実的要請にあった。

　第4に、この改革は、将来のさらなる政策展開のための基盤を提供することである。たとえば、後述するように、国民政府は土地・地税制度の近代化に止まらず、孫文の「平均地権」論にもとづく社会政策的観点からの諸施策や独自の自作農創出プランの実現を目指していた。しかし、これらは土地・地税制度の近代化が提供する土地に関する正確なデータによって、はじめて円滑な実施が望めるものであった。国民政府の場合、中国共産党の土地改革のように激烈な大衆動員の発動に依拠しないだけに、あらかじめ行政が農村社会を確実に掌握していることがより一層重要な意味を持っているのである。

　以上、4点にわたって中華民国期において土地・地税制度の近代化が実現すれば、いかなる変容をもたらすかについて論じてきた。次に、これがどのように立案され、どこまで実施に移され、その実施実態はどうであったのか、そして、いかなる問題群に直面したのかなどが問われなければならない。こうした設問に対する回答は、本書全体の内容によって示されるが、次節の「本書の内容と構成」において、こうした設問に答えるために本書が採用した方法と簡単な見取り図が得られるだろう。

第3節　本書の内容と構成

　さて、本書の内容と構成について簡単に概観しておこう。本書は、以下の四つの部分から構成されている。

　第1部「農村土地行政の系譜と立案主体」は、中華民国期における農村土地行政の展開過程を、主に立案主体を中心に取り上げている。

　中国において最初に全国的な土地・地税制度の近代化を目指したのは、北京政府時期に設置された経界局であった。ところが、経界局の事業は、政府内部の非協力や激変する政局に翻弄され、最後は農村社会からの反発を招いてあっけなく挫折の途を辿った。北京政府の政治権力としての未熟さが、その巨大な事業の実現を妨げたのである。第1章は、その経界局について、事業の計画・立案から挫折に至る政治過程を跡づけるとともに、事業の計画・立案には、日本本土の地租改正や日本が支配した台湾や朝鮮などで実施した類似の事業が参照され、日本の影響が大きかった事実を明らかにする。また、時系列的な順序を飛び越えることになるが、国民政府時期についても日本に対する眼差しの変化という点に限定して若干の言及を行った。

　国民政府時期になると、参照対象としての日本の比重は低下し、土地行政をめぐる状況は大きく変化する。その一つは、土地行政のブレイン集団が政府の外郭団体として常設され、多くの専門家を結集して土地行政を立案・主導するとともにテクノクラートも計画的に養成されるようになったことである。北京政府時期に較べるならば、行政側の主体的条件は格段に整備されたのである。第2章は、こうした土地行政のブレイン集団である中国地政学会とその指導者の政治的思想的営為を概観した。彼らは孫文思想を指導理念として、土地・地税制度の近代化だけではなく、社会政策的観点から「平均地権」の実現や自作農創出の土地改革を構想していた。ここでは、立案主体の動向を中心としながらも、国民政府農村土地行政が目指す理念とその全般的な展開を鳥瞰することになる。

　第2部と第3部は、日中戦争前を中心に、土地・地税制度の近代化が軌道に乗った先進地域を対象にして、国民政府の農村土地行政が行き着いた到達点とその実

施実態を検証している。国民政府の農村土地行政には地域的に大きなばらつきが見られ、日中戦争前でいえば、二つの「極」が存在していた。その一つが長江下流デルタ地域であり、行政区画でいえば、江蘇・浙江両省に含まれる。この地域は、早くから国民政府の権力基盤であり、経済的先進地域であった。もう一つの「極」は、「剿匪区」、すなわち、中国共産党のソビエト政権との対抗および内戦後の統治体制の再建という政治的要因が強く作用した地域である。行政区画でいえば、江西省が最も進展している。

　第2部「江浙地域と抗戦前の到達水準」は、このうち前者の長江下流デルタ地域（江蘇・浙江両省）を取り上げている。

　第3章は、共産党勢力を切り捨てて南京に首都を置いた直後の国民政府が、浙江省で先駆的に実施した「二五減租」と「土地陳報」を論じた。これらは地主的利益を抑制しつつ農村への権力の浸透を図る試みであったが、いずれも行政側の不備と有力地主の妨害によって挫折の途を辿った。しかし、これらの試みと挫折に至る経緯は、地主的利益の一貫した擁護者といった粗雑な通説的国民政府像を再考させる、ごく初期段階の素材として重要であり、その後において本格的で徹底した土地・地税制度の近代化が進展していく出発点としての位置を占めている。国民政府の農村土地行政は、この二つの失敗によって再構築が迫られたのである。

　第4章は、第3章を承けて、その後の浙江省における農村土地行政の展開を取り上げた。浙江省農村土地行政は試行錯誤を重ねながらも、その錯綜した状況を次第に淘汰し、日中戦争直前において本格的な土地・地税制度の近代化を軌道に乗せつつあった。ここでは、その過程を跡づけるとともに、とりわけ、蘭谿自治実験県と平湖地政実験県における独自な実践に注目し、それぞれの意義と問題点を詳述した。ここには、日中戦争前において国民政府の農村土地行政がたどり着いた実践的到達点の一つが鮮明に示されている。中国全体からすれば突出した事例に過ぎないとはいえ、これらの実施実態は、当時の国民政府の農村統治がもっていた潜在的な可能性と矛盾を検証する上で格好の素材にほかならない。

　第5章では、土地・地税制度の近代化が浙江省以上に進展を見た江蘇省農村土地行政に検討対象を移した。まず、土地・地税制度の近代化に向けた取り組みが江南地域をほぼ網羅する勢いで進展していた状況を確認した上で、浙江省では実

現に至らなかった農村地域における地価税導入に焦点をあてた。地価税の徴収は、土地・地税制度の近代化に向けた一連の改革の中で最終局面に位置するものであり、江蘇省においてこれを県全体にわたって実現したのは上海県と南匯県であった。ここでは、その成果を確認するとともに、そこで生起した諸問題を検討した。また、啓東県では、地域の実情に即した自作農創出の具体案が他地域に先駆けて立案されており、これについても論及した。

　第3部「「剿匪区」と抗戦初期までの到達水準」は、農村土地行政が最も進展したもう一つの地域である江西省を取り上げている。

　第6章では、地主・郷紳層との関連において江西省「剿匪区」統治の特質を論じた。国民政府は、中国共産党のソビエト政権によって故郷を追われた地主・郷紳層を呼び戻し、かつての地位を回復させつつ、彼らを自らの地域統治構築のための社会的支柱に据えようとした。ところが、旧来の通説的理解とは異なって、彼らは政府の期待通りの役割を果たさず、むしろ地域統治遂行の強力な障碍となっていた実態をここでは明らかにする。農村の有力者による抵抗や非協力が国民政府の政策展開を阻んでいるという構図は、国民政府成立期の浙江省（第3章）において確認した事態と変わらなかったのである。

　第7章では、そうした地域統治の実態を前提として展開された江西省における土地・地税制度の近代化を取り上げた。江西省における土地・地税制度の近代化は、ソビエト政権との内戦の中で混乱を極めていた省財政を改革する努力の一環として取り組まれ、江蘇・浙江両省の場合と同様に、これが日中戦争前において軌道に乗った。しかも、江西省の場合は、当時最新の測量技術であった航空測量が広域的に採用されており、同じ方法の採用が江蘇・浙江両省においてはそれぞれたかだか1県（無錫県・平湖県）に止まったことからすれば、国民政府の力の入れ具合がうかがわれる。また、江西省は内陸部に位置するため、長江下流デルタ地域に較べて日本軍の侵攻が遅れ、土地・地税制度の近代化は日中戦争開始後もしばらくは継続され、顕著な成果を残した。

　第4部「戦時行政への転換と屈折」は、日中戦争の開始に伴う戦時体制への転換による農村土地行政の変容を取り上げている。

　前述したように、日中戦争直前には土地・地税制度の近代化が一部の地域でよ

うやく軌道に乗りつつあったが、日中戦争は、そのような状況に何をもたらしたのか。戦前において改革が進展した先進地域は、戦争の緒戦において日本占領下に組み込まれてしまい、国民政府は権力基盤の薄弱な奥地に拠点を移して抗戦を継続していく。第8章は、日本占領下に置かれた地域と、抗戦を継続する国民政府の統治地域とに分けて、農村土地行政の屈折とそれがもたらした矛盾を概観した。いずれの地域においても戦前の方針や成果は継承されず、厳しい戦時状況に即応した苛酷な地税（＝糧食）収奪が優先されたのである。しかも、その地税収奪は極めて杜撰な土地把握を根本的に改めないまま行われていたのであって、農村では切迫した矛盾が蓄積されていった。

　第9章は、かかる状況を、抗戦期から戦後にかけて地域社会の様々なレベルから国民政府に提出された請願類を素材に描き出した。杜撰な土地把握を前提とした戦時収奪の強化は地税負担の不均等を拡大させ、その是正を求める請願を頻発させていたのである。戦後になると、かかる請願活動は戦時行政それ自体からの脱却を提起するようになり、中国共産党との内戦に直面して戦時行政を継続させる国民政府との矛盾を深めていく。請願という形態をとった地域社会からの利害表出は、戦前の農村土地行政においても見られるが、この時期には戦時体制を支えるために設置された各級「民意機関」[18]が主導的な役割を果たしていた点が注目される。

　第10章は、戦後国民政府が回収した江蘇省に対象地域を限定して、農村土地行政の再建とその困難さを論じている。前章と同じく、地域社会からの請願活動を重要な素材として、戦後農村土地行政が直面した問題点を明らかにした。ここでは、戦前において農村土地行政が最も進展していた江蘇省という一地域に即して、日中戦争が戦後にもたらした負の遺産の大きさを浮き上がらせた。

　終章では、以上の各章で明らかにしてきた諸事実を踏まえつつ、本書の全般的な結論を再構成して簡潔に提示した。

　さて、以上の構成からも了解できることであるが、本書が念頭においている方法論をやや概括的に提示するなら、以下の2点に整理することができよう。

　第1点は、農村土地行政の展開過程のそれぞれの時期や局面において最も重要度の高い地域を検討対象に選び、そうした地域レベルの実施実態に関する個別実

証分析を積み重ねることによって、中華民国期全体の通時的全般的趨勢を立論していることである。中国の国土は広大であって、地域的な多様性に富んでおり、相矛盾する事例を拾い上げることもさほど難しくはない。ましてや、近代国家の形成途上に位置する中華民国の統治が各地域にほぼ均質に及んでいたとはとうてい考えられない。そうした中で、本書が主に取り上げた地域（北京周辺、浙江省、江蘇省、江西省、四川省）は、決して無作為に選び出したわけではなく、一定の方法論上の戦略にもとづいて選定したことを強調しておきたい。

　第2点は、農村土地行政の推進主体の側の分析だけではなく、それを受け止める側の農村を中心とした地域社会の諸動向をも視野に入れ、両者の緊張を孕んだ相互規定関係の実態を描き出すことに努めたことである。本書の問題関心は、行政活動それ自体の解明や農村社会そのものの分析にあるというより、むしろ両者が接触する現場を発掘することにある。本書が行政史研究と銘打ちながらも、副題に「国家－農村社会間関係の構造と変容」と付した所以である。

註
(1) 本書で使用する「土地・地税制度の近代化」という概念は、たとえば、朝鮮史研究者の宮嶋博史が使う「近代的土地変革」と内容的に重なりあう。ただ、本書で「近代的土地変革」という用語を避けたのは、中国近代史の場合、「土地変革」や「土地改革」といえば、地主的土地所有の廃絶を連想しやすく、紛らわしいからに過ぎない。なお、宮嶋は、西欧の「近代的土地変革」をあるべき基準として他地域の変異を追及するという従来の研究方法を批判しつつ、「近代的土地変革」の最大公約数的な内容として次の4点を抽出している。すなわち、近代的土地所有制度の確立、地籍制度の確立、土地登記制度の確立、近代的地税制度の確立、である（「東アジアにおける近代的土地変革――旧日本帝国支配地域を中心に――」中村哲編『東アジア資本主義の形成』青木書店、1994年）。
(2) たとえば、佐々木寛司『日本資本主義と明治維新』（文献出版、1988年）の第3章に日本の地租改正に関する優れた研究史整理がなされている。
(3) 台湾については、江丙坤『台湾地租改正の研究』（東京大学出版会、1974年）。朝鮮については、宮嶋博史『朝鮮土地調査事業史の研究』（汲古書院、1991年）。また、同じく日本がその旧支配地域において実施した土地調査事業の研究としては、関東州については、江夏由樹「関東都督府、及び関東庁の土地調査事業について――伝統的土地慣習法を廃棄する試みとその失敗――」（『一橋論叢』第97巻3号、1987年）、満州国

については、同「満州国の地籍整理事業について――『蒙地』と『皇産』の問題からみる――」(『経済学研究』[一橋大学研究年報] 第37号、1996年) がある。
(4) 宮嶋博史・前掲論文 (「東アジアにおける近代的土地変革」)。
(5) 天野元之助『中国農業経済論』第2巻 (龍渓書舎、1978年 [原出は1942年])。
(6) 佐々木寛司・前掲書第3章。
(7) もちろん、今日においては状況は大きく様変わりしている。たとえば、日本近代史研究者の中村哲は、日本をはじめ世界各国・各地域の新しい研究成果を踏まえつつ、世界史的な視野から近代の地主制や土地改革の性格に関する体系的で独自な理論的再構成の試みを行っている (『近代世界史像の再構成――東アジアの視点から――』青木書店、1991年、第5章・第6章)。中華民国期における土地・地税制度の近代化を目指した政策努力についても、その内実にふさわしい意義づけを伴った再評価を行う条件は、こうした面からもすでに整ってきている。
(8) 国民政府に関する研究史については、拙稿「中国国民政府研究」(野沢豊編『日本の中華民国史研究』汲古書院、1995年、所載) を参照。
(9) 金普森・張忠才「1927至1937年南京国民政府農村土地政策述評」(『浙江学刊』1989年4月)、金徳群主編『中国国民党土地政策研究 (1905－1949)』(海洋出版社、1991年)、郭徳宏『中国近現代農民土地問題研究』(青島出版社、1993年)、成漢昌『中国土地制度与土地改革――20世紀前半期』(中国檔案出版社、1994年)、など。これらの著作は、従来の中国では本格的な研究対象とはならなかった国民党・国民政府の土地政策の内容と実践を比較的詳しく取り上げている。しかし、いずれも全体の基調は、大地主・大資本家の階級的利益が貫徹し、孫文の理想に背いて旧来の「封建的」土地制度を維持したという通説的国民政府論が前提となっている点で共通している。そして、本書で取り上げた土地・地税制度の近代化に関する実施実態やその意義については十分な注意が払われていない。
(10) 田中恭子『土地と権力――中国の農村革命――』(名古屋大学出版会、1996年)、吉田浤一「近現代中国の土地変革」(中村哲編・前掲書、所載)、奥村哲「旧中国資本主義の基礎概念について」(中国史研究会編『中国専制国家と社会統合』文理閣、1990年) など。なお、最近では、こうした中国共産党の土地改革についての新たな批判的研究をも踏まえて、第二次大戦後に各国・各地域で実施された土地改革についてのスケールの大きい比較史的考察も行われるようになった (野田公夫「第二次大戦後『土地改革の時代』と日本農地改革――比較史的視点からの日本農地改革論――」歴史と方法編集委員会編『歴史と方法2、都市と言語』青木書店、1998年、など同氏の一連の論文。日中土地改革の個別比較については、庄司俊作『日本農地改革史研究――その必然と方向――』御茶の水書房、1999年、も参照)。そこでは、かつての正統的革命史観のように中国共産党の土地改革に優位性を認めるような議論は、すっかり姿を消して

(11) 日本における近年の研究では、戦後台湾の経済成長の基礎となった土地改革の淵源として大陸時代の国民政府による土地改革の試みに光を当て、その政策志向や人材・経験の継承といった側面を精力的に実証している。すなわち、松田康博「台湾における土地改革政策の形成過程――テクノクラートの役割を中心に――」(『法学政治学論究』[慶応義塾大学] 第25号、1995年)、山本真「国共内戦期国民政府の『二五減租』政策――中国農村復興連合委員会の援助による1949年の四川省の例を中心として――」(『中国研究月報』586号、1996年)、同「抗日戦争時期国民政府の『扶植自耕農』政策――四川省北碚管理局の例を中心にして――」(『史潮』新40号、1996年)、同「中国農村復興連合委員会の成立とその大陸での活動(1948－1949)」(『中国21』第2号、1997年)、同「《インタビュー》1940年代、国民政府統治下の福建省における土地改革の実験――元福建省龍岩土地改革実験県県長林詩旦訪問記録――」(『中国研究月報』637号、2001年)、などである。本書第2章(初出論文は1997年)も、こうした問題視点をほぼ共有している。これに対して、吉田浤一・前掲論文は、同じく台湾土地改革の成果を再確認しながらも、それが大陸と較べて容易に成功しえた内在的要因を論じ、当時の大陸と台湾における農業発展の段階的差異に注目している。言うまでもないが、台湾土地改革の成功を正面から論じる際には、改革主体の形成やその性格の解明とともに、改革を受け止める社会の質的相違を含めた客観的な内外条件に関する検討も必要であろう。

(12) こうした観点は、今日の日本の学界ではほぼ共有されている。とりわけ、戦時体制への移行がその後の中国の歴史展開に与えた影響の大きさを、独自の視点から長期的な見通しをもって論じた研究として、奥村哲『中国の現代史――戦争と社会主義――』(青木書店、1999年)を参照。

(13) 天野元之助・前掲書、62〜123頁。

(14) 小沼正「華北農村における田賦徴収機構についての一考察――河北省昌黎県の社書制度とその消滅の過程――」『現代アジアの革命と法』上巻、勁草書房、1966年、30頁。

(15) 岩井茂樹「財政――国家の変貌――」狭間直樹ほか『データでみる中国近代史』有斐閣選書、1996年。

(16) この点に関して、小沼は以下のように指摘している。「……反面において、田賦徴収額を大幅に伸張せしめようとする時には、社書制度は却ってそのしっ梏となってしまうということである。田賦の増収をはかろうとするには、百年一日のごとき、しかも地味その他の土地の個別性を殆んど無視した税率をそのまま維持するわけにも行かず、また非課税地である黒地を強力にせんさくして、新規にしかも余すところなく課税することが必要となってくる。このようなことは農民の反撥を招かずには、したがって強力な行政力を持たずには実行できることではなく、当然社書の手に負えるものでは

なくなってしまう。」(前掲論文、30〜31頁)
(17) このような問題に加えて、清朝の崩壊に伴って、土地調査・地籍整理の早期実施を促すもう一つの課題が浮上していた。すなわち、東北地方や華北に広く分布する各種官荘・旗地等の錯綜・混乱した状況への対処である。この点については、末次玲子「民国初期の旗地政策と華北農村──直隷省の場合──」(小島淑男編『近代中国の経済と社会』汲古書院、1993年)、江夏由樹「辛亥革命後、旧奉天省における官地の払い下げについて」(『一橋論叢』第98巻第6号、1987年)、同「辛亥革命後、旧奉天省における官地の払い下げ──昭陵窰柴官甸地の場合──」(『東洋史研究』第53巻第3号、1994年)、など江夏由樹の一連の諸論文を参照。なお、江夏の研究は、同時期の各種官地の民間への払い下げとそれによる新たな地主勢力の台頭といった事実を追跡している。
(18) なお、日中戦争時期に国民政府が設置した各級「民意機関」は、通常の議会とは異なり、政策立案に関与することはできても最終的な決定を行う権限はなかった(たとえば、行政府と「民意機関」が対立した案件は、上級の行政機関が最終的な決定を行う)。厳密にいえば、各級地方政府が当該地域における住民の民意を聴取・参照するために設置された一種の諮問機関ないしは民意表出機関というべきである。ただし、本書では煩雑さを避けるため、以下では括弧をはずして、当時の呼称をそのまま用いることにする。

第1部　農村土地行政の系譜と立案主体

第1章　北京政府経界局と日本

第1節　土地変革をめぐる中華民国と日本

　中華民国期の中国における農村地域の統合は、主要都市に較べて大きく立ち遅れていた。伝統的な王朝国家から引き継いだ緩やかな農村統治を近代的に再編する課題は、極めて緩慢な速度でしか進展しなかったのである。たとえば、本書で扱う農村土地行政の曲折と矛盾に満ちた歩みは、その典型的な事例としてとらえることができる。もちろん、本書が明らかにするように、注目すべき様々なプラン作りや地域レベルの実践は一定の進展をみせており、そこには看過できない重要な意義が含まれていた。しかしながら、中華民国期においては内外条件の制約によって一貫した政策展開を阻まれ、全国規模の十分な成果はついに生み出されるには至らなかった。全国規模の成果は、やはり中華人民共和国建国後の土地改革を待たねばならない。

　これに対して、近代日本の場合は、明治初期の地租改正、戦後占領時期の農地改革という二つの画期的な全国規模の土地変革を、東アジア諸地域に先駆けて実現してきた。また、戦前日本が支配した台湾・朝鮮・旧「満州国」など東アジアの諸地域においても、日本本土の地租改正と同じ性格をもった諸事業（＝土地・地税制度の近代化）を次々と推進した。こうした日本本土や旧日本支配地域における諸事業は、かつては批判的に論及されてきたが、近年では前近代的な旧支配体制の基礎を掘り崩し資本主義的経済発展を促す前提となったことが再確認され、その事業展開の迅速性・徹底性が注目されている。また、戦後日本の農地改革についても、かつてのように中国共産党の土地改革と比較してその不徹底さを主張するような議論は影を潜め、より幅広い比較史的視野から積極的な再評価が試みられている。

　中華民国期の中国は、地理的な近さや農業形態の類似性、あるいは人的交流の

密度からいって、このような同時代の日本およびその支配地域の動向に対して無関心であったとは考えられない。それでは、その動向にいかなる眼差しを向け、いかなる関わりを持ってきたのであろうか。本書で繰り返し指摘するように、1937年7月に始まる日中戦争は中華民国の農村土地行政の進展を大きく損なう役割を果たした。しかし、より長期的な視野で眺めれば、中華民国期の農村土地行政に対して日本が果たした役割は、その進展を阻害した側面だけで語ることはできない。

　そのような視点で日本との関わりに注目すれば、国民政府時期（1928～49年）よりも、それに先立つ北京政府時期（1912～28年）、とりわけその初期がより重要な考察対象として浮上してくる。この時期においては、実効性を伴うまでには至らなかったとはいえ、土地行政の専門機関として経界局が設置され、全国的な土地・地税制度の近代化を目指す試みが中国で初めて模索された。その際、明治日本の地租改正および日本が植民地統治の一環として台湾・朝鮮などで実施した土地調査・地租改正事業が参照されていたのである。したがって、本章では、北京政府時期における経界局の事業の立案から挫折に至る経緯をやや詳しく取り上げて、これと日本との関わりを論じることにしたい。この作業は、とりもなおさず国民政府時期における農村土地行政の前史を跡づけることになろう。[3]

　これに対して、国民政府時期になると、北京政府が成し得なかった土地・地税制度の近代化が先進地域で急速に前進するが、土地行政を取り巻く状況は大きく様変わりし、日本との関わりはむしろ希薄になっていた。すなわち、この時期には土地行政のブレイン集団である中国地政学会が国民政府の外郭団体として結成され、彼らの主要な関心は日本には向けられていなかった。そうした国民政府が日本の土地行政に強い関心を示さざるを得ない状況は、日中戦争の終結直後に現れる。本章では、次章以降への展望として、このような国民政府の土地行政立案者たちにおける日本への眼差しとその関心の有り様についても若干の論及をしておきたい。

第1章　北京政府経界局と日本　　　　　　　　　23

第2節　北京政府時期の経界局をめぐる政治過程

1　背景と発端

　中国における土地・地税制度の近代化をめざした地域レベルの試みは、清末の江蘇省宝山県の事例を嚆矢としており、中華民国成立後の北京政府時期においてもごくわずかながら散見される(4)。しかしながら、全国規模の統一的な事業の計画立案となると、北京政府時期でいえば、挫折したとはいえ、1915年1月に袁世凱政権下で設置された経界局の事業を挙げうるのみである。客観情勢からしても、北京政府時期は一般に軍事政治勢力の地域割拠（いわゆる「軍閥割拠」）に特徴づけられ、そのような全国的計画がある程度の現実性を帯びて立案されうる可能性を孕んだ局面は、この時期の袁世凱政権以降においてはおよそ考えることはできない。

　その経界局の設立から廃止に至る経緯については、すでに浜口允子が政府内部の非協力や政局の変動によって翻弄される姿を大筋において明らかにしている(5)。ここでは、浜口の研究も参照しながら、従来言及されることのなかった史実を補いつつ、その経緯をやや詳しく概観しておこう。

　いわゆる第二革命を武力鎮圧で乗り切った袁世凱政権は、自らの脆弱な財政基盤を強化する課題に直面し、その一環として土地・地税制度の近代化についても取り組むことになった。浜口によれば、この時期、極めて深刻な財政危機を打開するために、袁世凱政権は田賦収入を担保とした新たな対外借款の締結を模索していたという(6)。経界局設置による土地・地税制度の近代化に向けた努力は、なによりもまず、新政権成立直後の不安定な政局の中で財政基盤を強化するという動機にもとづいていたのである。

　後の経界局につながる全国規模のプラン作りは、1914年2月に内務部に設置された土地調査籌辦処による計画策定まで遡ることができる。そこでは、経界局の当初の計画と同様に、16年間から30年間に及ぶ長期的で大がかりなプランが示されていた(7)。とはいえ、経界局設置の直接の発端は、1914年12月11日付けの大総統申令まで待たねばならない(8)。そこでは、「仁政は経界より始めるべし」という経

書の引用から説き起こし、国家による土地把握の不備が田賦の紊乱を招いており、これを是正しなければ「民を害し国を害する」と指摘している。ここには、たんなる財政上の必要に止まらない政治理念が語られている。同申令はその上で、まず京兆地域から土地測量を実施することを提起し、その具体的方法の策定を内務・財政両部に求めた。

次いで、内務・財政両部はこれを受けて、中央に全国経界局、京兆地域に経界行局を設置すべきことを答申した。(9)ここでも、この政策が実現すれば、「上は国計に有益であり、下は民生に有利であって、不利なのは少数の劣紳・土豪だけである」と述べていることに留意しておきたい。財政上の必要性から始まった事業計画は、その開始段階から別個の政治理念を探り当てていたのである（その由来については後述）。

こうして、1915年1月22日には、設置が決定した経界局の督辦として蔡鍔が任命された。(10) 蔡鍔は、まず全国経界籌辦処を設立し、その内部に自らを委員長とする評議委員会を組織して経界局の事業計画を作成した。評議委員会には「経験が豊かで技術に精通した者」および関係する「各機関主管人員」30名（専任5名、兼任25名）が招聘された。表1－1はそのメンバーの一覧である。内務部、財政部、交通部など各機関の職員に加えて、総統府や参謀部に所属する高級軍官の比重が高く、また、全体の過半数が日本留学経験者であったことが確認できる。(11)

彼らが作成した計画は、土地測量には「三角測量および地形測量」を採用し、中央に測量専門学校を設けて人材を育成しつつ各省同時に挙行して30年間ですべての事業を完了するという長期的で大がかりなものであった。中国の場合は、日本・台湾・朝鮮などと較べて事業対象地域が桁外れに広大であって、事業規模の巨大さはそこに由来していた。その事業経費は、「地方負担主義」をとり、事業遂行に伴って見込まれる漏税地や官有地からの新たな課税による増収や契税収入を充てることになっていた。ただし、当面の必要経費としては、特別会計を設定し、験契費収入、塩税剰余金の一部、官産整理収入を繰り入れるとされた。また、測量機器の製作工場の開設、インド・安南・ビルマ・朝鮮など海外への調査員の派遣、編訳所の設置による関連図書の収集・翻訳事業なども計画の中に盛り込まれていた。(12) このうち、後述するように海外調査員の派遣の一部、関連図書の収集・

第1章　北京政府経界局と日本　　　　　　　　　25

表1－1　経界評議委員会人名表（設置当初）

人　名	現　　　職	日 本 留 学 経 験
范熙績	総統府軍事諮議陸軍中将	陸軍士官学校第5期騎兵科
殷承瓛	総統府軍事諮議陸軍中将	陸軍士官学校第5期工兵科
林萬里	総統府政治諮議	早稲田大学
蔣方震	統率辦事処参議陸軍少将	成城学校、陸軍士官学校歩兵科
姚鴻法	統率辦事処参議陸軍少将	成城学校、陸軍士官学校第3期
曾彝進	政事堂参議約法会議議員	京都帝国大学法学部
雷寿栄	参謀部第二局局長陸軍少将	陸軍士官学校歩兵科
黄慕松	参謀部第六局局長陸軍少将	陸軍士官学校、砲工学校
陳錦章	参謀部測量局局長	陸地測量部
陳嘉楽	参謀部製図局局長	陸地測量部修技所製図科
劉器鈞	参謀部第六局第一科科長	不明
李正鈺	参謀部第六局第二科科長	不明
潘協同	参謀部第六局第三科科長	不明
李　蕃	陸軍測量学校校長	不明
呂　鑄	内務部職方司司長	不明
兪慶濤	内務部職方司僉事	不明
呉承湜	内務部職方司僉事	不明
王履康	内務部職方司僉事	不明
賈士毅	財政部参事	法政大学政治科、明治大学法政科
李景銘	財政部賦税司司長	早稲田大学政治経済科
曲卓新	財政部雑税処総辦	早稲田大学
范治煥	財政部幣制委員会常駐委員	不明
曾鯤化	交通部技正	不明
楼思詰	京兆尹総務科科長	早稲田大学政治経済科
籍忠寅	前参議院議員	経緯学堂、国民英学会、早稲田大学
劉　宣	前江南参謀処測絵科科長	不明
周鍾嶽	発往四川存記道尹	東京弘文学院、早稲田大学
徐佛蘇	政事堂参議	東京高等師範学校
袁毓麟	財政討論会会員	不明
高　霽	前陸軍軍官学校地形築城学教官	不明

（註）　上から26名は、1915年2月11日に任命された（『政府公報』第995号、同年2月14日）。同年3月6日に残りの4名が追加され、辞職した曲卓新の代わりに趙椿年（財政部整理賦税所議員長）が任命された（『政府公報』第1017号、同年3月9日）。30名のうち、日本留学経験が確認できる者は17名である（徐友春主編『民国人物大辞典』華北人民出版社、1991年、外務省情報部『現代中華民国・満州国人名鑑』1932年、北京支那研究会編『最新支那官紳録』冨山房、1918年、外務省政務局編『現代支那人名鑑』1915年）。

翻訳は実施に移された。

2　政府内部における方針の分岐と対立

　ところが、この経界局の方針は財政部からの批判にさらされることになった。その主眼は、当時の困難な国家財政状況・経済社会状況を考慮するなら、より簡易な方法を採用し事業規模を縮小して着手すべきであるという点にあった。とりわけ、全国同時に事業を展開することは不可能であって、さしあたりは事業を数県規模に限定すべきことが強調された。その上で、次のようないくつかの具体的提案を行った。すなわち、人材の育成については特別な施策を講じないで、既存の各省測量局ないしは参謀部測量局を利用する提案を行い、経費については、江蘇省の先例に倣って、各県の実情に応じた負担率で一定期間田賦に付加徴収したり、土地所有を示す証書の交付にかかる費用（「方単費」）を徴収したりするなどの方法を提起し、すでに用途が指定してある塩税収入などに手をつけることには反対した。[13]

　これに対して、経界局は次のような反論を行った。その論点は、全国同時に事業を実施しなければ、事業の進展は遅れて効果は緩慢となり、総経費がむしろ増大すること、既存の測量局の人員・学生は質的にも量的にも経界局の事業の任に堪えないこと、財政部提案の経費調達案は測量実施時あるいは実施後に調達しうるものであり、当面必要な経費は特定の財源を設定して確保する必要があること、などである。そして、財政部の提案に配慮して若干の修正をした事業計画を改めて提出したが、長く決裁を得ることはできなかった。[14]

　また、この間、財政部は自らが提案した経費調達方法について、事業の優先的な実施が予定されていた京兆地域の地方長官である京兆尹に諮問していた。その結果、京兆地域は貧しく災害も連続して民生は極度に凋落しており、いかなる方法をもってしても民間ではその経費を負担できないという返答を受け取っていた。なお、この場合の事業経費は、アメリカ合衆国・ドイツ・フランス・日本・台湾などの実績をもとに京兆地域20県を対象として計上されていたという。[15]

　こうした事情を背景として、1915年3月から財政総長に就任していた周学熙は、経界局とは別個に独自な田賦整理の方法を構想し始める。それは、経費のかから

第1章　北京政府経界局と日本

ない即効性を重視した方法であり、やがて「田畝調査大綱8則」にまとめられた。その基本方針は、経界局のような専門機関を設けず、各県知事が県内を若干区に分かち、区ごとに「士紳」一人を責任者に任命し、これに数人の協力者を配置して1筆ごとの土地調査を行わせ、そのデータを財政部に報告させるという極めて簡便な方式であり、土地測量については、報告内容に疑いがある場合のみ簡略に実施することになっていた。この方法は、9月には大総統の裁可を得て、いくつかの地域でその実施が試みられた。(16) 経界局の事業規模や経費調達などをめぐる政府内部の見解の分岐は、適切な調整がなされないまま、全く異なった方針の併存・分裂状況を招くことになったのである。

このような政府内部の方針の不一致は、経界局の存立そのものに関わる法整備においても、当然のことながら影を落としていく。経界局は1915年の4月から5月にかけて自らの組織と事業遂行に関わる諸条例案（「経界局暫行編制」「経界行局条例」「経界審査委員会条例」「各省経界籌備処章程」「経界条例」）を作成し、大総統にその公布を申請した。ところが、大総統の回答は、極めて冷淡なものであった。すなわち、経界局の職権は財政・内務・農商3部に関係すること、その事業は財力の制約により漸進的に実施すべきことを述べた上で、経界局官制はさしあたり制定しないという明確な判断を示し、その他の諸条例は一括して財政・内務・農商3部で共同で検討することを指示した。さらに、これを受けた財政・内務・農商3部は意見の調整がつかないという理由で、この案件は後述するように16年2月まで放置された。(17)

他方、京兆地域の実施機関として設置された京兆経界行局の方はどうであっただろうか。1915年4月2日に京兆経界行局の坐辦に就任した衛興武は、日本が朝鮮で実施した土地調査事業の支部組織をそのまま真似て行局の機構を整え、経界局が立案した計画に沿って業務遂行の準備を進めていた。(18)

ところが、ここでは京兆地域にすでに設置されていた類似の既存組織との権限の調整が問題として立ちはだかることになった。同地域では京兆尹沈金鑑の提議によって清査地畝処がすでに設置され活動を開始していた。清査地畝処の事業は主として土地所有者の自己申告によって土地を把握することであり（土地測量は補助的に抽出・実施）、それは経界局の事業の予備調査としても位置づけられ、京

兆地域に経界行局が成立すればこれに吸収・合併することが予定されていた。衛興武は、その既定方針に沿って、清査地畝処を経界行局に接収する具体案を大総統に提案し、5月5日には大総統の批准を受けた。

ところが、ほどなく財政部からこれとは相矛盾する次のような提案がなされた。すなわち、京兆地域には官・荒・屯・衛各田および清朝内務府等の租田が多く、これらの純粋な官産ないしは官産の性質を含んだ土地の整理については、清査地畝処がすでに一定の成果を上げ、民間から費用を徴収して収入も得ている。したがって清査地畝処を清査官産処に改組してその業務を継続し、これについては経界行局の事業範囲から除くというものであった。しかも、この財政部の提案が、5月16日に、大総統の批准を受けてしまったのである。このため、経界行局による先の接収案は事実上無効となり、同月、京兆清査官産処と各県分処が新たに成立し、経界行局と併存することとなった。

この措置に不満を持った衛興武は、本来経界局の事業対象に官産・民産の区別はあり得ず、このままでは責任が分散し組織・権限が重複するため経界行局の事業遂行に支障を来すとして、意見書を経界局に提出した。⁽¹⁹⁾

ところが、その後、15年11月に、蔡鍔が病気を理由に経界局督辦を辞職して北京を離れてしまった。蔡の辞職は、前述した経界局の事業に対する政府内部の非協力とも無関係ではなかろうが、主要には帝制へと傾斜する袁世凱の政治姿勢に対する反発があったと考えられる。蔡の反袁武装蜂起は、辞職後まもない12月25日に雲南省で始まる。ともあれ、蔡の職を引き継いだのは、京兆清査官産処の設立を主張した財政部の次長である龔心湛であり、このために、衛興武の議論はしばらく棚上げにされることになった。

3 事業の縮小と具体化

以上のように、経界局の事業遂行の準備は様々な面で暗礁に乗り上げていた。しかし、経界局の事業がまったく停止してしまったわけではなかった。全国規模の事業計画については政府内の合意が形成されないまま、1915年後半から局地的な実施計画のみの具体化が進行していく。

すなわち、1915年6月2日に政事堂で経界会議が開催され、京兆経界行局が提

案していた段階的な実施計画に沿って事業の遂行が決定されたのである。ただし、この段階では、本格的な土地測量に先立って実施される土地に関する予備調査については、財政部の管轄、すなわち京兆尹が設置した清査官産処の管轄とされた。また、測量についてはさしあたり京兆地域の1、2県に限定して実施することになり、その経費は財政部が調達することになった。この方針が大総統の批准を受け、ここに経界局の事業が初めて具体的に確定されたのである。試験的な実施対象として選定されたのは、京兆地域内の涿県および良郷県の2県であり、測量はアメリカ合衆国で実施された経緯網測量（涿県の場合）および日本の朝鮮土地調査事業で実施された三角測量（良郷県の場合）が採用された。実施期間は2年間であり、1915年7月から12月まではその準備期間として設定され、16年1月から翌年の年末までにすべての測量を完了する予定であった。[20]

この決定に伴い、いくつかの準備措置が次々と講じられていく。

その第1は、予算が確定し、民間からの費用の徴収方法が決定したことである。財政部から配分された額（約32万7千元）は涿・良郷2県のみの経費であり、当初、京兆地域20県全体を対象として計上されていた額（440余万元）と比べれば7％余りに過ぎなかったが、これによって事業開始の資金的な裏付けが実現した。また、民間からの費用の徴収については、京兆各県の民力の疲弊を考慮して、「帯徴費」（所有地の面積に応じて一定期間徴収）は事前に徴収せずに測量完了後に徴収すること、「方単費」（前出、「局照費」とも呼称）は少額に抑え、すでに官産清査時に同種の費用を徴収していた場合はこれを充当することが決められた。[21]

第2は、実務を担う人材を短期的に養成する経界伝習所が設置されたことである。同所は、技術科と事務科に分けて学生を募集し、1915年10月から翌年2月まで講習を行って技術科90名、事務科35名を卒業させた。卒業生は郊外で実地練習を終えた後、現地の実施機関の職員として任用された。[22]

第3は、事務の簡素化の要請を受けて、一定の組織の再編を実施したことである。すなわち、1915年12月には京兆経界行局が撤廃され、経界局が事業遂行を直接管轄することになり、現地の実務に携わる涿良分局が涿県の県城内に設置された。これに伴い、京兆尹が実施していた官産清査は停止された。なお、行局に配分されていた予算は測量技術者を養成する経界学校の経費に回された。経界学校

は、経界伝習所とは異なって将来の経界局の事業拡大に伴う人材需要の増大に備えたものであり、1916年9月に開学する予定であった。[23]

第4は、長く懸案になっていた法整備が事業規模の縮小に応じた形で行われたことである。事業が実施段階に入ると、事業遂行に関わる諸規則の制定が早急に必要となり、そうした情勢を受けて、1916年2月、内務・財政・農商3部はかつて経界局が提出した諸条例案に対してようやく次のような回答を示した。すなわち、諸条例案のうち最も重要な「経界条例」は、「多く各国成文を採用しており、我が国の地方民情に合わない」として、その施行を否定し、涿・良郷両県の測量には別の「試辦章程」を作成すべきであると主張した。また、その他の諸条例案についても、各省においてはすでに財政部が大総統の裁可を得た田賦整理の方法があるなどの理由ですべて否定された。この回答が2月25日大総統の裁可を得たために、経界局は全国各省に一律に適用する法整備をあきらめ、京兆地域だけに適用する新たな諸規則（「京兆経界暫行章程」「京兆経界分局暫行章程」「土地陳報規則」「選任経界董事規則」「京兆経界預査規則」）を作成し、その施行が3月21日に許可されたのである。[24]

こうして準備を整えて、経界局は予定よりやや遅れて1916年3月から事業の実施に着手した。すなわち、3月15日に涿県の予備調査を開始して必要なデータの収集を行い、4月17日に本格的な土地測量が開始された。[25]

4　騒擾事件と経界局の廃止

ところが、土地測量を開始してわずか20日足らずで、住民による騒擾事件を引き起こすことになった。そして、この事件が経界局を最終的な廃止に追い込むのである。

涿良分局長雷振鏞および涿県知事朱元烱の報告によれば、事件の背景と概要は、以下の通りであった。涿良分局は事業開始に先立って、村民を集め繰り返し土地測量による諸利益を説いたが、村民の中には「官」に対する反感が根強く、一部では集団的な異議申し立て行動も表面化していた。このため、同地の「紳董」たちは県政府に対して測量の一時延期を連名で請願したが、時すでに遅く測量班は出発した後であった。村民が反感を抱いた理由は、①芽吹いたばかりの作物を踏

みにじられること、②同地には漏税地が多く、これが摘発され安値で国家に取り上げられること、の2点を危惧したためであったという。

　事件は、5月5日に発生した。この日、涿良分局から派遣された測量各班が村に着くと、村民200余人が集まり、測量を停止するように脅迫した。これに怯えて班員が逃走すると、反抗する村民の数はますます増加し、いくつかの村の事務所が破壊され、測量機器が強奪されるに至った。その際、班員は縛られたり殴られるなどの暴行を受けた。県政府はこの知らせを聞き、軍隊と警備隊を派遣して村民を弾圧して散会させた。その後、同地の「紳董」たちが県政府に集まり、①捕らえた班員の引き渡し、②破壊した機器などの弁償、③首謀者の引き渡しと懲罰の3点を約束し、事件に参加した村民に対する寛大な処分を願い出た。この「紳董」たちの仲裁が功を奏して事態は一旦は収拾された。

　ところが、まもなく近隣の易県で山北社という組織（実体は不明、涿県の村民騒擾の背後にも彼らが活動していた）が抗税暴動を起こし、参加者は2万人に膨れあがって、同県の県知事を担いで北京へ抗議に行くという大規模な騒擾事件に発展した。これも軍隊が弾圧したが、その影響を受けて状況は険悪化し、涿県の測量はますます実行困難となった。こうして、5月10日には、涿良分局は涿県政府とともに測量の一時的停止を経界局に請願するに至った。

　経界局は、この請願を受けて、県内各地に派遣していた外業人員を全員呼び戻し、当面は製図作業などに従事させ、秋の収穫を待って測量を再開することに決めた。しかし、中央政府のすぐ間近で起こった騒擾事件とそれによる測量の停止は、同地域だけの問題にとどまらず、その他各省にも大きな動揺をもたらした。河南省などから事業中止を求める請願電報が次々と届き、ついに1916年5月24日、測量停止を命じる大総統申令が出された。続いて、政府内部の意見調整を経て、7月11日、経界局を撤廃する大総統申令が出され、ここに、経界局が準備してきたすべての事業の中止が決定された。(26)経界局はわずか1年半余りでその命脈は尽きたのである。

　このあまりにあっけない経界局の廃止の背景には、1915年後半からの帝制運動、同年12月の袁世凱の皇帝就任受諾、これに反対する武装蜂起の勃発（いわゆる第三革命）を経て、翌年3月の帝制取り消しから6月の袁世凱の死去という一連の

政局の激変と、それに伴う中央政府の求心力の低下があったのはいうまでもない。先の測量停止を命じた大総統申令にも、災害・兵火の多発による民生の困窮への配慮が強調されていた。なお、周学熙が主導した前述の田賦整理も、こうした政局の影響を受けて停止された。

以上概観してきたように、経界局は全国的な土地・地税制度の近代化を企図したが、その事業規模の巨大さのために、当初から政府内部の対立や方針の分岐を招き足並みが揃わなかった。そして、曲折を経て当初の事業計画は矮小化され、最後は中央政府の求心力が低下する中で地域住民の騒擾事件が発生し、その一突きによって脆くも撤廃の運命を辿ったのである。そもそも土地・地税制度の近代化は、旧来の農村権力構造を基盤とした有力地主層の伝統的な既得権を掘り崩すため、強い抵抗も予想された事業であった。当時の中国の現実は、そのような大規模で困難を伴う事業の遂行にとって必要な政府内部の意思統一、政局の安定、地域社会からの一定の合意調達などの諸条件をいずれも欠いていたといわねばならない。その後、経界局と称する機関は1920年に復活したが、このときはわずか数ヶ月で姿を消している。[27]

第3節　経界局の事業計画立案と日本

1　財政部日本人顧問常吉徳寿の主張

さて、次に経界局と日本との関わりについて見ていこう。すでに前述した中からも、経界局の立案には日本留学経験者が多く関わり、日本をはじめ諸外国の経験が参照されていたことがうかがえるが、ここでは、日本からの影響についてやや立ち入った考察を試みたい。

まず、取り上げたいのは、経界局の理念形成に大きな役割を果たしたと思われる常吉徳寿の主張である。常吉徳寿は、日本の財政専門家であり、当時、北京政府の財政部賦税司の日本人顧問として招聘されていた。後に経界評議委員会のメンバーとなる晏才傑（財政部僉事）は、彼について次のように紹介している。すなわち、常吉は顧問就任以来、中国の現状についてその利弊を直言し、財政部に対する貢献は少なくない。とりわけ地税改革や土地測量については日頃から資料

を探し求めて幅広い言論を展開し、たとえば「整理田賦意見書」「調査土地之目的」「経界局編制」などの論述は中国人研究者に資すること計り知れない。その内容は個々に中国の現実に適しない点もあるが、採用すべきところはすこぶる多く、幸いにして経界局もこれに留意しているという。⁽²⁸⁾

　ここでは、常吉徳寿の当時の言動を全面的に検証することはできないが、とりわけ経界局の事業理念と密接な関わりを持つと考えられる「土地清丈之目的」と題された評論を検討対象にしたい。この評論は、経界局が設置された直後において、財政部発行の『税務月刊』および一般商業紙の『天津大公報』に掲載されており、当時においてはかなりの注目を集めていたと考えられる。⁽²⁹⁾この評論における常吉の主張は、論点がやや錯綜しているが、なるべくその論理展開に即して再構成してみよう。

　まず、常吉は冒頭において、「一般の人士は土地測量の目的は田賦の増加にあるととらえているが、これは誤りである」と断言する。その上で、次のように持論を展開する。「土地の種類・面積・収益の多寡・所有者の姓名などを調査して土地台帳と地籍図を作成」すれば、一面では土地所有者に対して「その所有権を確実に証明する」ことができ、他面ではこれを徴税の根拠として、「脱漏・重複の弊害を杜絶し税率を改革して負担の公平を謀る」ことができる。

　それでは、そのことがどうして重要なのか。常吉はいう。国民の中でも「土地を持つ者は不動の恒産を生活の基礎としており、故に、その愛国の観念はとりわけ強い」、「国家はこうした人民を結合させ国本を固めることが原則である」。したがって、彼らの権利を確認し保護することは、「財政経済の目的」に出たものではなく、「国家政治の大計」にもとづく。

　ところが、現状はどうか。確実な地籍や権利の保護がないために、土地所有者の権利は極めて不安定で拠り所がない。このため、土地をめぐる紛争は止まず、裁判に訴えても正確で公平な判決は望めず、狡猾な連中がこれを食い物にして私腹を肥やす。こうした中で一般の小民は怨みを抱き、政府の威信は失墜している。「地籍を確定し紛争を杜絶しなければ、政府の威信を築くことはできないのである」。

　さらに、常吉は、土地所有権の保障がもたらす効能について議論を重ねていく。

すなわち、土地所有権が確実に保障されれば、土地が資産として有効に運用され、資本へと転換することによって金融の活性化がもたらされる。そして、このような状況になれば、土地価格が騰貴し、人民の土地への愛着も強まって土地の開発事業が促進され、国家の産業は発展するのである。

次に、もう一つの論点である負担の公平化の方に話題を転じる。常吉は、土地把握の杜撰さによって税負担が不公平となっている現状を示し、その是正は「国家が人民に対して果たすべき任務」であると主張する。しかし、そればかりではない。「国家の自衛政策」の上からもその是正は必要なのであるという。なぜなら、負担の公平化は、人民の納税能力を高めて財政収入を豊かにし国家の安泰をもたらすからである。

ただし、測量の結果、国家の財政収入が増えることは事実であるが、測量の目的は増税ではない。ここで、冒頭の主張が改めて繰り返される。たとえば、日本の場合、地租改正を実施した結果、3割以上の漏税地を検出した。いま中国で土地測量を行えば検出される漏税地の割合はこれに止まらないであろう。仮にその割合が5割であるとすると、田賦収入は3000万元の増収となる。もしこれを比較的税負担の重い地域の軽減に回せば、負担の公平化につながる。これは「仁政」なのである。

次に、以上の議論を踏まえて、土地測量が人民の騒乱を醸成することへの危惧に対する反論が展開される。常吉によれば、今日における土地測量の目的は増税ではなく負担の公平化であるから、かかる危惧は前近代的な観念から出たものに過ぎない。日本本土や沖縄における土地測量ではかかる騒乱を聞かないし、朝鮮ではむしろ人民の歓迎を受け政府に対する信頼を獲得した。江蘇省で測量が実施された各県においても事情は同じであって、2、3の反対はあったが、それらはすべて地籍の混乱を利用して私利を図っていた「荘書」（胥吏）・「地棍」（ごろつき）からのものであったという。したがって、「土地測量の実施は、人民から歓迎を受けるのであり、騒乱の虞はない」。

ここで、議論は一転して、土地測量と「民権の伸張」との関連に及ぶ。常吉によれば、「民権の伸張」のためにはその地域における「一定の恒産を持った人」を「中堅」としなければならない。そうでなければ「民権の伸張」は「無頼・暴

民の専制」に流れ、不幸にして彼らを社会の「中堅」とすれば、「国家の健全分子である地主」を必ず損い、全国を騒乱に陥れる。したがって、土地測量は財政経済の上からみて必要であるというばかりではなく、「行政制度の改良、民権の伸張、自由の発達」とも密接な関係にあるという。

　最後に、最近の経界局設置に至る動きは自らの主張と合致し、感服していること、土地測量の受益者は土地所有者であるから、国家財政が逼迫している際には、彼らに少額の負担を強いることは誤りではないことを述べて議論を締めくくっている。

　以上、常吉の主張をその論理展開に沿って辿ってきたが、総じていえば、土地測量の目的をたんに財政上の必要にとどめず、なによりも土地所有権の確実な保障と税負担の公平化に求め、その意義を近代国家を支える基盤の構築として大きく位置づけている点に特徴がある。その際、「一定の恒産を持つ」土地所有者が国家を地域社会において下支えする「中堅」であると措定し、彼らの利益の保護および権利の伸張は、国家の安定・発展と相関関係にあるととらえられている。このような議論の基底には、日本およびその支配地域で実施した土地調査・地租改正事業に対する肯定的な評価とそれへの強烈な自負があったのはいうまでもない。このような近代日本の経験に裏打ちされ近代ナショナリズムを色濃く内包した常吉の主張は、当時の袁世凱政権のブレインたちに大きな影響を与えたことは想像に難くない。前述したように、財源の拡大を直接の動機として始まった経界局の事業計画は、その初発の段階から財政上の必要を越えた政治理念を打ち出していたが、その背景の一つに、以上のような見解をもった財政部日本人顧問の存在があったことを想定して誤りはなかろう。

2　調査員の海外派遣と編訳所の活動

　経界局と日本との関わりについて、次に取り上げたいのは、調査員の海外派遣と編訳所の活動である。前述のように、経界局の事業理念の形成に近代日本の経験に裏打ちされた日本人顧問の見解が関わっているのであれば、当然、日本およびその支配地域における土地調査・地租改正事業に対してより詳細な検討が要請されたはずだからである。

まず、経界局による調査員の海外派遣に先立って、台湾における日本の土地調査・地租改正事業については独自に視察が行われていた。すなわち、経界局が設置され全国規模の事業計画が立案される前に、福建省では対岸に位置する台湾の土地調査・地租改正事業の成果に関心を寄せ、1914年9月、大総統の許可を得て詳細な現地視察が行われた。派遣されたのは、早稲田大学卒業、前司法部編纂という経歴を持つ程家頴という人物であった。彼は、台湾の面積は福建省の約半分であり、その田賦原額は毎年90余万元であったが、日本による地租改正の結果、その額は300万元、すなわち約3倍に増加したことを報告している。また、日本の調査手続き・経費・期間・整理方法についても逐一詳細な報告を行ったという。この報告を受けた福建巡按使許世英は、台湾に倣って福建省においても土地調査を実施することを大総統に提案している。(30) このような海外での実地報告を伴った地方からの積極的な提案は、当時進行中であった経界局の事業計画の立案を強く後押ししたように思われる。

　経界局の事業計画に調査員の海外派遣が盛り込まれたのは、以上のような事情が関わっていたのである。ただし、蔡鍔の計画はより大がかりなものであって、派遣調査の対象は日本とその支配地域に限定されず、中国国内も含め広く周辺諸地域に及んでいた。すなわち、朝鮮および東三省調査員として殷承瓛（総統府軍事諮議陸軍中将）、安南および広東広西調査員として唐犲（参謀部顧問陸軍少将）、インド・ビルマ調査員として譚学夔（前吉林都督参謀長陸軍少将）、日本および台湾調査員として周宏業（前代理財政部次長）を任命することを提案したのである。(31)

　ところが、この提案に対して財政部は経費節約の観点から調査期間を限定し重要度の高いもののみに絞るように要請した。経界局がこの要請を受け入れたため、前述の派遣調査の提案がすべて実行されたわけではなかった。(32) このときの海外派遣調査として報告が確認できるのは、朝鮮（殷承瓛）、安南（唐犲）、九龍（譚学夔）、関東州（殷承瓛）の4地域である。(33) いずれも、植民地化ないしは租借された旧中国領や国境を接する近隣地域であり、土地調査を実施した事業主体でいえば、日本（朝鮮・関東州）、フランス（安南）、イギリス（九龍）の3国である。これらに前述した台湾報告を加えれば、日本が占める比重の相対的な大きさがうかがえよう。

第1章　北京政府経界局と日本　　　　　　　　　37

　また、調査員の海外派遣と並んで、経界局がその事業計画の指針づくりのために設置した編訳所の活動に目を転じれば、参照対象としての日本の比重は一層顕著になる。前述したように、中国内外の関連図書の収集・翻訳事業は、経界局の当初の計画に盛り込まれていた。経界局は、陳寅恪を主任に任命し各国の言語に精通した者を招聘して編訳所を設置し、その業務を担わせたのである。編訳所は、その活動の成果として『中国歴代経界紀要』『各国経界紀要』を編纂し、1915年7月には、蔡鍔がこれを大総統に提出した。⁽³⁴⁾

　ここで注目すべきは、後者の『各国経界紀要』⁽³⁵⁾の方である。その内容は、経界局の事業に参考になるような各国各地域別の土地調査の実例を、収集した海外文献と前述の派遣調査報告にもとづいてとりまとめたものであるが、その構成を一瞥すれば、編纂を監督した経界局の関心の所在が自ずと浮かび上がってくる。取り上げている国家・地域とその分量（頁数）を列挙すれば、以下の通りである。日本－57頁、琉球－38頁、台湾－77頁（付録50頁を含む）、朝鮮－45頁、関東租借地－24頁、安南－8頁、フランス－4頁、ドイツ－8頁、アメリカ合衆国－6頁、九龍租借地－4頁。日本およびその支配下で実施した土地調査・地租改正事業についての叙述が、頁数にして実に全体の9割近くを占めているのである。ここから、経界局が参照した各国各地域の土地調査の中で日本が実施した事業が突出していたことを確認することができる。

　その理由としては、経界局内部における日本留学経験者の比重の高さ、地理的な近さ、自然条件や農業形態の類似性などが、まず考えられる。しかし、そればかりではなく、日本による事業の特徴も深く関わっていたように思われる。一般に、日本およびその支配地域における土地・地税制度の近代化は、これに先立つヨーロッパ諸国の経験に学びながら実施されていたのであり、その特徴は、他国・他地域の場合と比べて迅速性と徹底性において際だっていた点にあった。⁽³⁶⁾このような特徴が、前述した強力なナショナリズムに着色された理念提示と相まって、日本による事業に視線を集中せしめたのである。

　このような事情が反映して、たとえば、京兆経界行局の組織には朝鮮土地調査の支部組織がそのまま模倣され、京兆地域の良郷県における土地測量には朝鮮土地調査の方法が採用された（前出）。また、測量後における税額の決定には、日

本の方法に倣って法定地価を算定し、これを根拠にするという計画も作成されつつあったという[37]。なお、日本の事業のうち朝鮮の事例が重点的に選ばれているのは、朝鮮の土地調査事業が日本本土・琉球・台湾など日本が各地で次々と実施してきた事業の経験を踏まえてその集大成として取り組まれており、その結果、もっとも迅速な事業展開を示していたからであろう[38]。しかも、朝鮮土地調査事業は1910年から本格的に始まり18年に終了していることからすれば、経界局の事業計画は、まさに朝鮮土地調査事業が中盤から終盤へと至る時期に始まったことになる。経界局は、日本による事業の最新の展開過程を朝鮮において目の当たりにしながら、自らの計画立案に取り組んでいたのである。朝鮮が重視されたのは、けだし当然であった[39]。

しかし、経界局が日本の事業から受けた影響は、個々の具体的な方法や組織の面に表れているばかりではない。その最大の影響は、土地・地税制度の近代化を迅速かつ徹底的に、しかも全国統一的な事業として遂行しようとした、その姿勢にあったように思われる。この点は、前述したように、まさに日本における土地・地税制度の近代化における特徴そのものであった。このような特徴を、仮に土地・地税制度の近代化における日本モデルであるととらえるならば、経界局の当初の事業計画は日本モデルにもとづいていたのである。

そういう意味からいえば、たとえば、周学熙が経界局の事業計画を事実上無視して、田賦整理のより簡便で不徹底な方針を提起したことは、この日本モデルからの脱却として位置づけることができる。また、経界局が作成した「経界条例」を「我が国の地方民情に合わない」として退けて、全国画一的な執行体制の構築を否定した内務・財政・農商3部の姿勢も、同じ脈絡で理解することもできよう。経界局の事業が曲折の中で矮小化されていく事態は、とりもなおさず、土地・地税制度の近代化における日本モデルから離れていく過程にほかならなかった。

第4節　国民政府時期における課題設定の変容と日本

1　モデルの転換

国民政府時期になると、農村土地行政をめぐる情勢にいくつかの重要な変化が

もたらされる。その一つは、中央税と地方税が明確に区分され、田賦は地方税に振り分けられたことである。この措置によって、土地・地税制度の近代化を推進する課題は制度的には省政府が担うことになり、各省が置かれた諸条件に応じた取り組みがなされた。そうした中で、日中戦争の直前には北京政府が果たし得なかった土地・地税制度の近代化を省内部において軌道に乗せることに成功した省政府がいくつか出現することになった。その詳細については、本書第２部および第３部を参照されたい。ここでは、北京政府時期に比べて格段に強化された中央政府による様々な形態の方向づけが行われていたが、あくまで省政府の力量に応じた政策努力が事態を主導していたように思われる。

　もう一つは、孫文の平均地権論の実行が政権の正統性に関わる政策課題として大きく浮上したことである。孫文の平均地権論は、周知のように、資本主義経済の発展がもたらす社会矛盾を土地問題に即して緩和・解決することを意図していた。その理論形成には、J.S.ミルやH.ジョージなどの土地課税論の影響を受けているが、一方で実際に行われた政策として膠州湾岸地帯のドイツ租借地における土地行政が重要な役割を果たしていたことが指摘されている。こうした事情が背景となって、国民政府の土地行政の立案には日本よりもドイツとの関わりが強まることになった。とりわけ、A.ダマシュケ（A. Damaschke）を中心としたドイツ土地改革同盟の思想的影響が顕著であった。

　たとえば、国民政府土地行政の指針となった土地法（1930年６月公布、36年３月施行）は、土地・地税制度の近代化に関する詳細な実施順序が盛り込まれるとともに、なによりも孫文の平均地権論の具体化を目指す点に特徴があり、ドイツ人W.シュラーマイエル（W. Schrameiyer）の著書等を参照して作成された。シュラーマイエルは、かつてダマシュケのドイツ土地改革同盟の秘書を務めた経歴を持ち、上述したドイツ租借地の土地行政において中心的役割を果たした人物である。その業績を買われ、彼は1923年に孫文によって広東政府の顧問として招聘されている。

　また、国民政府土地行政のブレイン集団として1933年１月に結成された中国地政学会は、ドイツ留学帰りが主導的な地位を占めていた。中国地政学会の理事長である蕭錚は、ドイツのベルリン大学留学中にダマシュケの薫陶を受け、その後

も強い絆で結ばれていた。このほか、同会の有力メンバーでドイツ留学経験者としては、祝平（ライプチヒ大学）、高信（フライブルク大学）、湯恵蓀（ベルリン大学）、黄通（ボン大学）などを挙げることができる。これに対して、同会の指導者に日本留学経験者がいないわけではないが、日本の影の薄さは機関誌『地政月刊』に日本を扱った専論記事がほとんど見いだせないことに明瞭に示されている。この点は、前節で紹介した経界局の計画立案の場合とは著しい対照をなしている。

　総じていえば、国民政府時期においては、北京政府が実現できなかった土地・地税制度の近代化をいくつかの先進地域で推し進め、日中戦争直前には地方レベルにおいては相当の成果を挙げていた。しかしながら、国民政府の政策意図はこれにとどまらず、孫文の理念にもとづいて社会政策的な観点からこれに税制上の改良を加えることが課題として強く意識されていた。同じ脈絡から自作農創出への政策志向も次第に顕在化していく。このような国民政府にあっては、日本の土地行政を自らの最終的なモデルとするような関心はすでに後景に退いていたのである。

2　戦後の再建と日本への眼差し

　以上のような国民政府が日本の土地行政に再び目を向ける契機は、日中戦争の終結直後において巡ってくる。ここでは、この時期の日本への眼差しを本格的に論じることはできないが、若干の事例を紹介しておきたい。

　その一つは、このとき、国民政府は日本が統治していた台湾や旧「満州国」を接収する課題に直面し、そうした地域でかつて日本が実施した土地調査・地租改正事業の成果に改めて向き合うことになったことである。

　たとえば、1946年12月、国民政府主席東北行轅政治委員会は、旧「満州国」統治下で日本が実施した地籍調査を国民政府としていかに利用し取り込むべきかという問題を行政院地政署に打診している。この問題と関わって、翌年1月、遼北省政府は、旧「満州国」地籍調査についてその施行地域・実施順序・測量方法・成果の精度・地籍原図の現存状況など逐一詳細に検討した「遼北省偽満時期地籍整理之概要及成果精度検討報告書」を地政署に提出した。ここでの問題は、国民政府土地法の関連諸規定との整合性をいかに図るかという点にあった。旧「満州

国」における日本の地籍整理は未完の事業であり、極めて厳密な1筆ごとの土地測量を伴った「精密調査」が実施された地域と、そうした測量を伴わない「応急調査」が実施された地域が併存していた。地政署は先の「報告書」にもとづいて、とくに「応急調査」の方を重点的に問題にし、これによる成果は利用しがたいという見解を表明していた。いずれにせよ、先の「報告書」に見られるように技術的な細部にわたる専門的検討がすぐさま行われたのであり、それが可能であった背景には、戦前以来、国民政府が先進地域において土地・地税制度の近代化を推進し軌道に乗せてきた経験の蓄積があったといえよう。そこでは、かつてのように日本の事業をモデルにするのではなく、自らの基準にもとづいて日本の事業が点検されていたのである。

　もう一つは、国民政府内部の土地改革を目指す勢力が、戦後日本の農地改革の行方やその問題点についても注視していたことである。

　1947年4月、中国地政学会は中国土地改革協会を発足させ、同協会は翌年2月に、「土地改革方案」を公表し、その全国的な即時実施に向けた取り組みを本格化させていた。彼らが目指した土地改革は、次章で論じるように、理論的には孫文の思想に由来し、その具体案作りは戦前から始まっており、戦中には局地的な実験も行われていた。「土地改革方案」はそうした活動の延長線上に位置づけられるが、現耕作者の土地取得を優先した地主的土地所有の有償廃止という基本方針は、戦後日本の農地改革の方針と共通していた。したがって、彼らからすれば、自らの長年の構想と類似した改革が戦後占領下の日本で先取り的に実施されたことになるわけであり、これに対して無関心であったとは到底考えられない。1948年4月頃の中国土地改革協会の機関誌『土地改革』には、公表されたばかりの「土地改革方案」をめぐる多くの評論が掲載されているが、その中に混じって、戦後日本の農地改革を論じた一文も発表されていた。

　同論文の特徴は、まず第1に、日本において進行中の農地改革の内容について、大筋において肯定的に評価しつつ、具体的データにもとづいた客観的な紹介が叙述の中心になっている点である。この点は、中国土地改革協会の内部において日本の農地改革に関する一定の情報収集と検討がなされていたことをうかがわせる。

　第2の特徴は、地主や一部の知識人など反対勢力が提示する理論的根拠や、改

革の実施過程において直面する現実の阻害要因に対しても周到な注意を向けている点である。その中で、とりわけ論者が重視しているように思われる点は、①執行権力の強力な指導性の必要と、②土地改革によっても解消されない農業経営の零細さの問題であった。明示的に論及されているわけではないが、いずれも中国において同様な土地改革を実施した場合に直面するであろう重要な課題にほかならなかった。

　①についていえば、次のように論じている。日本の農地改革における主要な障碍は、政府および村落内部における地主勢力にある。農地改革の主な執行機関は村の「土地委員会」（実際の名称は農地委員会）であるが、そこにおける地主代表の定数が少ないといっても村の有力者である彼らの権威は委員会全体に影響力を及ぼすことができる。他方、定数が多くても小作人代表は政府の法律よりも村の有力者の意向を優先させる傾向にあり、彼らの主体的な政治力にも期待できない。したがって、占領軍総司令部および日本政府の役割がとりわけ重要なのであり、現実に農地改革が順調に成果を挙げつつあるのは、その「態度の強固さ」、つまり強い指導性があったためであるととらえている。

　中国土地改革協会の「土地改革方案」においても、土地改革の実務を執行するのは各地の佃農協会（後に立法院に提出された「農地改革法草案」の場合は、農地改革委員会に改称）とされており、同様な問題に直面する可能性を意識していたように思われる。ただし、日本の農村社会の中に農地改革を受け入れる基盤を見出そうとする視点はなく、成功の要因を専ら執行権力の側にのみ求める見方は、事実認識として一面的であることは指摘しておきたい[46]。

　②の議論は、日本の一部の知識人が農地改革に反対する有力な根拠として挙げた論点であり、これに対しては、改革推進側の次のような反論を紹介している。すなわち、反対派が主張するように農業の集団化・機械化によって経営規模の拡大をはかったとしても、現状においては日本農業の長所である土地生産性の高さをむしろ損なう結果となり、また、不要となった過剰労働力を農村に滞留させてしまう。経営規模の拡大が優位性を発揮するには一定の条件が必要であり、その条件のない現状においては小農経営の形態は保存する価値があるといった反論である。

しかし、論者によれば、農業経営の零細さが農民の収入を低く抑制し、その生活水準を向上させないことはもとより「疑いえない事実」であり、日本の農地改革が「いかに徹底的に実施されても、日本の土地問題を完全に解決することはできない」。日本の農地改革は「ただ目前の土地問題を解決する暫定的な方法に過ぎない」のである。農地改革の小作農救済的および民主的意義を積極的に評価しながらも、農業経営の観点からその成果の限界にも視線が注がれていたのである。[47]このような観点から、日本政府が小作人に農地を売却する場合、同時に細かく分割された農地の合併・整理を進めていた点に注目し、この点は日本農業の将来に貢献するとして高く評価している。

　自作農地の適正規模を実現・維持するための配慮は、中国共産党の土地改革には見られない中国土地改革協会の土地改革プランの特徴の一つであった点を、ここでは想起しておきたい。「土地改革方案」においても、農業経営の健全化のために、農地の区画整理によって経営面積の拡大・調整をはかることや、農業合作社への加入を自作農に義務づけることなどが規定されている。

　以上のように、国民政府内部の土地改革を推進する勢力は、強い実践的な関心にもとづいて戦後日本の農地改革の進展を注視しており、その視線の背後には、自らの土地改革プランを実施した場合に直面するであろう問題群が強く意識されていたのである。

　ただし、戦後国民政府の日本に対する眼差しには切実な関心が含まれていたとはいえ、それは自らの基準にもとづいた観察であって、かつての北京政府時期のように日本の事例を自らの事業展開のための直接のモデルにしようとするものではなかった。この点は、北京政府時期の経界局の場合とは対照的であったといわねばならない。次章では、日本との関わりという視点から離れ、国民政府の土地行政を推進した勢力の思想的政治的営為を取り上げることにしたい。

註
（１）　宮嶋博史「東アジアにおける近代的土地変革――旧日本帝国支配地域を中心に――」
　　　中村哲編『東アジア資本主義の形成――比較史の視点から――』青木書店、1994年。
（２）　野田公夫「第二次大戦後『土地改革の時代』と日本農地改革――比較史的視点から

の日本農地改革論——」歴史と方法編集委員会編『歴史と方法2、都市と言語』青木書店、1998年、同「戦後土地改革と現代——農地改革の歴史的意義——」『年報・日本現代史』第4号［アジアの激変と戦後日本］、1998年、同「戦後土地改革の論理と射程」『土地制度史学』［別冊・二〇世紀資本主義——歴史と方法の再検討——］、1999年、庄司俊作『日本農地改革史研究——その必然と方向——』御茶の水書房、1999年、など参照。

（3）　なお、本章で取り上げる事業のほか、民初における土地・地税制度に関わる主な改革としては、以下のようなものがある（以下の要約は、主として日本銀行臨時調査委員会『支那ノ税制』1918年4月、15〜52頁、天野元之助『中国農業経済論』第2巻、龍渓書舎、1978年［原出は1942年］、1〜38頁、などの叙述にもとづく）。①従来銀両ないしは現物の重量（この場合の単位は「石」）にて表示されてきた田賦課税額を、所定の基準に従って銀元に換算して表示したこと。ただし、その所定の換算基準は地方によって異なっており、また銀元への換算命令そのものが貫徹しなかった地方も残された。②様々な名称をもって付加徴収されていた従来の徴収経費を整理し、田賦正税に組み入れたこと。ただし、その後も雑多な田賦付加税が新たに登場し増加していく。③多様で複雑な来歴と性格をもった官有地を整理し、その一部を民間に払い下げたこと。この点については、本書序章の注（17）も参照。④手数料を徴収して「契」（土地の売買や質入れに際して作成される土地の権利証書の一種）の点検・登録を行ったこと。ただし、これは手数料徴収による財源捻出を主眼としており、土地の権利関係を正確に記録する効果はほとんどなかった。なお、これに反対する民衆運動については、内山雅生「民国初期、華北農村における験契の実施と民衆運動——1914年の『楽安県知事殺害事件』を中心に——」（『駿台史学』第66号、1986年）がある。

（4）　江蘇省宝山県では、1906年の「紳董」の発起により土地測量が開始され、1911年7月に事業を完了したとされている。しかし、これによる課税面積の増加は1600畝に過ぎず、その数字は後述する国民政府時期に土地測量を完了した各県の数字に較べれば、あまりにも微細である。しかも旧来の「科則」（土地の等級に応じて設定された単位面積あたりの税額）の改定や地価の算定などは行われなかった。このほか、清末民初に土地・地税制度の近代化に向けた改革の試みとして、江蘇省の南通県、崑山県、福建省、黒竜江省の事例があるが、具体的な成果をあげるには至っていなかったようである（経界局編訳所編『中国歴代経界紀要』1915年7月、附編、1〜78頁、『支那ノ税制』（前掲）、24〜26頁、天野元之助・前掲書、第2巻、126頁）。

（5）　浜口允子「袁世凱政権の経済政策——田賦改革とアメリカ借款——」『辛亥革命研究』第7期、1987年11月。

（6）　同上、4〜6頁。

（7）　『支那ノ税制』（前掲）、26頁。内務部編訳処『民国経界行政紀要』1917年、1〜2頁。

（8） 『政府公報』第936号、1914年12月12日。なお、この大総統申令は国務卿徐世昌が執筆したという（『天津大公報』同年12月15日）。因みに、当時の規定によれば、大総統の命令は次の4種類に分けられていた。「策令」──文武官吏の任免、爵位・勲章あるいはその他の栄典の授与に用いる。「申令」──法律、教令の公布、条約、予算、各官署と文武職官に対する指揮・訓示、その他職権行使による案件に用いる。「告令」──人民に対する告示に用いる。「批令」──各官署の陳情に対する決裁・回答に用いる（銭実甫『北洋政府時期的政治制度』中華書局、1984年、下冊、403頁）。
（9） 「内務・財政部呈遵令籌擬経界辦法擬請特派督辦大員設局編制文並　批令」1915年1月16日（『政府公報』第969号、同年1月19日）。
（10） 「督辦経界局事務蔡鍔呈籌設経界局情形擬請飭刊関防文並　批令」1915年1月27日（『政府公報』第980号、同年1月30日）。
（11） 士官学校を卒業した軍人がやや多いのは、彼らが測量や製図などの技術的素養を身につけていたからであろう。いずれにせよ、軍関係者の比重の高いそのメンバー構成を全般的に見れば、国民政府時期の中国地政学会に比べて、土地行政の専門家集団としての性格は希薄であるといわざるを得ない。
（12） 『民国経界行政紀要』（前掲）、8～11頁。『支那ノ税制』（前掲）、27頁。
（13） 『民国経界行政紀要』（前掲）、11～13頁。
（14） 『民国経界行政紀要』（前掲）、13～15頁。
（15） 『民国経界行政紀要』（前掲）、17～18頁。
（16） 『支那ノ税制』（前掲）、28～30頁。
（17） 「大総統批令」1915年5月26日（『政府公報』第1096号、同年5月27日）。『民国経界行政紀要』（前掲）、42～43頁。
（18） 『民国経界行政紀要』（前掲）、30頁。
（19） 『民国経界行政紀要』（前掲）、33～37頁。
（20） 『民国経界行政紀要』（前掲）、56頁。
（21） 『民国経界行政紀要』（前掲）、57～58頁、63～64頁。
（22） 『民国経界行政紀要』（前掲）、59頁。
（23） 『民国経界行政紀要』（前掲）、60～62頁。
（24） 「財政・内務・農商部奏遵核経界局各項條例窒礙難行応請毋庸頒定摺」1916年2月25日（『政府公報』第55号、同年3月1日）。「督辦経界局事務龔心湛・会辦京兆経界事宜京兆尹王達奏修訂京兆経界各項単行章程規則擬請先行試辦摺」1916年3月21日（『政府公報』第81号、同年3月27日）。『民国経界行政紀要』（前掲）、64～65頁。
（25） 『民国経界行政紀要』（前掲）、72～73頁。
（26） 「督辦経界局事務龔心湛呈報涿県人民抗阻測丈暫行調回外業人員情形文並　批令」1916年5月13日（『政府公報』第132号、同年5月17日）。「大総統申令」1916年5月24

日(『政府公報』第140号、同年5月25日)。『民国経界行政紀要』(前掲)、73〜79頁。
(27) 陳登原『中国田賦史』台湾商務印書館、1988年、234頁。
(28) 晏才傑『田賦芻議』共和印刷局、1915年4月、第4章、15〜16頁。晏は1915年7月29日付けで経界評議委員会会員に選任された(『政府公報』第1161号、同年8月1日)。なお、『天津大公報』によれば、経界局は常吉を顧問として招聘する予定であった(1915年1月20日)。実現したか否かは確認できないが、同局と常吉との関係の深さを示唆している。
(29) 『税務月刊』第2巻第14号、1915年2月1日。『天津大公報』1915年1月29日・30日。
(30) 「福建巡按使許世英呈為呈報設立福建土地調査籌辦処並擬訂章程経費概算表祈鑒文並批令」1914年12月27日(『政府公報』第955号、同年12月31日)。
(31) 「督辦経界局事務蔡鍔呈擬派専員殷承瓛等分赴朝鮮等処調査経界事宜請鑒核備案文並批令」1915年2月10日(『政府公報』第994号、同年2月13日)。
(32) 『民国経界行政紀要』(前掲)、12〜15頁。
(33) いずれも、『民国経界行政紀要』(前掲)に要約が掲載されている(19〜29頁)。なお、朝鮮・関東州の調査報告を行った殷承瓛は、1903年に日本に留学し、陸軍士官学校工兵科を卒業した軍人であり、後に蔡鍔らの反袁軍事行動に参加し、護国軍の総参謀長を務めた(『民国人物大辞典』前掲)。
(34) 『民国経界行政紀要』(前掲)、29頁。「督辦経界局事務蔡鍔呈恭進中国歴代経界紀要曁各国経界紀要文並　批令」1915年7月22日(『政府公報』第1155号、同年7月26日)。
(35) 経界局編訳所編、1915年6月。
(36) 宮嶋・前掲論文、184〜185頁。
(37) 「地租取法日本之確定」『天津大公報』1915年7月22日。
(38) 宮嶋・前掲論文、180頁。
(39) ただし、涿県の土地測量には、アメリカ合衆国の経緯網測量が採用されており、日本の事業があらゆる面でモデルとされたわけではない。経界行局坐辦衛興武は、経緯網測量と三角測量とを比較し、作業の繁雑さ、経費、所要時間、精度における前者の優位性を論じている(『民国経界行政紀要』(前掲)、69〜72頁)。特定の国家が採用した方法を丸ごと導入するのではなく、当時においてより優れた技術を選択的に採用しようとする姿勢を持っていた。
(40) 川瀬光義「平均地権思想の形成」(同『台湾の土地政策——平均地権の研究——』青木書店、1992年)。たとえば、孫文も目指した「土地増値税」は、ドイツ租借地の土地行政において世界史上最初に導入されていたという(同上書、47頁)。
(41) 本書第2章、参照。
(42) 「為経偽満応急地籍調査之区域応換発官契電請査核見復由(1946年12月24日、東北行轅政治委員会→地政署)」(国史館所蔵内政部檔案125-1270、東北行轅政委会詢偽満地

籍調区可否辦総登記)。
- (43) 「為検送遼北省偽満時期地籍整理之概要及成果精度検討報告書電請核示由（1947年1月7日、遼北省政府→地政署）」（国史館所蔵内政部檔案125－1353、遼北省偽満時期地籍整理之概要及成果）。なお、同ファイルには「遼北省偽満時期地籍整理之概要及成果精度検討報告書」およびこれを踏まえた遼北省政府宛の地政署の見解が綴じ込まれている。
- (44) 中国土地改革協会およびその「土地改革方案」に関する論及は、本書第2章を参照。
- (45) 唐陶華「日本之土地改革」『土地改革』第1巻第2期、1948年4月16日。
- (46) このような視点については、庄司俊作・前掲書から示唆を受けた。
- (47) しかし、近年の研究では、農業経営の安定・強化の視点から見て、日本の農地改革は第二次大戦後に世界各地（東欧・東北アジアが中心）で実施された土地改革と比較して優位にあったことが主張されている（野田公夫・前掲諸論文）。

第2章　蕭錚と中国地政学会

第1節　もう一つの中国土地改革

　中国共産党の土地改革は、旧来の中国の農村秩序を根底から変容させた。しかし、近年日本の学界ではその功罪についての再検討が行われている。すなわち、中国共産党の土地改革の方式には多くの矛盾や欠陥が伴っていたこと、そして、そのマイナスの影響は革命後の中国政治の展開過程にも色濃く刻印されていることが指摘されるようになった。また、経済的側面からみても、土地改革は経営の成り立たない規模の零細農家を広範に創出し、必ずしも農業生産の発展に結びつかなかったばかりか、その後の急速な農業集団化の強行を必然化させる要因となったことが論じられている(1)。

　このような中国共産党の土地改革の相対化は、一方で、中国国民党が実施した台湾土地改革の成果と到達点についての関心を改めて引き出した(2)。そして、その前史である大陸時代における国民党・国民政府の土地政策についても、これを等閑視したり、あるいは中共土地改革の徹底性・優位性を確認するためだけの素材とすることはできなくなった。国民党・国民政府の側においては、中国共産党とは異なったタイプの、もう一つの土地改革のプラン作りが進行していたのであり、全国的に見ればごくわずかな範囲にとどまったとはいえ、その部分的局地的な執行が断続的に展開していた(3)。

　本章の課題は、以上のような問題関心を念頭に置いたうえで、さしあたり、国民党・国民政府の側において、その土地政策推進の中心にいた一個人とその団体の思想的政治的営為を、1949年以前に限定して概観することである。すなわち、ここでとりあげるのは、蕭錚と彼が率いた中国地政学会（後に中国土地改革協会に拡充）である(4)。

　彼らが目指した土地政策の理念的基礎は、孫文の「平均地権」「耕者有其田」にあるが、その解釈と現実への適用、すなわち中国の置かれたときどきの内外環境に即応していかに政策化するかということが、彼らの課題であった。

彼らが目指した土地政策の内容は、大きく二つに区分できるように思われる。

　一つは、土地・地税制度の近代化を実現し、これに社会政策の観点から独自な改良を施すことである。ここで「独自な改良」というのは、とりわけ地税制度にかかわっており、孫文の「平均地権」論にもとづく。周知のように、孫文の「平均地権」論は、将来の資本主義経済の発展に伴う社会問題の発生を未然に防ぐために構想されたものである。具体的には、地価の自然上昇による土地所有者の増益は、不労所得であって国家がこれを徴収すべきこと、その前提となる土地の評価は申告制を採用して、国家による土地先買権と地価税とを組み合わせて適正な額に落ち着かせるようにすること等が盛り込まれている(5)。

　もう一つは、自作農創出（「耕者有其田」）とその実現に向けた諸施策である。この場合、採用された方式は、現耕作農民を優先した地主所有地の有償分配であり、これを資金的に援助するために政府による土地金融が組み合わされ、自作農地の適正規模についても配慮する志向が見られる。中共の土地改革が農村のほぼ全住民に対する土地の無償分配をめざし、農村における相対的な過剰人口のために経営規模の過小化を導いたこととは、対照的である。また、中共の場合のように、農民を決起させて激烈な大衆運動を発動しようとする志向も、ここでは見られない。

　蕭錚および地政学会が目指した土地政策の基本的内容は、以上の通りである。しかしながら、彼らが目指した目標と現実に展開した大陸時代の国民政府土地行政とは、常に埋めがたい隔たりをもっていたことはいうまでもない。彼らは確かに国民政府の体制内勢力であったが、そのプランの実現は体制内部の力関係や外的環境によって妨害され続けたのであった。蕭錚が、抗日戦争末期から戦後にかけて党内革新派として明確な政治的姿勢を示すのは、そのためである。そこでは、国民政府の現状に対する内部からの容赦のない批判が繰り返し展開された。しかし、その蕭錚も含め、彼らのほとんどは国民政府の枠を踏み越えていくことはなかった。本章では、そうした彼らの微妙な位置にとくに着目して、「もう一つの中国土地改革」の軌跡を追うことにしたい(6)。

第2節　中国地政学会結成に至るまでの蕭錚

1　中国国民党入党まで

　蕭錚は1905年、浙江省永嘉県に生まれた。浙江省立第10中学校在学中に五四運動に遭遇して同級生とともに反日活動に加わり、「醒華学会」という団体を結成した。しかし、このとき蕭錚はいまだ15歳（年齢は数え年。以下同じ）の少年に過ぎなかった（蕭錚『土地改革五十年』、5頁、以下、本文中の括弧内の頁数は同書のものである）。毛沢東（1893年生）や周恩来（1898年生）らの中国革命を象徴する世代が、20歳前後の青年期に新文化運動の圧倒的な影響を受け、五四運動への参加が後の政治活動の出発点となったことを想起すれば、蕭錚はやや遅れてきた世代に属する。国民党の指導者と比較すると、蒋介石より18歳年下、陳果夫より13歳年下である。

　1922年夏、中学校卒業後、杭州の法政学校に入学。五四運動後に出版された雑誌や新書を読みあさって社会問題に対する初歩的な理解を得るのは、この時期である。その過程で孫文の著述にも接し、とくに孫文の実業計画に最も興味を抱いたという。また、後の経歴との関連でいえば、この時期に沈玄廬（定一）と面識をもったことも重要であろう。当時の沈玄廬は杭州における国民党の責任者であるとともに、中国共産党の発起人の1人であった。[7] 沈玄廬は蕭錚と会うと、いつも農民問題について論じ、貧しい小作人を救うためには地主を打倒しなければならないと語っていたという。当時、蕭錚は沈玄廬が中共党員であることを知らず、沈に対して大いに感服したと述べている（6～7頁）。沈玄廬との接触は、孫文への傾倒と並んで、蕭錚が国民党の存在を深く心に刻みつける契機ともなった。

　まもなく、杭州の法政学校を早々に中退した蕭錚は、当時政治・文化の中心であった北京に赴き、1年間の苦学を経て北京大学に入学した。その入学の前後、1923年に蕭錚は国民党に入党した（9頁）。このとき蕭錚は19歳、同じく北京に来ていたかつての「醒華学会」の仲間たちの輪の中にいた。

2　ＣＣ派への接近——党組織における地歩の構築

第2章　蕭錚と中国地政学会　　　　　　　　　　　　51

　若いインテリ国民党員、蕭錚が党内で地歩を築く機会は、1926年3月の中山艦事件によってめぐってきた。この事件を契機に、党中央の要職を占めていた中共党員が大量に排除され、その一環として陳果夫が中共党員譚平山に代わって中央の代理組織部長に任命された。蕭錚はその下で幹事の1人として抜擢され、党組織の整理に携わった（11〜12頁）。蕭錚が陳果夫・立夫兄弟のＣＣ派につながり、中央の党組織内部に地歩を築く出発点であった。

　その後、北伐の開始に伴い、蕭錚は浙江特派員として孫伝芳支配下の浙江省で秘密活動に従事する。北伐軍が浙江省を制圧する前後の浙江省党部は中共勢力が強大であった。蕭錚は中共勢力と表面上は協調しながらも、ひそかに彼らを敵視・警戒して国民党に忠実な人材の派遣を中央に求めつつ党勢の拡大に努めた。当時の組織化の対象は農民であり、政治宣伝のスローガンは「耕者有其田」と「二五減租」であって、これらのスローガンは多くの農民の強い支持を得ていたという。1927年、上海で四・一二クーデタが起こると、浙江省でも中共党員の粛清が始まり、省党部は改組され、蕭錚は常務委員兼組織部長となって省党部の実権を握った。

　ところが、この直後、蕭錚はその政治生活にとって最初の打撃に見舞われることになる。蕭錚は中共党員を排除した後も、農民運動を強化して党の基層組織を固め、「二五減租」など「革命時期の主張」を実行しようとしていた。このような方針は、地域社会の「旧勢力と腐敗分子」の反対にあうとともに、彼らの後押しを受けた右派の大物張静江（当時、中央政治会議浙江分会主席）と対立を深めていく。事件は1927年6月に発生した。張静江は蕭錚が共産党員であるという「偽造」された材料を入手し、中央に告発したうえで、蕭の拘束・処決をひそかに命令したのである。蕭錚は機敏に身の危険を察知して拘束を免れ、辛うじて南京に逃れた（12〜15頁、18〜21頁）。
(8)

　この事件は、共産党を激しく敵視しながらも、土地改革を目指すが故に、党内の保守勢力からときには「共産党」というレッテルを張られて攻撃された蕭錚のその後の政治生活を象徴する事件であった。さらに注目すべき点は、蕭錚の冤罪を立証して彼を窮地から救い出し、その後の面倒をみたのが陳果夫であったことである。蕭錚は、このとき23歳、陳果夫の「同志を愛護する」精神に深い感銘を

受け、これ以降陳果夫およびＣＣ派と抜き差しならぬ緊密な関係に入っていった。この陳果夫およびＣＣ派とのつながりが、後の蕭錚の政治活動を背後で支えていくのである。

3 留学経験——土地政策の専門家としての思想形成

蕭錚の土地政策の専門家としての本格的な思想形成は、この後の留学によって開始される。土地問題の正当な解決方法について納得のいく解答を得られなかった蕭錚は、まず1928年日本に留学し、東京に半年足らず滞在するが、大きな収穫を得たのは、その後のドイツ留学においてであった。29年から２年半に及ぶドイツへの本格的留学は、蒋介石の提案になる「資送革命青年留学案」に基づいた党費留学であった。ベルリン大学に在籍した蕭錚は、農政学の権威Ｆ・アレボー（F. Areboe）を指導教官として学術論文「ドイツ内国墾殖運動と土地政策」を作成した。

しかし、ドイツ留学中に蕭錚の思想形成に最も大きな影響を与えたのは、ドイツ土地改革運動の指導者Ａ・ダマシュケ（A. Damaschke）であった。蕭錚は思想上最大の影響を受けた人物として、孫文と並べてこのダマシュケの名前をあげている。ドイツ土地改革運動は19世紀末、ドイツ資本主義経済の発展に伴う矛盾の顕在化に対処すべく生まれ、ダマシュケの努力によって「ドイツ土地改革同盟」という統一組織を結成していた。それはマルクス主義とは距離を置き、社会政策的な観点から土地問題の解決を目指す運動であった。[9] 蕭錚は駐ドイツ公使蒋作賓を介して、当時65歳であったダマシュケと知り合い、彼が主催する学術サロンに出入りする中で、その学識と人柄に敬愛の念を強めていく。当時のダマシュケも中国問題に強い関心を持ち、孫文の「平均地権」の思想に敬意を払っていた。蕭錚によれば、ダマシュケの土地改革の学説は「反資本主義」「反共産主義」であり、孫文の民生主義と極めて接近していたからであったという（30～31頁、34～37頁）。

4 土地政策立案への最初のかかわり——中国地政学会の成立

1931年の九・一八事変の勃発は、蕭錚の実り多い留学生活を断ち切ることになっ

た。衝撃を受けて帰国した蕭錚は、32年6月、帰国報告のために漢口で蔣介石に会った。このとき、蔣介石は安内攘外政策を掲げ、中共統治区への軍事行動の最中であり、蕭錚に対しても中共統治区から接収した地域の土地処理に関して意見を求めた。蕭錚は、早速、「匪区土地整理計画大綱」と「施行『身分証明書』以根本整理政治」方案を作成し、蔣介石に提出した。この二つの建議書が後の匪区農村土地処理条例や屯田条例、あるいは保甲制度の実施につながったという（40～44頁）。国民政府の土地政策立案についての蕭錚の関与は、ここに始まる。

また、このとき、蕭錚は中共統治区から接収した地域に限定せずに、全国的な土地問題解決の必要性を蔣介石に提言した。蔣介石はこの提言をうけて、土地問題の専門家を集め、具体案を検討することを指示し、蕭錚は「集中研究土地専家籌画推行本党土地政策辦法」を作成した。この辦法は蔣介石の了承を得て、すぐに具体化された。こうして、1932年7月、中国地政学会の前身となる「土地問題討論会」が成立したのである。

そのメンバーは表2－1に示したとおりである。人選は、蔣介石の意向も入れて慎重に行われたという。会務は蕭錚が主持し、金陵大学農業経済系会議室で討論を重ね、9月末には「推行本党土地政策原則10項」を作成した。その内容は、租佃制度の改善、自作農の創出、土地金融による農民の土地取得の支援、地価の申告制、地価の自然上昇による増益の徴収、累進地価税の実施、土地の区画整理・改良、土地細分化の防止、土地測量・登記の早期実現などである。やや羅列的ではあるが、蕭錚たち、後の中国地政学会がめざした土地改革方針の原型がここに示されていると考えてよかろう。蕭錚によれば、その後40年余りに互って、彼らはさまざまな政治環境に即応して幾種類もの土地改革方案を発表したが、それらは原則上においてこの「10項」から離れることはなかったという。

ただし、この「10項」をより具体的な実施計画に練り上げ執行するためには、さらに長い検討期間とより多くの人材が必要であった。このため、蕭錚らは、蔣介石の支持を取り付け、土地政策の策定・推進のためのより本格的な規模をもった政策研究団体を結成することになる。こうして、1933年1月、中国地政学会が成立した（52～55頁）。29歳の蕭錚は地政学会の初代理事長に選ばれ、その後もその地位を保持し続けた。

第3節　中国地政学会の組織と活動（抗日戦争前）

1　組織の構成と性格

　中国地政学会は「土地問題を研究し、土地改革を促進する」ことを主旨に掲げ、会員は以下の三者によって構成されている。すなわち、土地問題について相当の研究を有して主旨に賛成する「普通会員」、政府機関あるいは社会団体で同じく主旨に賛成する「団体会員」、さらに経費その他の援助を提供する「特別会員」（後に「賛助会員」に改称）である。成立時は、個人会員26名、団体会員11をもって出発したが、1936年3月には普通会員354名、団体会員26、賛助会員6名に拡大した。団体会員には、中央・地方の土地行政に関連する政府機関が加入し、賛助会員には、何応欽、宋子文、陳果夫、陳立夫、張継など、国民党の実力者が名を連ねている。また、国民党との密接な関係は財政面にも表れており、地政学会の各年度の収入のほぼ半分が「中央党部補助費」であった。運営は会員大会で選出された理事によって行われるが、その理事のメンバーは、**表2－1**に示したとおりである。機関誌『地政月刊』を発行し、その「総編集」（編集長）は理事の1人万国鼎が担当した。[(11)]

表2－1　中国地政学会関連主要人物表

	土地問題討論会	地政学会理事・理事候補※				地政学院教授・研究員	主要学歴	主　要　経　歴（抗日戦争前まで）
		第1回1933年	第2回1934年	第3回1935年	第4回1936年			
蕭錚	○	○	○	○	○	○	独・ベルリン大学卒	導淮委員会土地処処長、中央土地委員会専員、中央土地専門委員会副主任、党中央執行委員会候補執行委員
曾済寛	○		○	○	○	○	日・鹿児島大学卒	北平農学院院長、江蘇省地政局長、浙江建設庁農業改良総場主任、江蘇省建設庁農業委員会副委員長
劉運籌	○						英・エジンバラ大学卒	北平大学農学院院長
万国鼎	○	○	○	○	○	○	金陵大学卒	金陵大学農業経済系教授、中央土地委員会専員、中央土地専門委員会委員、資源委員会委員

第 2 章　蕭錚と中国地政学会　　　　　　　　　　　55

氏名							学歴	経歴
馮紫崗	○						仏・国立海南農業大学卒	中央大学農学院教授、国立浙江大学教授、安徽大学農芸系主任
駱美奐	○						米・南カリフォルニア大学修士	党中央組織委員会普通組織科科長、導淮委員会土処処長
向乃祺	○						日・早稲田大学卒	安徽第八区行政督察専員
張　森	○			△	△	○		仏・トゥールーズ大学卒	中央土地委員会専員、財政部整理地方捐税委員会委員
程遠帆	○				△				南京市財政局長、北平市財政局局長、浙江省財政庁長
聶国青	○							
洪季川	○			△			日・早稲田大学卒	中央政治学校教授、導淮委員会土地処第二科科長、江蘇省地政局主任秘書
李直夫		○					湖北省立文科大学卒	軍政部秘書、軍事委員会北平分会秘書、江蘇塩城県長
王　祺		○	○	○	○		日・留学	党中央執行委員、監察院監察委員
鄭震宇		○		○			北平師範大学卒	中央土地委員会専員、内政部土地司司長
唐啓宇	△	△		○	○		米・コーネル大学農業経済学博士	農業週報社社長、中央土地委員会主任秘書、全国経済委員会簡任技正
鮑徳澂	△	○					香港大学卒	中央土地委員会顧問、立法院外交委員会秘書
祝　平		○	○	○	○		独・ライプチヒ大学博士	中央土地委員会専員、中央土地専門委員会委員、江蘇省地政局長
王先強		△					日・明治大学卒	内政部民政司司長、浙江嘉興県県長
李積新		△					金陵大学卒	実業部専門委員、中央大学農学院講師、中央土地委員会専員、江蘇省墾殖設計委員会主任委員
蔣　廉			△	△			地政学院卒	地政学院研究助理員
高　信			△	○	○	○	独・フライブルク大学卒	中央土地委員会研究組長、中央土地専門委員会委員
湯恵蓀				△	○	○	独・ベルリン大学、英・オックスフォード大学	浙江大学農学院教授、中央農業実験所技正、中央土地専門委員会委員
董中生				△	△		地政学院卒	浙江嘉興県土地整理処副主任、江蘇呉県地政局長
黄　通					△	○	日・早稲田大学卒、英・オックスフォード大学、独・ボン大学	

李慶麐				△		米・イリノイ大学農業経済博士	天津南開大学経済研究所、中央土地委員会専員、中央土地専門委員会委員
張廷休				△		英・ロンドン大学	中央土地委員会調査組長、中央土地専門委員会委員
熊漱冰				△			江西省地政局長
汪　浩					○	ソ・モスクワ中山大学卒	平湖県県長
郭漢鳴					○	仏・パリ大学高等研究院卒	江蘇省地政局秘書

典拠：『地政月刊』誌上の「中国地政学会会員録」「中国地政学会理事」等の記事、および蕭錚『土地改革五十年』関連部分。

註：※印欄の○は理事、△は理事候補。

　蕭錚によれば、地政学会の研究方式は以下のような形で行われたという。まず個別テーマごとに若干の専門家の会員を集め、何度も談話会を開いて検討を重ねる。次いで具体的意見がでた段階で正式の会員大会を召集して慎重に結論を出す。さらに、その内容を『地政月刊』に発表し会外の批評を求める。このような方式によって、会が成立して1年も経つと、国内学術界の広範な反響を引き起こし、入会希望が急増したという（57頁）。

　国民政府への政策提言については、成立以降、毎年開かれた年次大会の中心テーマやそこでの決議案が重要な役割を果たしている。**表2－2**は、それを一覧表にまとめたものである。ただし、これらがそのまま国民政府の政策立案につながるというわけではなく、両者の関係については、後で若干の実例を挙げて検討することになろう。

表2－2　中国地政学会年次大会一覧

大会名	時期	開催地	中心議題および決議案
成立大会	1933年1月	南　京	
第1届年次大会	1934年1月	鎮　江	「確定中国土地問題之重心」 「決定目前中国土地整理応採程序」決議案 「確定土地整理之基礎以利推行」決議案 「土地測量応従大地測量着手並応於適宜地域採用航空測量」決議案
第2届年次大会	1935年4月	南　京	「中国目前之土地政策」
第3届年次大会	1936年4月	杭　州	「租佃問題」決議案 「航空測量与人工測量問題」決議案

第4届年次大会	1937年4月	青　島	「如何実現耕者有其田」決議案 「如何規定地価」
第5届年次大会	1939年4月	重　慶	「中国戦時土地政策」 「中国戦後土地政策」 「西南経済建設与土地問題」
第6届年次大会	1940年12月	重　慶	「糧食問題与土地政策」決議案 「如何実施地価税」決議案 「戦時及戦後墾殖問題」決議案
第7届年次大会	1947年4月	南　京	

典拠：蕭錚『土地改革五十年』の関連部分、および川村嘉夫前掲論文。
註：第七届年次大会は中国土地改革協会成立大会と同時開催。

　地政学会と相互補完的な組織として、国民党中央政治学校に付設された地政学院がある。土地行政の人材育成機関を設置することは、前述の「集中研究土地専門家籌画推行本党土地政策辦法」にすでに盛り込まれていた。当時の中央政治学校の校長はこの辦法の実施を指示した蔣介石であり、実際の責任者は陳果夫であった。早速、陳果夫の主導の下で中央政治学校内に地政研究班が設置され、まもなく地政学院と改称する。学員の応募資格は大学卒業生および土地行政の経験者であり、開学は1932年11月であった。地政学院の院長は地政学会理事長の蕭錚が兼ね、主な教授・研究員は、**表2－1**に示したように、地政学会の理事などの有力幹部たちであった。

　地政学院の教育課程は、2年間4学期である。第1学期は土地問題の「基本課程」であり、第2学期から「専門課程」に入る。その後、学員は各省県に派遣され3ヶ月間現地で調査・実習を行い、報告書を作成する。第3学期から、その実地調査で得た資料に基づいて研究論文を作成する。第3・4学期では、通常の講義は開講されず、学員は各種の土地問題討論に参加し、そこでは各学員が実地調査で遭遇した地方の諸問題を報告して相互に討論し、指導教授の解説を受けて結論を引き出す。(12)このような教育方式は、現実から遊離することなく、教授・研究員の側も常に得るところがあったという。こうして学員が作成した調査報告や論文は合計350冊余りにのぼる。周知のように、これを影印・出版したものが「民国二十年代中国大陸土地問題資料」（中国地政研究所叢刊、1977年）である。

　地政学院の卒業生は、土地行政のテクノクラートとして各省に派遣され、その

赴任地は蕭錚によって決定された。赴任地の選定基準は、その時点の国民政府にとっての政治的重要度にあった。すなわち、当初は、江蘇、浙江、安徽の3省に集中的に派遣され（第1～4期卒業生）、福建事変以後は、福建、広東両省へ、抗日戦争が目前に迫ってくると、貴州、四川、雲南、陝西、甘粛の西南・西北各省へも派遣された。卒業生は各省に赴任した後も、地政学院と緊密な連絡を保ち、その指示を仰ぐことになっていたという（63～67頁）。1940年の廃校（詳しくは次節）までに、地政学院卒業生の総数は8期160名であった。[13]

2　中央土地委員会による全国土地調査への参画

　次に、地政学会が精力的に取り組んだ全国レベルの主要な活動を見ておこう。ここでは、中央土地委員会による全国土地調査への参画、財政部の「土地陳報」方針への対応、土地法改定運動の三つをとりあげる。いずれも地政学会の力量とその限界をうかがうことができる事例である。

　蕭錚によれば、当時の国民政府は日本の侵略強化、中共との内戦や軍事割拠的局面の継続など厳しい内外環境の中にあり、その下では中央の政策遂行能力は大きく制約され、土地政策の実施もまた容易ではなかった。そのうえ、国民党の内部にも現状に様々な既得権をもち変革を望まなくなった指導者たちがいた。このため、地政学会が提起する現状変革的な土地政策の多くは、そのような反対者の「慎重にすべし」「さらに研究すべし」といった引き延ばし戦略にぶつかり、棚上げにされたという。蕭錚は、1934年8月に成立した中央土地委員会も、そのような環境の産物であったととらえている（71～73頁）。

　発端は、1934年1月の国民党第四届四中全会において、土地政策の早期実施を求める以下の三つの提案がなされたことにあった。すなわち、（a）「推行本党土地政策綱領案」（提案人は陳果夫ほか5名）、（b）「為実行土地政策以消滅乱源鞏固革命政権案」（提案人は劉峙ほか5名）、（c）「請迅速施行土地法並救済農民案」（提案人は中央民衆運動指導委員会）である。このうち、（a）が「推行本党土地政策原則10項」（前述）に基づいて、蕭錚が起草した提案であった。同会議は、この3提案を国民政府の最高意思決定機関である中央政治会議で審議することを決定した。中央政治会議は、この3案と、同時期に全国経済委員会が提出した「為擬具

土地法施行歩驟請由本会設立中央地政署並於棉麥借款項下指定専款以為施行初期経費案」とを併せて審議し、以下のような決議を行った。

　①全国経済委員会、内政部、財政部によって一つの土地委員会を組織し、まず各省・市の土地の実情について6ヶ月以内に比較的系統だった調査を行い、その上で具体的方法を作成し、中央政治会議の審議・決定を請うこと。
　②先の土地政策の実施にかかわる4提案は、土地委員会にまわして先ず研究を行うこと。
　③土地委員会の経費は、全国経済委員会が負担し、内政部、財政部は充分な行政上の便宜を与えること。

こうして土地政策の迅速な実施は先送りとなり、これに代わって、中央土地委員会の組織化と、そこでの調査・研究が先行することになったのである。

　土地委員会の主任委員には陳立夫がなり、彼は蕭錚と相談して地政学会の有力幹部を指導的地位に配置した。すなわち、主任秘書に唐啓宇、研究組長に高信、調査組長に張廷休が任命された。彼らの主導の下で、中国史上空前の全国的規模をもった土地調査が行われたのである。この調査のために政府諸機関および全国各省市党部などを中心に大規模な動員工作が行われ、参加・協力した人員の数は合計3千余名を下らないとされている。[14]この中には、「顧問」「専員」として招聘された専門家27名も含まれ、そこには蕭錚をはじめ地政学会の有力幹部が参加している（表2－1参照）。調査作業はほぼ半年余りで一段落して統計分析に移り、翌年になると土地委員会は解散し、その後に成立した土地専門委員会（後述）が整理作業を引き継いだ。調査報告は各省（22省）ごとにまとめられた分省報告と、個別テーマ（土地利用、土地分配、土地税、佃租制度、地価、土地金融の6テーマ）ごとにまとめられた専題報告の2部門に分けて整理され、それぞれについての現状、問題点、その解決方法が記述された。ただし、今日残っているのは「総報告」部分の影印本だけであり、その他の分省報告、専題報告、調査表や統計表などの原資料は、日本軍による南京陥落の際にすべて灰燼に帰したという（73～76頁）。

　なお、先の土地政策の実施を求めた4提案を「研究」する件（中央政治会議の決議の②）については、地政学会が土地委員会からその任務を委託されることになった。地政学会は、それぞれの提案についての検討を重ねるが、その過程において

土地法改定作業が開始されるのである（後述。76・81頁）。

3　財政部の「土地陳報」方針への対応

「土地陳報」とは、土地所有者による所有地の自己申告である。それは、1筆ごとの土地測量、土地登記を踏まえた本格的な地籍整理を実施するには時間・経費がかかり過ぎるということで、これに替わるより簡便な方法として考案された。しかし、蕭錚によれば、「土地陳報」は効果がないばかりか、地籍整理に使うべき財力、人力を流用するために本格的な地籍整理の進行を妨げ、土地改革推進の障害となったととらえている。

地政学会の成立当初からの構想は、地籍整理を積極的に推進して「平均地権」実行の基礎にすることであった。とりわけ、1934年の地政学会第一届年次大会において「目前中国土地整理応採之程序」が決議されて以降、地政学会は地籍整理の推進にとくに重点をおいた。このため、当時中央の政令が及ぶ各省では次々とその実施のための準備や正式の実施に着手しはじめた。既に土地測量を開始していた地方では、さらに積極的にその実施を継続した。ところが、財政部が「土地陳報」の実行を厳命したために、各省政府はこれに従わざるを得なくなり、本格的な地籍整理は停滞してしまう。各省の財政庁は財政の大権を握っており、もともと民政庁が管轄していた地籍整理の経費は、財政庁に留め置かれ、「土地陳報」の経費として流用されたという（96〜97頁）。

そもそも「土地陳報」は1929年5月から浙江省で最初に実施され、人力・財力を費消したうえ住民の不信感だけを残して惨憺たる失敗に終わった[15]。ところが、江蘇省の江寧自治実験県において33年4月から周到な準備のうえ再度実施され、田賦収入を増加させるという成果を収めた。これをうけて、財政部は34年1月の国民党第四届四中全会に「整理田賦先挙行土地陳報案附辦法大綱七条」を提案し、決議させたのである。皮肉なことに、この決議は、地政学会の主張を盛り込んだ土地政策が提案された同じ会議においてなされたのであった（99〜100頁）。

この後、財政部は1934年5月に第二次全国財政会議を召集し、「辦理土地陳報綱要」を通過させたうえで、「土地陳報」の実行を各省政府に命令したのである。ただし、各省の事情により成果は一律ではなく、「綱要」どおり完全に実施され

たわけではなかった。蕭錚によれば、安徽、湖北、河南などの各省では比較的普遍的に実施されたが、江蘇省では江南の多くの県は土地測量を実施し、江北の各県では「土地陳報」が実施された[16]。また、早くから航空測量を推進していた江西省では「土地陳報」は実施されず、前述したように「土地陳報」に強い不信感をもっていた浙江省では、抗日戦争開始後、日本軍の占領を免れた山間地域で「土地陳報」が再実施されたものの、抗戦前においてはこれを再実施した形跡はない[17]（103頁）。

　ところで、「土地陳報」の実施を決定した前述の第二次全国財政会議には、「専門会員」という名義で幾人かの専門家とともに蕭錚も招かれていた。蕭錚は、このとき地政学会の名前で（a）「擬辦土地陳報意見書」、（b）「擬請確定整理田賦方針応以改正地籍重定税制改革徴収制度三者並重案」を提出した。ここには、財政部主導の「土地陳報」方針に対する蕭錚および地政学会の抵抗が示されている。（a）は、あくまで地籍整理の正規の順序（1筆ごとの土地測量、土地登記）に従うべきこと、ただ、これ以前にやむなく「土地陳報」を行う場合には、できる限り手続きは簡便な方式を採用して、正規の順序との混淆を避けることを主張している。また、「土地陳報」による行政上・財政上の負担を少なくし、住民の負担を絶対増やさないこと、「土地陳報」による田賦の増収分は将来の土地測量経費にすることなどを求めている。要するに、将来の本格的な地籍整理に障害とならないように、「土地陳報」の事業規模を極小化することを提起しているのである。（b）は、田賦整理に名を借りて、地政学会がめざす「平均地権」の初歩的な内容を盛り込んだものであったが、会議では何の成果もなかった（100～102頁・104頁）。

4　土地法改定運動

　土地政策実施のための基本法である土地法の改定は、当時の地政学会が総力を挙げて取り組んだ課題であった。対象となった土地法は、1930年6月に国民政府によって公布された（ただし、その施行は36年3月）。それは、孫文の「平均地権」の理念の具体化をめざし、ドイツ人W・シュラーマイエル（W. Schrameiyer）の[18]著書などを参照して作成され、総則、土地登記、土地使用、土地税、土地徴収の

5編397条からなっている。

土地法が公布されたとき、蕭錚はドイツに留学中であり、これをドイツ語に翻訳してダマシュケとともに内容の検討を行った。ダマシュケはこの土地法の理念を高く評価するとともに、その法律としての欠陥を鋭く指摘した批評文を執筆した。蕭錚の土地法改定に向けた問題意識は、すでにここに始まっていた（115頁）。

ただし、地政学会が組織的に土地法の改定に取り組むのは、中央土地委員会から前述の4提案の検討を委託されたときからである。このとき、地政学会は、規定地価、土地税制、地租、土地使用、土地法施行程序、土地測量、地政機関など、土地法のほぼすべての分野にわたる検討を行い、1934年11月に「修改土地法意見書」を作成して土地委員会に提出した。ところが、土地委員会はまもなく解散され、国民党五全大会の後、中央政治委員会（以前の中央政治会議を改称したもの）の下に設置された土地専門委員会がこの「意見書」の検討を引き継ぐことになった。土地専門委員会の主任は陳果夫、副主任は蕭錚が就任し、委員の多くが地政学会の有力幹部であった（表2－1、参照）。「意見書」はその作成者たちの手によって、政策化がはかられていく（116~118頁）。

他方、地政学会は、1936年4月の第三届年次大会の決議案が示すように、この頃、自作農創出を当面の課題として明確に提起するようになっていた。その決議案は、同年7月の国民党第五届二中全会において蕭錚らによって提案され、決議された。「請迅速改革租佃制度以実現耕者有其田案」と題されたこの決議案について、蕭錚は後の台湾で実行された土地改革より18年も早く、その方針が国民党中央で決議されていたと回想している。さらに、西安事変の後、中共が国共合作に向けて土地革命の放棄を声明すると、蕭錚は逆に国民党がこの機会をとらえてより積極的に「耕者有其田」を実現し、中共勢力が存立・拡大する基盤を根絶すべきであると主張した。この主張は陳果夫の賛同を得て蔣介石に伝えられ、蔣介石はそのための具体策を早急に作成し、宣伝活動を拡大することを命じたという。こうして、37年4月の地政学会第四届年次大会では、「如何実現耕者有其田」が中心テーマとして設定されたのである。そこでは、自作農創出について、より踏み込んだ内容が決議されるに至る（174~180頁）。

このような地政学会の1936年前半から始まる動向は、土地専門委員会における

「意見書」の検討過程にも当然反映したと考えられる。「意見書」は1年半余りの時間をかけて検討された結果、「土地法修改原則24項」に整理され、36年冬、中央政治委員会に提出された。(19)そこには、自作農創出にかかわる項目として、以下の2点が盛り込まれていることに注目したい。すなわち、第1点は、自作農創出など土地政策の実施を金融面で支える土地銀行の設立および土地債券の発行を実現できる条文を土地法に付け加えること、第2点は、自作農創出・維持のために以下の各項目に関する条例を制定することである。①自作農1戸あたりが所有する耕地面積の最低面積の設定、およびその土地に関する処分の制限、②自作農が負債超過によって土地を失わないための負債最高額の制限、③適正規模の自作農地を維持するための自作農地の相続方法。

中央政治委員会は「土地法修改原則24項」の中の累進地価税の採用に関する1項目だけを留保してその他の項目はそのまま決議した。こうして土地法改定は立法院で具体的な法制化作業を行う最終段階に入った。ところが、この案件を扱うはずの立法院経済委員会は、これを長く放置する。以前から蕭錚と論争などを通じて確執のあった同委員会の召集委員陳長蘅が、この案件に強烈に反対したからであったという。その結果、立法院が土地法の改定作業を終えるのは、ずっと遅れて抗日戦争終了後にまでずれ込む（135～136頁・145頁）。

蕭錚および地政学会は国民政府の中に一定の地歩を有し、ときには陳果夫や蔣介石といった党内実力者の支持を得て土地政策の立案過程を主導しながらも、彼らの求める政策は必ずしもそのまま実現されなかったのである。ここに、蕭錚および地政学会が国民政府において占める位置の微妙さと国民政府内部の複雑さがうかがわれよう。

以上、地政学会の全国レベルの活動とその限界を取り上げてきた。なお、この時期の国民政府の土地行政の実践的到達点は、むしろ若干の地方レベルにおいて見られることも留意すべきであろう。なぜなら、そこでは地政学会・地政学院の関係者が大きな役割を果たし、彼らの理念が部分的に実現される局面も存在したからである。とはいえ、地方レベルにおいても、中央の動向とは無縁ではあり得ず、法制上の制約や財政部などの非協力・妨害によって影響を被らざるを得なかった。この点についての詳細は、本書第2部および第3部に譲りたい。

第4節　蕭錚および中国地政学会にとっての戦争と戦後

1　戦時体制下における変容と諸活動

　1937年7月、日中戦争が勃発し、緒戦において沿海・沿江地域を喪失した国民政府は、政権基盤の脆弱な奥地に拠点を移して本格的な戦時体制を構築していく。蕭錚および地政学会の活動内容も、このような新たな事態に直面して変容をよぎなくされ、戦時体制に即応した土地関連施策の立案・実施が求められていく。さしあたり、全国レベルの問題に焦点をあてて、蕭錚および地政学会がかかわった主な活動を取り上げていこう。

　まず、糧食問題への取り組みである。糧食の確保・管理は、長期的な戦時体制の維持にとって緊急を要する課題の一つであった。とりわけ、奥地には軍隊、政府機関、民間工場の移転に伴って、難民とともに大量の人員が短期間に流入し、これを養う必要に迫られていた。この問題への取り組みは、開墾による耕地の拡大と、最大限の糧食確保を実現する調達方法の案出とに分けられる。

　前者から見ていこう。1936年春の戦前の段階で、蔣介石は蕭錚に会って、戦時を想定した西南開発の研究を直接指示していた。蕭錚は、これをうけて開墾計画の重点を西南に置き、地政学院の学員の多くを貴州、四川、雲南の各省に派遣した。次いで、開戦の翌年には蕭錚は自ら西南各省を視察し、各省の軍事支配者たちから開墾事業推進に向けた同意を取り付けている。39年、40年に戦況が悪化すると、地政学会は積極的に開墾運動を推進する。政府も40年に農林部の下に墾務総局を設置し、蕭錚の意向に沿って地政学会の有力幹部唐啓宇をその主任秘書に任命した。こうして開墾事業は、地政学会の積極的な協力を得て、西南・西北の各省で展開したのである（198頁）。

　後者についても、その準備は戦前から始まる。蔣介石は1936年に中央国民経済計画委員会を設置し、蕭錚を糧食管理組組長に任命した。蕭錚はこのときから戦時下の糧食問題を重視し、行政院に糧食管理委員会を設け、その下に生産管理、運搬販売、備蓄、消費管理の専門機関を作ること、各級党部が糧食調査を行うことを建議した。ところが、これらを政府が検討する前に、戦争が勃発する。地政

学会は、39年4月に重慶で第五届年次大会を召集し、そこでは糧食問題の解決を声高に呼びかけるとともに、田賦の実物徴収の実施を建議したという。周知のように、田賦の実物徴収は41年6月に第三次全国財政会議で決定され、同年後半から本格的に実施される。次いで、地政学会は41年12月に第六届年次大会を開き、「糧食問題と土地政策」と題する決議を行った。そこには、糧食を貯め込み価格を吊り上げている地主を主な標的にして、政府がその糧食を徴収すべきことを主張している。蒋介石はこの決議を極めて重視し、まもなく糧食部を設置して、低価格による糧食の強制買い上げ（後には、強制借り上げ）を実行する（199～200頁）。これらの措置は、国民政府の抗戦の維持に財政面から貢献していく。[20]

しかしながら、抜本的な土地問題の解決を抜きにし、既存の土地・地税制度を前提とした前述した負担の増大は、農村における階層間の格差や矛盾をますます拡大し、むしろ土地問題をより深刻にする。このような事態は、いうまでもなく政府による民衆の戦時動員を大きく制約し、戦時体制を揺るがしかねない要因となろう。それ故、蕭錚および地政学会も、以上のような当面の財源確保を優先した対症療法的な政策だけに満足していたわけではなかった。戦前から研究を重ねてきた抜本的な土地問題解決に向けた諸政策を、戦時においていかに実現するかという課題にも取り組んでいたのである。その一つが、地政学会が草案を作った戦時土地政策綱領である。この綱領は、蒋介石の了承を得たうえで、1941年12月の国民党第五届九中全会に提案され、決議された。そこには、本格的な地籍整理を強化すること、[21]地価の申告と累進地価税を実施すること、自作農を原則とし、非自作地は政府が購入して佃農に払い下げ、その代価は長期年賦で償還させることなどが盛り込まれている（219～221頁）。

この綱領が決議されたとき、蕭錚は前途に期待を抱いたが、現実はその通りには進まなかった。その理由として、蕭錚は次の2点をあげている。一つは、自らが望まない政策には真剣に取り組まない官僚の積年の悪習であり、これによって綱領の実施は引き延ばされ放置されたという。もう一つは、財政部、経済部の消極的反対である。当時の財政部長孔祥熙、経済部長翁文灝の綱領に対する内々の反対は極めて激しく、これを書生の意見と考え、何ら積極的な行動に出なかった。そして、田賦実物徴収の優先を口実にして土地政策を棚上げにしたという（221

頁)。なお、孔、翁に対する蕭錚の鬱積した反感は、戦争末期から戦後にかけて「革新運動」となって表出する(後述)。

　ところで、この綱領の決議と関連して、土地行政機関の整備が戦時下で一定程度進展したことにも触れておかねばならない。[22]

　まず、第1点は、先の綱領が決議されたとき、土地行政の専門機関として行政院の下に地政署が設置されたことである。地政学会の有力幹部鄭震宇がその署長になり、蕭錚は鄭を通じて地政署に影響力を及ぼした。ただ、蕭錚は地政署の地位が内政部、財政部などとは対等ではない点に批判的であった(221～222頁)。

　第2点は、土地金融機関が成立したことである。蕭錚および地政学会にとっては、各種の土地行政(土地徴収、区画整理、土地改良、自作農創出など)を実施するためには、土地金融の実現は不可欠の課題として位置づけられていた。たとえば、自作農創出についていえば、彼らの構想は地主的土地所有の有償廃止であり、その場合、農民の地主からの土地取得を政府が資金的に援助しなければならず、そのために土地銀行の設立と土地債券の発行が考案されていたのである。ところが、土地銀行の設立案は、戦前において決議されながらも、財政部の強い反対で実現しなかった。蕭錚は、以前の決議案の実施を蔣介石に強く求め、既存の中国農民銀行に土地銀行の機能を実行させるという方針を引き出した。こうして、中国農民銀行の内部に独立性の強い土地金融処が設立され、地政学会の有力幹部黄通、洪瑞堅がそれぞれ処長、副処長に就任した。しかし、福建省龍岩県の自作農創出や甘粛省の土地改良などへの融資を除けば、政策性をもった融資業務はさして拡大しなかったという。[23]なお、土地金融処は国民政府が台湾に逃れたとき解散するが、その機能は台湾土地銀行に引き継がれ、台湾土地改革に重要な役割を果たした(225～228頁)。

　以上のように、土地行政機関の整備こそやや進展したものの、蕭錚および地政学会の活動は戦時体制の制約を受けるとともに、政府内部における冷淡視や非協力によって充分な実効性は伴わなかった。ただ、彼らの方針に理解をもつ若干の地方当局は、その管轄下で様々な実践を試みていた。このような地方レベルの諸実践に、地政学会の幹部や地政学院の卒業生たちが大きく関与し、その経験が後の台湾に持ち込まれたことを見過ごすわけにはいかない(表2－3、参照)。[24]

表2－3　抗戦時期国民党統治区における主な各省土地改革と地政学会関係者

省区	地域	担当者	役職あるいは職務	担当者のその後
甘粛	湟恵渠灌漑区	周之佐（地政学院第1期卒業生）	省地政処処長	台湾／中国地政研究所の工作に従事
		張宗漢（政治学校地政系卒業生）	西北地域の土地金融を主管	台湾／土地銀行農貸部経理
四川	重慶郊外北碚示範区	来元業（地政学院卒業生）	家賃・小作料調査	
湖北	恩施・咸豊県	董中生（地政学院第2期卒業生）	省地政局長	台湾／中興大学教授
陝西	高陵・扶風・三原県	張道純（地政学院卒業生）	省地政局長	中共の北平占領時に北平市地政局長として殉職
綏遠	五原・臨河・米倉等6県	周北峰※	省地政局長	
福建	龍岩県	林詩旦（地政学院卒業生）	同県県長	台湾／農村復興連合委員会技正

典拠：金徳群編前掲書第5章第5節、蕭錚『土地改革五十年』の関連部分、王世琨前掲論文。
註：※印の周北峰は、王世琨によって、蕭錚の「嫡系」ではないが、蕭の「門下」に伏した人物として紹介されている。

　さて、地政学院が解散されたことも、戦時中の大きな変化の一つであった。1938年から39年にかけて戦局が緊迫すると、蒋介石は国民党中央政治学校に付設されていた地政学院、計政学院、合作学院を合併して一つの研究部にすることを命じた。陳果夫は蕭錚を研究部の主任にしようとしたが、蕭錚はこの改組に反対した。蕭錚によれば、当時の地政学院はたんなる研究教育機関ではなく、「土地改革運動の総指揮部」であり、これが廃止されると、学外の各地で実際活動に従事している学員たちはその指導の中心を失う。研究部では地政学院が果たしてきた役割を代替できないと判断したのである。しかし、蕭錚の抵抗にもかかわらず、結局、地政学院は1940年に廃校となった。蕭錚はこの後、国民党中央政治学校との関係を断ち切り、自らの手で私立の研究教育機関を創立する。それが同年11月に成立した中国地政研究所である。その創立準備や運営には地政学会の有力幹部たちが援助・協力し、董事（理事）には彼らとともに、孫科、張継、陳果夫、陳立夫など国民党の実力者が名を連ねた。董事会において蕭錚が所長に、湯恵蓀が副所長に選ばれた。党組織との公的関係が切れたことは痛手であったが、人脈においても、目的・方針においても地政学院の性格はほぼ継承された。このとき、地政学会の機関誌『地政月刊』は廃刊となり、新たに『人与地』と『地政学報』

を創刊した。前者はもっぱら土地改革運動を鼓吹し、後者は学術的な研究報告を載せた。中国地政研究所は、戦後には南京、次いで台湾に移転し、その活動を継続していく（212～216頁）。

2　蕭錚と国民党内の「革新運動」

　抗日戦争の終結を迎えたとき、すでに41歳になっていた蕭錚は、国民党内の「革新運動」の渦のほぼ中心にいた。

　「革新運動」の開始は、抗日戦争末期に遡る。蕭錚がこの運動を始めた契機は、国民党統治区の各省の視察旅行を終え、農村崩壊の危機を強く実感したことにあった。このとき、蕭錚の国民党に関する現状認識は、次のようなものであった。国民党の上層部は抗戦の軍事的動向にのみ注目し、実際の国力の衰退に注意する者は少なく、これに次ぐ地位にある者は、自らの持ち場に全力を尽くし、国の根幹に思いを馳せる余裕はなかった。さらに下層の者は、「好官」（よい役人）であることを自認し、個人の地位や権利のみを求め、民間の苦しみの何たるかを知らなかった。そして、財政・経済の大権を掌握する孔祥熙、翁文灝は、思想落伍、能力薄弱であって、青年党員の不満を招いていたという。とりわけ、蕭錚からすれば、財政部長孔祥熙は、地政学会が戦時下でめざした土地改革を嫌悪し続け、その実現を阻んできた張本人であった。したがって、蕭錚にとっては「革新運動」の当面の標的は孔祥熙と翁文灝であり、彼らがその地位を退かねば、政府の全般的な革新はできず、国家の前途は危ぶまれると断じていた。

　蕭錚らを「革新運動」に赴かせたもう一つの要因は、当時の米国政府の動向にあった。抗戦末期になると、重慶に駐在する米国の軍政人員たちは一致して、国民党の腐敗・無能を批判しはじめ、米国大使館の内部には国民党に失望して中共との協調を重視する勢力が台頭していた。とりわけ、中共を中国の「土地改革派」と称し、蕭錚らの土地改革へ向けた多年の努力を一顧だにしない彼らの論調は、蕭錚をいらだたせたようである。蕭錚としても、その論調を事実として認めざるを得ない現実が国民党の側にあったからである。ともかく、早急に党内の革新をはからなければ、最大の同盟国を失って国際的な孤立を招きかねないと、蕭錚は考えていた（252頁）。

こうして、蕭錚は同様の危機感を抱く各方面の中堅党員（ＣＣ派を中心としながらも党内諸派閥にまたがる）と次々と接触して同志を集め、政治革新の道を模索しはじめた。また、蕭錚は孔祥熙、翁文灝を更迭すべきことを露骨に主張した手紙を蒋介石に送った。この手紙を取り次いだ陳果夫が「考えは極めて正しいが、他者への批判があまりにきつすぎる」として、書き直しを求めるほど激しい内容の手紙であった。1944年5月に国民党第五届一二中全会が開催されると、その席上、蕭錚とその賛同者たちは次々と現状批判を展開した。ここに至って、蕭錚らの動きは一個の政治運動としてその姿を現したのである。蒋介石は会議の直後に蕭錚ら数人の代表者と会見し、彼らの主張を受け容れる姿勢を示すに至った。会議においては具体的な成果は乏しかったとはいえ、蒋介石が非公式ながら支持を表明したことは、蕭錚らをして運動の前途に自信を深めさせた（252～254頁）。

　なお、ここで特筆すべき点は、「革新運動」の過程で、蕭錚が地政学会の改組も主張していたことである。蕭錚は、地政学会が「学者面」をして一般人を遠ざけることをやめ、各方面の有力者や農民を参加させ、土地改革をより強力に推進することを主張したのである。地政学会を一部の土地問題専門家だけの組織から、より広範な社会団体へと再編成しようとしたわけである。ところが、結成時からの有力幹部である万国鼎がこの主張に強く反対し、当時の地政署長鄭震宇も異議を唱えたため、蕭の主張は戦後に持ち越されることになった（255頁）。

　1945年5月の国民党六全大会および第六届一中全会、さらに抗日戦争の終結をはさんで翌年3月の第六届二中全会の前後にかけて、党内の「革新運動」は最盛期にあった。「革新運動」の推進者たちは各会議において数年来の政府の失政について容赦のない批判を繰り広げ、経済部長翁文灝らに対しても面前で攻撃を加えた（259～262頁）。「革新運動」の基調は、国民党の本来の「主義」や「綱領」に回帰して現状の革新を求める点にあり、党の本来の土地政策を軽んじてきた政府の姿勢も批判対象の一つであった。したがって、蕭錚は「革新運動」の高揚の中で、またその一環として「積極実施本党土地政策案」を作成し、これを六全大会で決議させたのである（259頁）。

　「革新運動」は、その後、1947年前半あたりで急速に収束する。その原因については運動そのものに即した分析が必要であり、運動がもたらした結果について

もより広い視野から考察されねばならないが、ここでは立ち入らない。ただ、土地改革の実施を阻害され続けてきた蕭錚にとっては、「革新運動」の発動とそれへの積極的参与は数年来の自らの政治生活の一つの帰結であり、戦後に向けた出発点でもあった。そして、戦後において彼が主役を演じる最後の政治舞台は、まだこの後に残されていた。

3　戦後土地改革をめぐる論争とその挫折

　1947年4月、蕭錚は地政学会を拡充する意図で、中国土地改革協会を発足させた。ただし、地政学会内部の反対意見（前述）に配慮して地政学会そのものも存続させ、土地改革協会の成立大会は地政学会第七届年次大会と同時平行して挙行された（284〜285頁）。その成立大会で通過した大会宣言は、次のように述べている。

> 我々は深刻に認識しなければならない。目前の政治、経済、社会の3方面の現象は、極端に憂慮すべきものである。なぜなら、そこには一個の共通した問題の核心が横たわり、それが社会進歩を妨害し、経済発展を圧迫し、すべての同胞の生活を脅かし、さらに歴来の政治腐敗の根本原因となっているからである。そして、この問題の核心とは土地問題である。不合理な土地制度は、すべての寄生階級、搾取階級、封建軍閥、貪官汚吏、土豪劣紳などが共同して使用する道具である。彼らはこの道具を利用して労せずして富を獲得し、できるかぎりの搾取を行い、その「政治資本」を蓄積し、さらに大きな勢力となって国家の進歩と建設を破壊している。（中略）この不合理な土地制度が存在している限りは、我々はどのような政治、経済、社会の本当の改造も期待できない。目前の事実はさらに我々に告げている。中国の土地問題は以前のいかなる時代よりも厳重であり、それは我々の国家と民族を、前進か落伍か、興隆か退廃かの瀬戸際に置いている。もし我々が土地問題を廃絶できなければ、土地問題が我々を廃絶するだろう（289〜290頁）。

ここには、「革新運動」が帯びていた熱気と切迫した危機感が引き継がれている。さらに、彼らの具体的要求の中に「地主階級と租佃制度の徹底した消滅」や「計画経済」の実行、資本家専制の「自由資本主義」への反対などが謳われており、

これを中共の主張と見間違えても何ら不思議ではなかろう。もちろん、少数の特権分子が操縦する「共産主義」に反対するという文面も見えるけれども。

この土地改革協会の成立大会に参加したのは230人余りであったが、数ヶ月を経ずして会員登録をした人数は3600余人に達し、翌年には1万6000人に増加し、全国各省・市に23の分会が設置されたという（285頁）。これは地政学会の規模を大きく上回り、すでに土地問題の専門家を中心にした政策研究団体にとどまるものではなくなっていた。理事長には蕭錚が選ばれ、1948年4月から機関誌『土地改革』が発行された（286頁）。

土地改革協会は、半年余りの検討を経て、1948年2月、「土地改革方案」を公表した。まず、「序言」において、「政府の現行の土地に関する政策と法令は、この問題（＝土地問題──筆者注）を根本的に解決するに足らず、徹底的で普遍的な改革を早急に求めなければ、非常に恐るべき結果を招く」と述べている。戦後国民政府の主要な土地関連法規には、1946年4月公布の修正「土地法」や同年10月公布の「綏靖区土地処理辨法」があるが、これらはすべて否定されていることがわかる。戦後において蕭錚たちがたどり着いた到達点が、ここに示されていたのである。

「土地改革方案」の主な内容は、全国の農地を即日、現耕作農民の所有にすること、佃農の土地購入価格は現小作料の7倍とし、14年年賦で償還すること（現小作料は収穫量の37.5％を越えない）、各地で佃農協会を組織し、これに土地登記や地価の償還業務を担わせること、自作農の農業経営には政府が金融面で援助し、農業合作社に加入させたり、土地の区画整理で経営面積の拡大・調整を図ったりして、農業経営を健全化させることなどである。現耕作農民優先の有償による土地分配、政府の長期融資によるその支援、土地分配後の経営的自立への一定の配慮など、そこには彼らが目指してきた、中共とは異なった独自の構想が、より明確に示されているといえよう。

この「土地改革方案」が公表されると、内外で大きな反響を呼び起こした。とりわけ、この方案が米国側に注目されていたことを、蕭錚は重視していた。蕭錚は各方面との意見交換を重ねたうえで、より具体的な規定を補充して「農地改革法草案」を作成した。すでに立法院選挙に当選していた蕭錚は、院内で84人の連

署者を集め、1948年9月にこの草案を立法院に正式に提出した。これが立法院において激しい論戦を引き起こすことになる。立法院における発言者は100名にのぼり、論争は立法院の外でも新聞・雑誌等の誌上で繰り広げられた。論争参加者は、賛成派、反対派のほかに、決定の前に更なる研究を要求する「研究派」、法案の不徹底さを論じ、土地国有、集団農場などの実行を求める「高調派」がいた。とりわけ、反対派は、法案は財産権を保障した憲法に違反し、孫文の教えに背き、「共産党のしっぽ」になって混乱を作り出す、と激しく攻撃した。蕭錚たちは立法院の内外において整然たる反論を展開し、また、各省当局者からも法案の実施を求める要望が数多く寄せられたという(305～306頁)。しかし、この時期、国民政府は国共内戦の戦場においてすでに守勢に回っており、蕭錚たちが最後に創出した自らの政治舞台は、慌ただしく歴史の波に流されていく。

　結局、立法院は結論を出すに至らないまま、首都南京は中共軍の手に落ちた。広州に逃れた立法院は、蕭錚たちの働きかけで「兵農合一案」を決議する(320～321頁)が、それは戦時色の濃い臨時的施策に過ぎなかった。

　なお、抗日戦争後において米国の資金援助で中国農村復興連合委員会(JCRR)が組織され、その活動に多くの地政学会・土地改革協会の関係者がかかわっていたことにも触れておきたい。同委員会の主任委員になった蔣夢麟は、蕭錚から農村建設には土地改革を先行させるべきであるという助言を受けるが、さしあたりの次善の策として「二五減租」の実行を決めた。地政学会の有力幹部湯恵蓀、鮑徳澂、さらに米国人の農村問題研究家W・I・ラデジンスキー(W.I.Ladejinsky)らがブレーンとなり、多くの地政学院卒業生がその活動に参加したが、内戦の戦況により活動範囲は四川省、広西省、台湾省などに限定され、まもなく台湾に移っていく(330頁)。

第5節　台湾土地改革への道程

　上述のように、蕭錚および地政学会・土地改革協会がめざした「もう一つの中国土地改革」は、国民政府内部に有力な地歩を築きながらも、反対勢力との軋轢を繰り返し、大陸においては結実することはなかった。そして、大陸とは異なっ

た条件・環境を備えた台湾社会において、その構想がほぼ実現する。その台湾土地改革の立案・実施の全過程においても、やはり蕭錚たちの果たした役割は大きかった。1953年1月、台湾土地改革の基軸となる「実施耕者有其田条例」が立法院を通過するが、その審議の過程で、以前と同様に強力な反対が巻き起こった。ところが、蕭錚は公開の場での論争には全く参加せず、彼のかつての論客ぶりを知る者はその沈黙を大いに不思議がったという。このとき、蕭錚は裏方の仕事（各方面への地道な説得工作）に徹していたのである（377〜379頁）。そこには度重なる挫折を経て成熟した1人の政治家の姿を見いだすべきかもしれない。このとき、蕭錚は49歳であった。

もちろん、蕭錚たちの構想が台湾で容易に実現しえたのは、様々な内外要因が作用している。たとえば、国共内戦の継続や米国の支援といった当時の台湾をめぐる国際環境を無視することはできない。また、対外的な危機感を背景として最高指導者（蔣介石）の強い支持を得られたこと、台湾にとって国民政府は在地の土地所有に直接つながりのない外来の強力な権力であったこと、日本から接収した資産を資金源として有効利用しえたこと、日本植民地時代に土地・地税制度の近代化（土地調査・地租改正事業）がすでに完了していたこと、あるいはそれとも関連して台湾では小農標準化傾向が進み地主制が衰退に向かっていたことなどの複合的な内部的条件が考慮されるべきであろう。しかし、これを本格的に論じるのは本章の範囲を超えている。本章の課題は、「もう一つの中国土地改革」の大陸における軌跡について、その推進者の思想的政治的営為をたどることにあった。

最後に、地政学会・土地改革協会の関係者の台湾移転後について、若干の言及を行って本章を終えたい。

1949年8月、台湾土地改革の起点となる「三七五減租」（「二五減租」に相等）が正式に開始されると、戦後、数省で減租政策を推進した経験をもつ中国農村復興連合委員会（前述、多くの地政学会関係者が参加）が、湯恵蓀を指導者としてこの実務を担った。すでに台湾に移転していた中国地政研究所（地政学院の後身）も、中国農村復興連合委員会の資金援助を受けて、台湾の農村調査を開始し、その調査が後の本格的な土地改革の実施に必要なデータを提供するのである。この農村調査を指揮したのが、同研究所副所長の鮑徳澂であった。なお、この調査には台湾

出身の農村経済の研究者も動員しており、その中に若い李登輝（後に中華民国総統に就任）の名前も見える（343頁）。

これより少し遅れて、地政学会・土地改革協会の関係者が大陸各省から続々と台湾に移ってくる。彼らは「三七五減租」の督導員になるほか、台湾各県の土地行政機関や台湾土地銀行の関連ポストに就任し、その後の一連の土地改革においても土地行政のテクノクラートとしての能力を発揮していく。また、同会の幹部層には、前述の中国農村復興連合委員会の仕事に従事する者もいれば、高等教育機関に職を得る者もいた。こうして、主要メンバーの多くが集まった段階で、1951年7月、土地改革協会は台湾における最初の年次大会を開催し、本格的な活動を再開した（344〜346頁）。

ただし、地政学会・土地改革協会の関係者のすべてが台湾に逃れたわけではなかった。戦後の激動は、彼らにも一様でない人生を用意していたのである。たとえば、地政学会の結成当初からの有力幹部で機関誌『地政月刊』の編集長であった万国鼎は、大陸にとどまり、南京農学院中国農学遺産研究室にあって多くの業績を残して一生を終えている[33]。また、ソ連留学の経歴を持ち、戦前に平湖地政実験県の県長として優れた手腕を発揮した汪浩は、戦後に中共に投じ、後に粛清されたという（235頁）。さらには、戦後に北平市地政局長の地位にあった張道純のように（232頁）、内戦の過程で殉職した者も少なくなかったと思われる。とはいえ、総じていえば、地政学会・土地改革協会の関係者の多くは、その専門知識や経験を生かし、ある者はブレインとして、ある者はテクノクラートとして、台湾土地改革にその活躍の場を得たのである。

註
（1） 田中恭子『土地と権力——中国の農村革命——』名古屋大学出版会、1996年、吉田浤一「近現代中国の土地変革」（中村哲編『東アジア資本主義の形成』青木書店、1994年）、奥村哲「旧中国資本主義論の基礎概念について」（中国史研究会編『中国専制国家と社会統合』文理閣、1990年）など。
（2） 吉田浤一・前掲論文。
（3） 最近の概説としては、萩原充「中国の土地改革」（長岡信吉ほか編『日本経済と東アジア——戦時と戦後の経済史——』ミネルヴァ書房、1995年）がある。また、日本に

おける台湾史研究の分野においては、松田康博「台湾における土地改革政策の形成過程——テクノクラートの役割を中心に——」(『法学政治学論究』第25号、1995年）が、台湾土地改革政策の形成過程をこうした大陸時代の国民政府にまで遡って考察している。同論文は、大陸時代における国民政府の諸実践についても、後の台湾土地改革につながる「前期土地改革」と位置づけて簡潔に論及している。

(4) 満鉄調査部編『支那抗戦力調査報告』(復刻版、三一書房、1970年）は日中戦争初期までの中国地政学会について、次のように紹介している。「中国に於ける土地問題および土地政策を研究している名声ある唯一の学術団体であり、その周囲には有名な学者および中央、地方の地政機関の責任者を網羅し……国民党とも密接な関係を有し……凡そ今日まで政府が制定した土地法規の大部分はこのブレントラストの提供する意見に基づいている」。

(5) 川瀬光義「平均地権思想の形成」(同『台湾の土地政策——平均地権の研究——』青木書店、1992年）、参照。

(6) 本章は、蕭錚の回想録『土地改革五十年』(中国地政研究所、1980年）に大きく依拠している。同書は、蕭錚が長年保管してきた日記、書簡、新聞、その他の記録を参照し、部分的には関係者の閲読を経た上で完成したという（冒頭の編集部の説明）。したがって、記憶のみに頼った回想とは異なり、細かな点にも注意が行き届いた叙述となっている。また、叙述に関連する重要な文献類（法規・法案、意見書、宣言文、会議記録、書簡、電報、関連論文など）が原文のまま挿入されている点も、資料的価値を高めている。とはいえ、このような個人の回想録に依拠することには、当然、批判はあろう。意識的あるいは無意識的な自己正当化、政治的立場からくるある種の偏りや一面性などは避けられないからである。この点は使用にあたってそれなりに注意したが、なお配慮が足りない点への批判は甘受するほかない。

なお、蕭錚の土地政策論そのものを論じた専論としては、管見の限りでは鍾祥財「蕭錚的土地政策論」(同『中国土地思想史稿』上海社会科学院出版社、1995年）しか見当たらない。しかし、同論文は、抗日戦争前の蕭錚の数編の論文のみを取り上げ、中国共産党の通説的革命史理解を尺度にして批判したものである。また、王世琨「蕭錚和国民党的"地政"」(『江蘇文史資料選輯』第9輯、1982年5月）は大陸にとどまった地政学院卒業生の回想文であり、地政学院を蕭錚の個人的野心のための政治資本であったと批判している。

(7) 沈玄廬については、野沢豊「沈玄廬の死——1920年代末の中国農村問題について——」『人文学報（東京都立大学）』第118号、1977年2月、参照。

(8) この事件も含め、浙江省の「二五減租」については、本書第3章、参照。

(9) ダマシュケとその土地改革運動については、豊永泰子『ドイツ農村におけるナチズムへの道』(ミネルヴァ書房、1994年）に若干の言及が見られる。そこでは、その運動

は「小ブル急進主義」としてとらえられ、ナチ党の初期の農業政策にも影響を与えるが、ナチ党の極右化、農村への浸透の過程で批判対象にされたようである（82頁、179～180頁、186～189頁など）。

(10)　ただし、中共統治区から接収した地域の土地処理についていえば、蕭錚の建議書は、中共統治時期に農民が取得した土地はそのままにして、その地価を5年年賦で償還させる構想であるが、実際に公布された条例では、分配された土地を以前の所有者である地主に返還させ、その所有権を確定することを基本原則としている（本書第6章）。蕭錚の建議書と実際の条例とは原則面で異なり、蕭錚の建議書がそのまま採用されたわけではなかった。

(11)　抗戦前の地政学会の概要、および機関誌『地政月刊』の誌面構成、執筆陣、主要論調については、川村嘉夫「『地政月刊』と国民党の土地政策」（『アジア経済資料月報』第17巻第11号、1975年11月）が行き届いた紹介をしている。

(12)　なお、具体的なカリキュラムや実習時期の配置については史料によって異同がある（山本真「日中戦争期から国共内戦期にかけての国民政府の土地行政——地籍整理・人員・機構——」『アジア経済』第39巻第12号、1998年12月、45頁）。

(13)　山本真・前掲論文、46頁。

(14)　土地委員会編『全国土地調査報告綱要』（1937年）の第1章第1節「調査縁起及経過」も参照。

(15)　本書第3章、参照。

(16)　本書第5章、参照。

(17)　本書第3章、参照。

(18)　シューラーマイエルは、膠州湾沿岸のドイツ租借地の土地行政において中心的役割を果たした。その土地行政を視察して衝撃を受けた孫文は、1923年に彼を広東政府の顧問に招聘して、広州市の都市計画に参与させた。ドイツ租借地の土地行政は、孫文の「平均地権」論の形成に影響を与えたのである（川瀬光義・前掲論文、参照）。なお、シューラーマイエルは、かつてダマシュケの「ドイツ土地改革同盟」の秘書であったという（『土地改革五十年』36～37頁）。

(19)　なお、本書第5章は、国民政府が江蘇省において実施した農村土地行政に対する地域社会の対応を分析し、その地域社会の対応に視点を置いて土地法改定の意味を明らかにしている。

(20)　国民政府の戦時体制下の糧食政策については、本書第8章、参照。

(21)　1筆ごとの土地測量を伴った本格的な地籍整理は、戦時下においてもある程度実施されていたが、むしろ政策の重点は「土地陳報」におかれていた。「土地陳報」では、旧来の土地・地税制度とこれを基礎にした有力地主の非公式の既得権を温存することになり、それを前提に戦時収奪を強化すれば、階層間の負担格差は極大化して土地問

題は一層深刻にならざるをえない（本書第8章、参照）。したがって、「土地陳報」にかえて本格的な地籍整理を強化することは重要な意味をもっていた。また、地籍整理による確実な土地把握の実現は、自作農創出その他の土地政策推進の前提条件である。

(22) 日中戦争時期から国共内戦期にかけての土地行政機関の変遷については、山本真・前掲論文に詳しい。

(23) 1943～45年に中国農民銀行が自作農創出のために行った融資は、14省82県に互り、融資を受けて創出された自作農家数は1万7650戸（その土地面積は31万畝余り）程度の規模に過ぎなかった（金徳群編『中国国民党土地政策研究（1905－1949）』海洋出版社、1991年、292頁）。

(24) 松田康博・前掲論文のほか、日中戦争時期の地方レベルの実践に関する個別実証研究としては、陳淑銖「福建龍巖扶植自耕農的土地改革（1942年－1947年）」（『中国歴史学会集刊』第25期、1993年）、山本真「抗日戦争時期国民政府の『扶植自耕農』政策——四川省北碚管理局の例を中心に——」（『史潮』新40号、1996年）、など参照。

(25) 「革新運動」についての最も詳細な分析は、Lloyd E.Eastman, *Seed of Destruction : Nationalist China in war and Revolution 1937-1949* (Stanford University Press, 1984) の第5章。中国（大陸）の研究においても「革新運動」の国民党内部批判に対しては肯定的な言及が見られる（范小方『二陳和ＣＣ』河南人民出版社、1993年、7頁）。

(26) 農地改革法草案が立法院に提出された日付については、金徳群編・前掲書335頁の考証に従っている。

(27) 金徳群編・前掲書、336頁。徐穂「試論抗戦勝利後国統区土地改革大弁論」『民国檔案』1993年第3期、108～110頁。なお、農地改革法草案をめぐる政治過程については、最近、山本真が詳細な実証研究を行っている（「全国的土地改革の試みとその挫折——1948年の『農地改革法草案』をめぐる一考察——」姫田光義編『戦後中国国民政府史の研究：1945－1949年』中央大学出版部、2001年）。

(28) 金徳群・前掲書、337～342頁。

(29) ラデジンスキーは戦後日本の農地改革にも貢献している。詳しくはラデジンスキーの著作集（ワリンスキー編・斎藤仁ほか監訳『農業改革－貧困への挑戦』日本経済評論社、1984年）、参照。

(30) 大陸における中国農村復興連合委員会の活動については、松田康博・前掲論文によっても言及されているが、山本真「中国農村復興連合委員会の成立とその大陸での活動（1948－1949）」『中国21』（愛知大学現代中国学会）第2号、1997年、同「国共内戦期国民政府の『二五減租』政策——中国農村復興連合委員会の援助による1949年の四川省の例を中心として——」『中国研究月報』586号、1996年、などに詳しい。

(31) 具体的な政治過程については、松田康博・前掲論文、参照。

(32) 松田康博・前掲論文、80〜81頁。吉田浤一・前掲論文、117〜122頁。
(33) 川村嘉夫・前掲論文、6頁。

第2部　江浙地域と抗戦前の到達水準

第3章　浙江省の先駆的試みとその挫折
――「二五減租」と「土地陳報」――

第1節　国民政府成立期における農村統治の課題と浙江省農村

1　浙江省「二五減租」「土地陳報」の位置

　国民政府は、1928年6月、北京政府の崩壊により北伐を終了させ、一応の全国制覇を成し遂げた。この後、国民政府の政治課題の中心は、旧体制の変革のために民衆運動を重視することや地方的軍事勢力を動員することではもはやなくなり、新たに実現した全国的国家統治をいかに確立し安定化させるかという点におかれるようになった。このような国民政府の政治課題の転換は、政権の内外においてさまざまな軋轢や矛盾を表面化させた。農村地域についていえば、主に中国共産党員が推進してきた国民革命期の農民運動を抑圧・排除した後、そこに旧来の秩序の再現ではなく、いかに国民政府の独自な統治理念にふさわしい権力基盤を構築するかという難題が前面に立ち現れることになる。

　本章は、全国政権の座についた直後の国民政府が、以上のような農村統治の課題に対応して、浙江省で先駆的に実施した二つの試みを取り上げる。一つは、小作料の25％を引き下げる「二五減租」である。これは小作料の最高額を正産（主要生産物）全収穫量の半分とし、そこからさらに25％を引き下げるわけだから、小作料を正産全収穫量の37.5％以下に押さえることになり、「三七五減租」とも呼ばれる。このような佃農の保護を目指した減租政策は、孫文が理想とした「耕者有其田」とは距離があるが、その前段階の施策として位置づけられ、国民革命期においては「工農扶助」政策の具体化の一つとして中南部各省で実施された。ところが、共産党系の左派勢力を切り捨てて実現した国民政府の全国制覇以降は、これを継続して本格的に実施に移した地域はわずかであり、その代表的事例が浙江省である。また、「二五減租」は、抗日戦争時期から戦後にかけて政策課題と

して再提起され、さらに台湾に移った後に行った土地改革の過程においても取り上げられた。その意味で、今日の台湾では土地改革の先駆として浙江省の「二五減租」が位置づけられている。

もう一つは、土地所有者にその所有する土地を申告させる「土地陳報」である。前章で触れたように、土地・地税制度の近代化については、本来、土地測量を踏まえた地価税への改正が孫文の土地政策の理念とも合致した抜本的改革として位置づけられていたが、経費・時間がかかり過ぎることから、当面の改善策として「土地陳報」が考案された。これが、浙江省、次いで江蘇省江寧県などで試行された後、1934年5月の第二次全国財政会議において全国的にその実施が決議される。その意味では、浙江省の「土地陳報」は、全国に先駆けて最初に実施されたものであった。

以上のような経緯から考えると、浙江省の「二五減租」と「土地陳報」は、いずれも成功しなかったとはいえ、国民政府による農村土地行政の全般的展開においては、その政策的体系化が行われる以前における先駆的試みとしての位置を占め、その後の展開に重要な影響を与えている。また、これらが農村の有力者である地主層の利害と直接かつ厳重にかかわる点で共通していることにとくに着目したい。その意味では、成否の如何にかかわらず、その実施過程の様相と帰趨は、国民政府成立期の同政府と地主層との相互関係の実態を究明するうえで重要な検討材料であろう。また、この点についての検証は、当時の国民政府による農村社会の統合の実態と限界をうかがうことにほかならず、後に本格化する土地・地税制度の近代化が推進される場合の前提条件を確認する作業でもある。

2　浙江省農村社会と地税徴収の実態

まず、農村土地行政推進の前提となる浙江省における農村の階層構成を概観しておこう。ただし、ここでは浙江省の農村社会経済の立ち入った分析が目的ではなく、後の叙述に関連する範囲での一般的な概括的論及であることをあらかじめ断っておきたい。

『中国実業誌（浙江省）』（実業部国際貿易局、1933年11月）には浙江全省をほぼ網羅した県ごとの農家類別の統計が掲載されており、これによると、県ごとにばら

第3章 浙江省の先駆的試みとその挫折

表3-1 浙江省農戸分類表

自作農		半自作農		佃農		雇農		総数	
戸数	%	戸数	%	戸数	%	戸数	%	戸数	%
13,350	23.6	18,958	33.6	19,726	35	4,365	7.8	56,399	100

典拠：『中国実業誌（浙江省）』（実業部国際貿易局、1933年11月）第2編、32～36頁、所載。
註：嘉善・上虞・江山・開化・遂安五県は未詳。

つきはあるものの、表3-1に示したように、省全体の平均では地主から土地を借りている借地農家（佃農・半自作農）が68.6％であり、一般に地主－佃戸制が優位を占めていた。

彼らが地主に支払う小作料は、分租・定租・銭租などの形態上の区別があり、地域ごとの農村人口の多寡や土質・収益など土地をめぐる条件は多様であるが、通常、正産全収穫量の4～6割程度とされている。このような高率小作料は、経営規模の零細さなどとあいまって、一般の佃農の生活を圧迫していた。たとえば、龍游・東陽・崇徳・永嘉の4県の農村調査を、地域差を捨象して合成したのが表3-2であるが、これによれば、佃農のうち「富農」や「中農」はわずかながら存在しているが、9割以上が「貧農」に分類され、半自作農の場合でも、8割近くが「貧農」であった。

小作契約の期限についていえば、浙江省では期限を定めない農家が全体の6割近くを占め、定期契約の農家でも1年契約が7割以上になり、佃農の地位は脆弱であった。ただ、永佃権（永代小作権）をもつ農家が佃農全体の3割程度存在し、彼らの中には第三者に土地を耕作させ収租する者もあり、このような制度がほぼ全省に広がり、農村の階層構成を複雑にしていたことにも留意する必要があろう。

このような地主－佃戸制の下で、抗租風潮は早くから見られたが、近十年間でいうと、江浙地域では、国民革命期に農民運動が盛り上がった広東・湖南・湖北などとは異なり、本章で扱う1928・29年が抗租風潮のピークを形作っている。

他方、小作料を徴収する側の地主層については、農村に居住する者だけが表3-2-Bに示されている。同表からわかるように、彼らのうち所有地が50畝未満の者が6割以上、100畝未満の者が7割以上を占めており、在村の地主の多くは中小地主であった。しかし、一部の有力地主は都市に移り住んで不在地主となり、

表3－2　浙江省龍游県（8村）・東陽県（8村）・崇徳県（9村）・永嘉県（6村）の農村住民の階層分布（1933年）

A　各農家の階層分布

		富　農	中　農	貧　農	合　計
自　作　農	戸　数（％）	20(12.3)	60(37.0)	82(50.6)	162
半自作農	戸　数（％）	8(1.4)	110(19.9)	434(78.6)	552
佃　　農	戸　数（％）	2(0.6)	23(6.9)	309(92.5)	334

B　土地所有状況

所有面積	地　主	富　農	中　農	貧農及雇　農	その他	合　計
0(畝)		3	23	345	158	529(40.1%)
0.1-4.99			30	381	29	440(33.3%)
5-9.99	1	2	66	127	1	197(14.9%)
10-19.99	4	5	63	18		90(6.8%)
20-29.99	4	10	11			25(1.9%)
30-39.99	8	5				13(1.0%)
40-49.99	5	4	1			10(0.8%)
50-99.99	4	2				6(0.5%)
100-199.99	4					4(0.3%)
200-499.99	4					4(0.3%)
500以上	2					2(0.2%)
合　　計	36(2.7%)	31(2.3%)	194(14.7%)	871(66.0%)	188(14.2%)	1320（戸）

典拠：行政院農村復興委員会編『浙江省農村調査』（1934年7月）、A表は33頁・89頁・143頁・187頁、各所載の表を合成。B表は22頁・75頁・129頁・180頁、各所載の表を合成。

註：「富農」－自らも耕作を行い、雇農を使い、拡大再生産が可能な者／「中農」－自らの所有地あるいは広い借地をもち、雇農を使わず、単純再生産を維持できる者／「貧農」－わずかな自らの所有地あるいは借地を耕し、その他の収入に頼っても生活が維持しがたく、再生産が縮小傾向にある者。

また商業高利貸資本を兼ねたり、公権力の末端と公式・非公式に結び付いたりして、地域社会に隠然たる勢力をもっていた。このような地方有力者層を一般に「郷紳」「紳士」と通称するが、彼らの中には多少とも近代思潮の流入の影響を受け、清末以来の上からの近代的改革や産業開発を担ってきた者が含まれていた。

さて、小作料の徴収は、通常は地主が佃農から直接徴収するが、とりわけ所有地から遠く隔たった都市に住む不在地主の場合は、「租荘」「租桟」を設置し、ここで小作料徴収の業務を統括させた。このような収租施設は、ほぼ全省に広がり（浙東では「租荘」「荘」、浙西では「租荘」「租桟」「賑房」と呼ぶ）、中には官庁にも比肩するような威容をもって佃農を畏怖させ、農村における自らの権勢を誇示するものもあった。また、浙西の一部では包佃制が行われているが、これは小作請負人（包佃人）が地主から独立して請け負い契約を結ぶ点で「租荘」とは区別される。このほか、浙西各県では、県政府内に「催追処」が設置され、小作料滞納者を「催租吏」が地主に代わって追及し、特設の監獄に収容する制度が広く存在していた。これらは前述の抗租風潮による小作料確保が困難になった事態に対する地主層の対応にほかならない。とりわけ、「催追処」は地主が公権力を利用して小作料を確保していた事例であり、国家の側も田賦の確保のために、地主の小作料収奪に手を貸す必要があったのである。

この時期の土地収益の動向は、地価の変化で間接的に窺うことができるが、一般に低落傾向にあり、とりわけ中小土地所有者の生活を悪化させていた。その理由は、ここで取り上げる「二五減租」の影響だけではなく、税捐の増大、天災、恐慌の影響による農産物価格の低下・農業金融の逼迫、治安の不安定などさまざまな要因が複雑に絡まっていた。また、浙江省の農産物の2大輸出商品は生糸・茶であるが、とくに生糸の生産は恐慌およびそれに続く国際市場の変動を受けて、この時期に急速に衰退している。

以上のような地主層をはじめ、自作農（農家総数の23.6％）や自小作農（同33.6％）を含む異なった階層にまたがる土地所有者から国家は田賦を徴収するわけだが、田賦は1928年に国税から地方税に移されて以降、省政府財政の主要収入になった。ところが、田賦には多くの矛盾があり、浙江省では表3－3が示すように本来徴収すべき額の半分前後しか徴収できず、納税者の負担も著しく不公平であっ

表3－3　浙江省歴年田賦収入表

年　度	正税実収額	正税額徴数に占める百分比
1926年	5,390,871(元)	51.75(％)
1927年	7,600,204	72.96
1928年	4,891,713	46.96
1929年	4,999,562	48.00
1930年	5,535,143	53.14
1931年	5,077,804	48.75
1932年	5,967,317	57.29

典拠：洪瑞堅『浙江之二五減租』、84頁の18表（原載は『浙江財政月刊』第6巻8、9期）に「正税額徴数に占める百分比」を付け加えて作表。

註：正税額徴数は10,416,342元（『財政年鑑』〔1925年9月〕の数字）で計算した。

た。このような田賦の実態を概観しておこう。(17)

　まず、第1に、政府は田賦の納税者とその所有地を正確に把握していなかった。政府の土地台帳は、清代の『魚鱗図冊』以来いまだに編纂されておらず、これも太平天国の戦乱以来多くが散逸し、浙江省では完全に保管している県は全省75県中4県に過ぎなかった。したがって、旧来から納税戸・税額の移転登記の職務を半ば世襲的に担ってきた「荘書」（地方により多様な呼称があるが、浙江省では「荘書」と呼ぶことが多い）が私蔵している写し（「荘冊」）に頼らざるを得ないが、これもそろっていない県が浙江省では16県もあった。一方、民間においても納税者の正確な把握を妨げる様々な慣習があった。このような状況は、実際の所有地と納税額が対応しない不合理かつ不公平な現象を普遍化させ、徴税過程において不正が横行する温床となる。また、従来の「科則」（土地の等級を設定し、その等級ごとに決められた単位面積あたりの税額）は公平さに欠き、現実の土地条件に即さなくなっているばかりではなく、徴税官吏の「飛灑詭寄」（ある納税者の税額を減らして、他の納税者に不正に割り当てる）により、その不公平さの程度は一層はなはだしくなっている。

　第2に、税務行政上の欠陥、すなわち政府の徴税機関が不健全で、徴収方法に問題があったことである。田賦徴収の責任を負うのは各県政府であり、県政府の下に設置された「徴収櫃」が徴税の実務を行う。ところが、県政府は表3－4、表3－5にその一端を示したように腐敗が広がり、「徴収櫃」は旧来の胥吏に事実上掌握されているのが実情であり、県政府や省政府財政庁による賞罰制度を伴った監督も十分に行き届かなかった。旧来の胥吏から転身した徴税官吏の多くは徴税事務上の新知識に欠け、不正が習慣化し、徴税額の減少を招いていた。また、徴収方法についていえば、民国初年以降、納税者が納税場所（櫃）に自ら赴いて

第3章　浙江省の先駆的試みとその挫折　　　　　　　　　　　　　85

表3－4　浙江省各県県長の官金横領

県名	県長名	横領額		県名	県長名	横領額		県名	県長名	横領額
呉興	李子純	103,500(元)		余姚	方允中	20,700		新昌	陳伯驥	12,400
諸曁	汪瑩	89,900		長興	蘇高鼎	18,000		嘉興	張夢奎	12,000
建徳	余丹曙	88,700		楽清	徐麟祥	17,800		蘭谿	催家麟	11,000
嘉善	劉基緒	82,000		安吉	郭會□	16,680		蘭谿	余名銓	10,300
余姚	陳賛唐	80,000		鎮海	岳蓬壺	15,800		新登	楊孝達	10,000
蕭山	郭會甄	61,000		杭	郭芳春	15,300				
海寧	韋紹皋	54,500		楽清	殷遜夷	14,000				
衢州	金真誠	50,000		余杭	陳毓康	13,000				
				鄞	張蘭	12,800				

典拠：天野元之助『中国農業経済論』第2巻、71頁（原載は上海『新聞報』1932年8月23日・11月28日）

表3－5　浙江省各県県長告訴事件（1928年度）

内容	件数		原告	件数		取調状況	件数
貧汚	79		党部	44		属実	75
不法	116		法団	26		函主管庁核辦	10
営私	6		民衆団体	20		返信命令	21
瀆職	56		下級機関	13		不確	93
徇縦	40		人民	274		捏名匿名	6
失徳	9		被害者	25		程式不合	40
違反党義	31		商号	2		併案査	160
劣跡多端	24		視察員	1		合計	405
荒廃職務	5		合計	405			
不称職	10						
不治輿情	3						
措置失当	3						
其他	23						
合計	405						

典拠：浙江省民政庁編『浙江民政統計特刊・第一集』（1930年9月）県政類、25頁、第9表より。このうち、免職処分になったのは13件。

　納税する「自封投櫃」という伝統的方法が多く復活・採用された。これは徴税過程における中間搾取の排除を狙ったものだが、僻地に散在する零細な納税者にとっては納税場所への往復が支障となり、最善の方法とはいえなかった。
　第3に、納税者の側の問題として、地域社会に隠然たる勢力をもった有力地主が、その権勢を背景に、宗族ぐるみで田賦の納税を拒否し、これを当然視するという「大戸抗糧」風潮が蔓延していた。このほか、土地を所有する公共機関・同族団体・宗教団体・県外に住む納税者・零細な納税者などに、田賦不払いが多かった。

以上のような多岐にわたる徴収制度・徴収機関の不備、さらには「大戸抗糧」風潮の蔓延の中で、権力の末端と公式・非公式のつながりをもつ有力地主（「郷紳」「紳士」）は、税負担における慣習的既得権を存続させ、一般の土地所有者（多くは中小地主・自作農・自小作農）は、不公平で過重な負担を強いられていたのである。これに加えて、主に県政府の主要財源として、田賦正税をも上回る額の付加税が同様の方法で徴収され、税負担における不公平はさらに拡大していた。

　以上の論及を踏まえていえば、「二五減租」と「土地陳報」という二つの試みは、その理念どおり実施されれば、前者においては、農村の7割近くを占める借地農家（佃農・自小作農）の利益を擁護し、後者においては、少数の有力地主を除く、特権をもたない一般の土地所有者（地主だけではなく農家の6割近くを占める自作農・自小作農を含む）の不公平な税負担を軽減することになる。これらはいずれも、客観的には以上述べてきた有力地主の農村社会における経済的社会的優位に一定の制約を加えつつ、農村のより広範な中下層の階層的利害を代表し、彼らを政府の支持基盤に包摂する方向で国家による農村社会の確実な掌握・統合を推進するはずのものであった。ところが、実際はどうであったか、次節以下で検討することになろう。

第2節　「二五減租」の実施と形骸化

1　「二五減租」の展開

（1）南京国民政府成立直後における浙江省の国民党組織

　「二五減租」の実質的な推進主体は浙江省の国民党組織である。国民党浙江省党部は、上海の四・一二クーデターを受けて、1927年4月16日から、党内の共産党員を排除する「清党運動」を開始した。この過程で、党の指導部にあって農民運動を積極的に推進していた宣中華・韓宝華・王宇春ら共産党員が逮捕・排除され、蕭錚・鄭亦同・邵元冲・陳希豪・葛武棨・許宝駒らを省党部執行委員とする新しい指導部が結成された。ここで注意すべきことは、改組後の省党部の中枢にも、共産党とは一線を画しながらも、減租政策の実行などを主張し、農民運動を重視する左派勢力の指導権が存続していたことである。たとえば、浙江省の「清

党運動」で指導的役割を果たし、改組後の省党部において指導的立場にあった蕭
錚（常務委員・組織部長兼任）は、「清党」以降は民衆運動の強化とりわけ農民協会
の組織化を通じて党の基層組織を固め、「二五減租」を含む「革命時期の主張」
を実践すべきであると考えていたと後に回想している。このような姿勢の背後に
は、国民革命期に共産党員とともに農民運動を実地に指導した経験を通じて、農
民の利益に即した政策の有効性を認識し、いまだ各地に残存する共産党の影響力
から農民を切り離して自らの陣営に引き入れる政治的狙いがあったと考えられる。
彼ら左派勢力の全容を示すことはできないが、27年5月27日に浙江省党政連席会
議が公布した「浙江省最近政綱」には、「二五減租」の実行、農民協会の組織化
の保障などが明記されており、党・政府内部において農民運動を重視する左派勢
力が指導権を掌握していたことを示している。

　しかし、左派勢力は、当時、中央政治会議浙江分会主席の職にあった右派の大
物である張静江（翌年2月に浙江省政府主席に就任）と次第に対立を深めていく。
とくに、張が省党部農民部長に杭州の大地主である許宝駒を推薦したのに対して、
蕭らは許が農民部長に就任すれば減租運動に支障が生じるとして、これを退けて
いる。このような中で、27年6月蕭は同僚1人とともに共産党員であるという容
疑で逮捕されそうになり、浙江省を離れざるを得なくなる事件が発生した。ただ
し、この事件によって、浙江省の左派勢力が党内での影響力を失うまでには至ら
なかった。すなわち、この後、省党部は2度の改組（27年9月の寧漢合作後の臨時
省党部の成立、28年2月の二届四中全会による省党務指導委員会の成立）を経ながらも、
後述する省政府との決定的な衝突に至るまで、左派勢力の指導権は存続し、「二
五減租」政策の具体化が推し進められていった。なお、「二五減租」政策が最も
徹底的かつ広範に遂行された時期（後述の第2期）の省党部指導部のメンバーは、
何応欽・許紹棣・周炳琳・王漱芳などである。

（2）「二五減租」政策の時期区分と実施過程
　浙江省「二五減租」政策の変遷は、表3－6のように時期区分できる。
　第1期は、「二五減租」の最初の成文法規が公布された時期であるが、党内の
指導体制が整わず、また条例公布以前に小作料の徴収が終わっていたために、国

表3-6 浙江省「二五減租」政策の時期区分と各級仲裁機関

区　分	時　期	各級仲裁機関	法　規
第1期	1927年11月～	最後（省）・高級（県）仲裁委員会（党3人・政府2人） 初級仲裁委員会（農民協会1人・党1人・政府1人）	浙江省本年佃農繳租実施条例 浙江省本年佃業糾紛仲裁委員会暫行仲裁条例
第2期	1928年7月～	省・県佃業理事局（党2人・政府2人・農協1人） 郷区辦事処（県佃業理事局より派遣、資格は農民の状況を熟知した党員あるいは農民に信頼された非党員）	浙江17年佃農繳租章程 浙江省佃業理事局暫行章程
第3期	1929年4月～	〔省党部・省政府紛糾期〕	
第4期	1929年8月～	省・県佃業仲裁委員会（党2人・政府2人・法院院長） 村里委員会	浙江省佃農二五減租暫行辦法 浙江省佃農二五減租暫行辦法施行細則 浙江省争議処理暫行辦法
第5期	1932年7月～	法　院	修正浙江省佃農二五減租暫行辦法

典拠：鄭康模『浙江二五減租之研究』（1933年12月、民国二十年代中国大陸土地問題資料）第6章、洪瑞堅『浙江之二五減租』（中央政治学校地政学院、1935年7月）第6章、を参照して作表。

民革命期から農民運動の強い伝統をもった蕭山県など数県で実行されただけで、全省的な実施には至らなかった。全体的に見れば、法規は作られたが、十分な実施には至らなかった時期といえる。

　第2期は、党内の指導体制を整え、党を挙げて本格的に「二五減租」政策に取り組んだ時期である。まず、省党部は減租運動宣伝週を挙行して農・工・商・学・自由職業者各界の代表を集め「二五減租」の内容や意義を宣伝し、次いで、各県においても同様の方法で減租政策の広報に努めた。そのうえで、小作争議の仲裁機関として、各県に佃業理事局、その下に郷区辦事処を設置した。こうして、減租運動は党組織の主導の下で全省的に拡大したが、これに伴い、各地で減租をめぐる紛糾も多発していった。

　第3期は、省政府による「二五減租」取り止めの決定から始まる党・政紛糾期である。1929年4月省政府主席張静江は、省党部の了解なしに、しかも次年度の

田賦の「預徴」(繰り上げ徴収)と一組にして「二五減租」取り止めを省政府会議で決定した。これに対して、省党部は省政府の決議を「党議・政綱に背き、職権を逸脱した」ものととらえ、その撤回を要求し、中央にも省政府の決議を訂正させるように要請した。また、各地で減租運動を担ってきた各県党部・区党部・区分部や農民協会等から次々と取り止め反対の通電が出され、これらの通電はほぼ全省各県にまたがり、合計200件を越えたという。たとえば、鄞県では各村の農民協会が省政府の決議に一致反対して、その撤回を求めることを議決し、次いで三郊村・九龍村・新村など30余村の代表30余人が連合して請願団を組織し、省政府の決議の撤回を求めて県長陳宝麟や県党部常務委員と接見するという動きも見られる。このとき、同県県党部はこの問題については農民たちと一致した対応を取ると請願団の代表に答えている。

　一方、省政府の側も一歩も譲らず、各県政府に先の決議を実行するよう命令し、次いで、省政府の決議の不当性を宣伝していた省党部の機関紙『杭州民国日報』を、29年4月30日に発禁処分にし、その主筆であった胡健中(省党部候補監察委員)を逮捕・拘禁した。これに対して、省党部は省政府の弾劾を中央に直接陳訴するに至り、両者の対立は決定的な段階へとのぼりつめた。なお、**表3－7**は、この時期の省政府側と省党部側の対立する主な論点を一覧表にしたものである。国民革命期以来の革命理念・綱領をあくまで堅持しようとする省党部の原則的立場と、当面の地域社会の安定を優先してこれに反対する省政府の現状維持的立場との相違が明瞭にうかがえよう。

　この対立状況に対する中央党部の収拾策は、逮捕された胡健中を解放し、調停者として戴季陶を浙江省に派遣することであった。

　第4期は、戴季陶による調停が功を奏し、第3期の党政紛糾が一応収拾したときから始まる。調停内容は、「二五減租」は1928年以前の旧制原則を維持すること、小作争議の仲裁は常設の専門機関を設けて行うのでなく、省・県各級において党部・政府・法院のそれぞれの代表によって構成される佃業仲裁委員会が担当することであった。これにもとづいて、党・政府連席会議において関連法規が整えられ、新たな方式の減租政策が開始された。しかし、「二五減租」取り止めをめぐる紛糾は党・政府に対する農民の信頼を損ねて、その後の政策遂行にとって

表3－7 浙江省における省政府と省党部の主張の対立点

省　政　府　側	省　党　部　側
①佃業理事局が小作争議を処理する権限は司法権への越権である	土地問題の紛糾解決のための専門機関の設置は内外に先例があり、一般の司法機関に任せるのは佃農に不利となる
②小作争議の件数が多すぎ、農業生産の発展のために必要な地主・佃戸の協力を阻害している	小作争議は新政策と旧習との矛盾から必然的に起こる。また多くは地主側の不法行為によって起こっている
③租額は地主－佃戸間において自主的に決定すべきである	実際は佃戸を苦境に追いやるだけになる
④郷区辦事処の人材の欠乏	部分的には事実であるが、改善が必要なのであって、廃止すべきではない
⑤減租の実行により田賦収入が減少している	1928年度の田賦の減少は水災・虫害が重なったためである
⑥減租政策は共産党が騒動を起こす機会を作る	事実は反対で、減租政策の実施は共産党を窮地に追いやった
⑦減租は軍政時期のスローガンであり、現状においては政権を固めるため、しばらく停止すべきである	減租は孫文の遺教であり、政権掌握後はゆるがせにできない
⑧減租の実行は江浙だけの試みに過ぎず、全国的な法的根拠はない	浙江省の減租法規は中央で認可されており、問題はない
⑨減租は消極的政策であって、農民の福利は積極的に生産を増加させることにある	減租は地主・佃戸間の局部問題ではなく、広範な農村の社会経済問題の解決につながる
⑩佃農自身の利益になっていない－佃農の利益の大半は農民運動を牛耳る地痞流氓が取得している	

註：鄭康模・前掲書、33982～33983頁、洪瑞堅・前掲書、51～52頁、を参照して作表。

著しい障害となったことはいうまでもない。とりわけ、減租の取り止めを決めた省政府だけでなく、これを事前に阻止できなかった省党部に対しても各県の佃農が不信感を表明していたことは留意する必要がある。さらに、調停内容がはらむ妥協性は、徹底した減租政策を推し進めた各級党部の指導者たちの熱意を失わせるとともに、後述するようにその活動を制度的に大きく制約していくことになる。

　第5期は、第4期以降、各地で有名無実化が進んだ減租政策の実態に対応して、法制度の面で更に後退した時期である。各級仲裁委員会は撤廃され、小作争議の仲裁はすべて既存の法院に任され、党による仲裁機関を通じた直接的指導は断ち

第3章　浙江省の先駆的試みとその挫折　　　　　　　　　91

切られたといえよう。

　（３）政策遂行側の諸問題
　次に、以上の実施過程の展開をふまえながら、省政府・省党部の対立以外の政策遂行側の諸問題について簡単に論及しておく。
　各時期ごとの関連法規の変遷とそれぞれの問題点については省略するが、一般的にいえば、省内各地の農村の状況に関する適切な調査を踏まえて立案されたものではなく、いずれの時期の法規においても、租率の適否、各種農地に対する適用範囲、大租（田底権所有者が受け取る小作料）・小租（田面権所有者が受け取る小作料）の分配比率、地主の撤佃（小作地の取り上げ）を制限する条件、小作争議の仲裁機関の在り方などの点に規定の不明確さや不備が多かれ少なかれ存在していた。⁽³¹⁾しかし、ここでは最後に挙げた仲裁機関の問題をとくに取り上げておきたい。というのは、法規上の規定がたとえ明確で詳細を極めていても、これを運用する仲裁機関の組織が堅固でなければ、法規の適切で公正な実施は望めないからである。
　まず、仲裁機関の独立性を支える経費面についていえば、独自の財政的保障が与えられていたのは第２期の各県佃業理事局だけであり、これが廃止されて以降の仲裁機関の場合にはいずれも明確な財政上の規定がない。この点は、仲裁機関の活動力を大きく制約するとともに、その独立性も損なわれて各級政府に従属する傾向を生み出すことになる。⁽³²⁾
　また、人材面からいえば、主要な担い手である党員の質および量的な貧弱さが、とりわけ下級機関において顕著に表れた。減租政策が最も徹底的かつ広範に遂行された第２期においても、県以下の郷・区レベルの仲裁機関である郷区辦事処の実質は脆弱であって、正産収穫量を算定する技術上の能力がなく、小作争議を公正に解決できない場合が多かった。こうした中では、農民協会の力の強い地域を除いて、社会的経済的に優位に立っている地主の側が主導権を取り、減租政策は下層へは浸透しなかったという。⁽³³⁾次いで、第４期の仲裁機関である村里委員会は浙江省で1928年10月から29年３月にかけて導入された末端の「自治」組織（構成員は村里長・村里副・鄰長）であり、⁽³⁴⁾この場合は村里委員会を主導する村里長によって代表される階層の利害が小作争議の仲裁内容を直接規定することになり、実際

には地主的利益への傾斜が一層強まったと考えられる。これに加えて、制度上、村里委員会で初級仲裁手続きを経ていない事件は上級機関に訴えることができないことも佃戸側に不利に作用した。つまり、村里委員会が佃戸側の請求を受け付けなければ、佃戸側は合法的な異議申し立ての方法がなくなってしまう。事実、江山県県長張大鈞は村里委員会には経費・人材両面において小作争議の仲裁を受け付ける能力がない実情に言及し、そのような村里委員会が浙江省全体で半数以上にのぼると述べている。さらに、第5期になると、前述したように党が直接関与する仲裁機関そのものがなくなり、小作争議の仲裁は一般の既存の各級法院に委ねられた。

2　地主層の対応

「二五減租」の実現を妨げた要因は、前節で触れてきたように、省政府・省党部の分裂、政策の実施主体の組織的弱体、実施方法の不備・欠陥などがあげられる。しかし、ここでは、もう一つの重要な要因、すなわち、政策を受容する側、とりわけ、政策の実施によって直接の不利益を被る地主層の対応に焦点をあてる。

（1）地主層の一般的対応策

『嘉興県農村調査』は、減租政策に対抗して自らの利益を確保するために地主層が一般的に採用した通常の対応策として、以下の三つの方法を挙げている。第1は、減租を強く求める農民を共産党員の容疑で警察に訴えて逮捕させ、その他一般の農民の減租要求を封じることである。減租政策が「清党」（共産党員の粛清）時期に行われたために大きな制約を受けたことは、当時の調査報告類だけではなく、今日の台湾側の研究でも指摘されている。当時においては共産党員であるとの嫌疑を受けると、確たる証拠がなくても逮捕・投獄されたため、減租を主張した者が地主によって告発された冤罪事件は数え切れず、農民運動の工作員には法律上の保障はなかった。そしてこのことが「二五減租」の実施にとっては「一大打撃」となったという。第2は、自らの土地を耕すという口実を設けて、減租を要求する小作人を追い出し、借地を求めている別の農民とより高い小作料で小作契約を結ぶことである。表3－8は、不十分な統計であるが、小作争議の原因の

第3章 浙江省の先駆的試みとその挫折

表3－8 浙江省「二五減租」政策実施中の小作争議の原因
1928年6月～8月／29年3月～10月（浙江省建設庁処分案件）

原因	杭県	富陽	余杭	臨安	於潜	新登	昌化	合計
収回自種	4	1	5	3		3		16
撤佃另召	11	2	2	1		2	1	19
追租	1							1
奪佃								
租額高低	7		1	2	1			11
その他	2							2
合計	25	3	8	6	1	5	1	49（件数）

典拠：鄭康模・前掲書、34081～34082頁、所載。

大半が地主層のこのような対応（「撤佃另召」「収回自種」）によるものであることを示している。第3は、自らの階層的利益を擁護する産権連合会という組織を作り、公然と「二五減租」に反対することである。

しかし、地主側の対応策はこの三つに止まるものではなく、政策遂行主体に対しても以下のような反対運動が展開されていた。

（2）政府に対する合法的請願活動

表3－9は、「二五減租」の廃止あるいは緩和を求める浙江省住民による政府への請願書（いずれも国民政府檔案）を一覧表にして、その主な論点を簡潔に示したものである。ここに挙げた請願書の大部分は、「沿海区」（註8参照）に属する永嘉県・楽清県の地主のものであるが、これらが政府に提出された請願書のすべてを網羅したものとは断定できない。したがって、ここから地主層の請願活動の地域性について論ずることは早計であろう。また、国民政府檔案という性格から中央政府宛の請願書に限定されていて、省以下の政府・党機関宛の請願書は含まれていない。ただ、ここから地主的立場に立った合法的な請願活動の展開とその論点の一端が窺える。

これらの請願書の内容についていえば、次の4点に留意しておきたい。まず、第1に、請願書の大半は、自らを中小地主であると名乗るか、あるいは中小地主の立場に立ったもので、その収入の減少、生活基盤の崩壊を訴えていることである。第2に、租額など減租法規の規定そのものに対する不満はもちろん含まれて

表3－9 浙江省住民による「二五減租」政策の取り止め（および緩和）を求める請願書

A 請願書

	年 月 日	請 願 者	請 願 対 象
a	1928年11月	〔浙江省公民代表〕董松渓・王珊	国民政府
b	1928年11月26日	〔永嘉城区業主〕黄協卿など（電報）	国民政府
c	1928年12月26日	〔永嘉城区業主代表〕黄協卿・謝徳如・黄起文・黄性山・陳煥亭・鄭紹初・郭子卿・陳鶴亭・呉志遠・陳雲庭・曹伯秋など	国民政府
d	1929年2月4日	〔永嘉県、弱小業主、中産之家〕李芳・趙仲儒・趙省斎・黄佐・趙鐘音・葉藻	国民政府
e	1929年2月6日	〔永嘉県鷹符区、田産30・40～70・80畝の読書人地主〕葉清・李志源・張朝桐・張卓夫	国民政府
f	1929年3月	〔浙江省公民代表〕屈映光・呂公望・張載陽・周鳳岐	蒋総司令
g	1929年3月2日	〔永嘉県、田産数畝～十余畝の地主・寡婦〕葉何氏・丁姜氏・葉周氏・葉黄氏・陳戴氏・李計氏・陳蔡氏・黄戴氏・胡葉氏・葉董氏・楊葉氏・葉厳氏	国民政府
h	1931年11月17日	〔楽清県〕鄭邁など53人（電報）	四全代表大全・国民政府
i	1931年11月	〔楽清県城区〕徐可楼など51人	国民政府主席蒋
j	1931年12月	〔楽清県楽智里里長〕盧選臣	国民政府
k	1931年12月23日	〔楽清県〕徐之麒など51人	四全代表大全・国民政府
l	1933年6月24日	〔象山県民〕陳伯など	行政院

B 請願内容の主な論点

請 願 書 の 内 容	a	b	c	d	e	f	g	h	i	j	k	l	合計
減租法規が地主側に不当に厳しい（減租額・撤佃規定など）	○		○			○							3
減租しなくても既存の租額で佃農に有利									○				1
佃農あるいは農民協会の違法行為（不法な小作料減免・不払い・収穫量の虚偽報告など）		○	○	○	○		○	○	○	○	○	○	9
佃業仲裁機関の不公正あるいは収穫量の算定能力がないため職権放棄		○	○					○	○	○	○	○	8
（中小）地主の生活圧迫・窮状の訴え	○	○		○	○		○	○			○		7
孫文の民生主義あるいは党の政綱からの逸脱	○			○	○	○	○						5
既存の近代的法原則と抵触（私有権の不可侵・三権分立など）									○	○			2
田賦など政府財政収入の減少		○				○				○		○	4
社会経済全体への悪影響	○	○								○			3
農民の怠惰を奨励、農業生産力の低下								○		○		○	3
土地投資への意欲低下により地価の下落				○				○					2
学田からの収入減少により教育の停滞	○							○					2
義田からの収入減少により貧民救済を妨害								○					1
共産党が機に乗じて扇動											○	○	2
地方ごとに異なった農業事情に配慮なし					○								1
地主の小作地の回収・自作農への転換のために佃農が耕地を喪失（減租は佃農に不利）	○						○						2

典拠：『土地改革史料』（国史館、1988年2月）上編、壱、33～127頁、所載の各檔案史料より作成。

いるが、それよりも、減租政策に触発されて発生した佃農や農民協会による多くの違法行為を強く糾弾しているものが多いことである。第3に、そのような佃農・農民協会に追随し、あるいは収穫量の算定能力がないために公正な小作争議の仲裁ができず、事実上職権を放棄している仲裁機関を断罪し、このような状況下では減租政策を実際上実施できないと訴える者が多いことである。この点は、前述した減租政策の遂行主体の組織上の弱さにかかわっており、反対勢力に付け入る隙を与えていることがわかる。第4に、減租政策が引き起こす事態が、彼らの直接の個別的利益を損なうばかりでなく、田賦徴収の減少、農業生産の低下、地価の下落など社会経済全体に悪影響を及ぼし、結果的に孫文や国民党の本来の理想から逸脱する結果になると論じていることである。この点は、「二五減租」の取り止めを決定した省政府の論点にも通じるものであり、これらの請願活動が省政府の決定に影響を及ぼしたことを想定しないわけにはいかない。

（3）私的人脈による政府要人への働きかけ

これは、政府に対する合法的な請願活動とは異なり、表面に出てくることが稀で、その実態を把握することは難しい。しかし、実際には、個々の争議に即した要求から全般的な減租政策の取り消し要求に至るまで、むしろ合法的な請願活動よりもはるかに広範に行われていたと考えるのが妥当であろう。

前述した蕭錚の回想によれば、省政府が「二五減租」取り止めを決議した背景には、省内の地主たちが省政府主席張静江が減租に消極的なことを知り、彼に対して強く働きかけた事実を指摘している。地主たちは減租を実施すれば「地方不安」が引き起こされ、地主は田賦を払えなくなると張に向かって力説し、減租を取り止めなければ、次年度は田賦を納めないと恫喝したという。[39]

（4）非合法な実力行使

このほか、地主層が自らの利益を守るために、赤裸々な暴力的形態で実力行使に出る場合もあり、各県において減租政策推進の責任者が被害に遭った事例も見いだされる。

たとえば、武義県の党務指導委員兼佃業理事局理事であった胡福は減租運動の

推進に努力したために、凶悪な地主や土豪劣紳の恨みを買い、彼らに雇われた暴徒によって県党部の門前でピストルで撃たれ重傷を負った。また、遂安県の党務指導委員の王学権も減租をめぐる問題で豪紳地主たちの「侮辱」（内容は不明）を受けて泣き寝入りしたという。さらに某県の党務指導委員兼佃業理事局理事に至っては、凶悪な地主が率いる暴徒によって拉致されて殴打されたうえに糞池にほうり込まれている。このとき県党部は打ち壊され、党・国旗や孫文の遺像が破壊された。[40] これらはいずれも各県の減租政策推進の主軸である党務指導委員や佃業理事局理事が地主の手先によって被害を受けた事件であり、県党部・県政府や地域社会に与えた衝撃は大きかったものと想像される。

　以上述べてきたように、浙江省の「二五減租」は有名無実化し、地主的利害に対する事実上の譲歩がなされ、国民政府によるその統治理念に沿った農村の掌握・権力の浸透の進展は停滞した。

　その背景には、政策自体に内在する欠陥や不備、あるいは政策遂行主体たる党・政府の基層組織の脆弱性だけではなく、「二五減租」によって直接不利益を被る省内の地主層による合法・非合法あるいは公式・非公式取り混ぜての反対・妨害活動の展開が存在していた。これは、省内各農村レベルおよび各県レベルで多くの紛争を引き起こしただけではなく、省党部と省政府との衝突にみられるように指導部の分裂をも激化させていく基本要因であったと考えられる。

　しかし、この時期において「二五減租」は挫折を余儀なくされたとはいえ、これによって国民党の減租政策や地主的利益抑制の理念そのものが放棄されたのではないということに留意しておきたい。たとえば、先の中央党部の調停の中には、「二五減租」は孫文思想に根拠をもち、国民党の農民解放のための基本原則であるとする省党部の主張を受けて、「二五減租」の原則は撤回できないという見解が示されている。[41] つまり、将来、条件と環境さえ整えば、再度実行する含みを残しているわけである。事実、1930年に国民政府が公布した土地法には「二五減租」の内容が明記されており、また、冒頭で触れたように、抗日戦争勝利後「二五減租」は全国に向けて改めて提起され、さらに台湾に移った後には土地改革の前段階の施策としてこれが実施されたのである。

第3章　浙江省の先駆的試みとその挫折　　　　　　　　　　　　　97

第3節　「土地陳報」の実施と失敗

1　「土地陳報」の展開

(1) 政策の提起

　全国に先駆けて浙江省で実施された「土地陳報」は、「二五減租」をめぐる党政対立の混乱の最中、1929年5月に省政府民政庁（庁長は朱家驊）の主管の下に全省一律に開始された。第2節で触れた田賦の積弊を打破するための土地の測量を根幹とした抜本策は、浙江省では27年から具体化が推し進められていたが、経費・人材・時間が掛かり過ぎることから実施できず、これに代わって新たに考案・施行されたのが「土地陳報」である。なお、この時期に「土地陳報」が当面の政策課題として浮上したことと「二五減租」をめぐる混乱とは無関係ではなかろう。「二五減租」をめぐる混乱は、いかなる土地政策であれ、それを首尾良く実施するためには、あらかじめ政府が土地をめぐる状況を正確に把握している必要があることを改めて強く自覚せしめたものと思われる[42]。

(2) 実施機関と経費の調達

　「土地陳報」実施の全省的統括機関は省政府民政庁であり、各県市の監督・指導機関として土地陳報辦事処が各県市に設置された。そして、その統括下に村里委員会（前出）が実務を担当した。県市土地陳報辦事処は主任と若干名の技術職員によって構成され、村里委員会は村落の指導者である村里長・村里副・鄰長によって構成される。民政庁は、省および県市レベルで土地陳報講習会を開いて各級職員に対して「土地陳報」の広報に努めるとともに、自治専修学校その他の学生を各県に派遣し、業務の進行を手伝わせた。後の報告によれば、「土地陳報」のために動員した各級職員の数は、臨時雇用の職員も含めて、全省で合計16万2800余人にのぼったという[43]。

　また、「土地陳報」の経費は、所有地の申告の際に申告者（土地所有者）から徴収する手続費（1畝につき1角2分）が当てられた。このうち4分が省政府に送られ、3分が県市政府に送られ、残りの5分が村里委員会の収入となり、それぞれ

の業務遂行の経費となった。後の民政庁の報告によれば、当初は600万元の収入を見込んでいたが、後に公有地の手続費を免除したり、手続費の徴収が滞った(後述)ために、収入は大幅に減少し、民政庁が得た実収入は50～60万元で、全体の収入は、村里および県市の決算報告がそろっていないため正確でないが、約300万元程であったと推定されている。[44]

(3) 業務内容と手順

浙江省土地陳報辦法大綱および施行細則によると[45]、「土地陳報」の業務は、査編・陳報・丈量・造冊・審査・公示の六つに分けられる。

査編とは土地所有者による土地申告の前に村里委員会の職員によって行われる予備調査である。土地ごとに整理番号をつけ、地図を作成し、所有者の姓名および地価や収穫量の概数もこの時にあらかじめ調査し、陳報単(申告表)の支給の根拠にするとともに、後の土地所有者自身の申告内容の真偽を判断する資料とする。

陳報単は、民政庁が様式を定め、県政府が印刷して各村里に分配し、村里委員会が先の予備調査に基づいて各土地所有者に支給する。陳報単に記載する項目は、所有者の姓名・職業・住所、所有地の地図・所在地・面積・地目・収穫量・地価、佃戸ないし雇農の姓名・住所・借地期限・租額などである。土地所有者は陳報単を受け取ってから2ヶ月以内に、これらを記載して証明書類・手続費を添えて村里委員会に提出する。土地所有者が期限どおりに申告しないと、村里委員会による土地の一時的没収・罰金の徴収などの罰則があるが、実際には罰則の適用は大変少なかったという。[46]

丈量(土地測量)は、陳報単に面積を記載する欄があるように、原則上は土地所有者によって行われることになっている。しかし、実際は自ら所有地を正確に測量できる者は少なく、多くは村里委員会に代行を依頼するが、村里委員会には測量技術者はおらず、また県市政府の測量隊の多くも経費・職員不足で測量できなかった。[47]

この後、集められた陳報単に基づいて、土地帳簿が作られ、陳報単・帳簿の審査、結果の公示を経て、すべての業務が完了することになる。

(4) 政策遂行側の諸問題

　以上の叙述でも触れてきたが、ここで政策遂行側の諸問題を整理しておこう。

　まず、第1に「土地陳報」の実務を行う村里委員会の組織としての弱さ、職員の実務能力の乏しさを挙げねばならない。⁽⁴⁸⁾

　第2に、業務遂行にかかる経費は、申告者から徴収する手続費から支給することになっていたが、この徴収率が悪く、とりわけ下級職員の俸給は滞り、業務遂行を妨げていた。既述したように規定では手続費による収入の4割余りは村里委員会の収入になるはずであったが、手続費の徴収が滞ったために、実際は全部あるいはほとんどを省・県に送り、緊急を要する場合には、村里委員会が別の方法で独自に費用を捻出して上級機関の要求に対処していたというのが実態であった。⁽⁴⁹⁾

　第3に、既に触れたように、所有地の面積・地図・地価など陳報単の記載事項が土地所有者にも正確に把握できていない場合が多く、これらを正確に記載させるための十分な組織的・技術的な準備がなされないまま強行されたことである。⁽⁵⁰⁾このため、次に扱う土地所有者の意図的な申告拒否や虚偽報告がなかったとしても、記載の正確さはあまり期待できなかったといえよう。

2　地主層の対応と申告の実態

　以上述べてきたように、「土地陳報」を実施する側に既に組織的方法的な欠陥があったわけであるが、この政策を受容する土地所有者の側、とりわけ地主層は、どのように対応したのであろうか。

(1) 各地の非協力・反対風潮

　『申報』の「地方通信」欄は、上虞・紹興・蕭山・嘉興・嘉善などの各県において「土地陳報」が滞っている理由として、地域住民が「土地陳報」の意義を理解せず土地の申告に消極的であることを挙げている。⁽⁵¹⁾臨海県南郷青墩頭村では「土地陳報」に反対する村民3人が県長候昌齢の命令により公安局の手で逮捕されている。⁽⁵²⁾

　また、「土地陳報」に対する反対がより大規模な暴動の形態をとった事例も見

られる。定海県六横島では住民は主に漁業と製塩業を営んでいるが、「土地陳報」が実施されると、1930年1月30日に民衆数千人が太平廟内で集会を開いて「土地陳報」や税捐徴収に対する反対を決議し、村長王庚奎らの家屋を打ち壊し、村里長ら7人を殺害した。この報告を受けた県長呉椿は翌月1日警官数十名を率いて現地に赴いたが、暴徒1万余に包囲され引き返すほかなかった。この後、軍警400余人が現地に乗り込み暴動を鎮圧し、暴徒90名が逮捕されて事態は収拾された。(53)
呉興県湖州大銭鎮では同年2月9日村民400余人が「土地陳報」反対を声明し、村長の家に押しかけたが、不在のため小学校に乱入し孫文の遺像などを打ち壊した。この事件により7名が逮捕された。(54) 臨海県南郷官坑村の村民は「土地陳報」に公然と反対し、これに対して業務遂行を援助するために保衛団が派遣されたが、村民100余名が集まって団員2名を殺害している。(55)

　これらはいずれも断片的な新聞記事であり、「土地陳報」に対する地域住民の非協力ないしは反感の広がりの一端を知ることができるが、反対勢力の構成や背景を窺うことはできない。これに対して、以下に紹介する蘭谿県の各村里委員会から県政府に提出された報告書は、上述のような大規模な暴動の形態をとった動きは含まれないとはいえ、「土地陳報」の進展を日常的に妨害している主体を明示している。

（2）有力地主による申告拒否風潮の造成・扇動
　蘭谿県の各村里委員会から県政府に提出された報告書の中には、各地の有力地主が自らの土地申告を放置ないし拒否している状況、あるいは有力地主のその行為が一般の土地所有者の間にも申告軽視・拒否風潮を醸成している状況が述べられている。いくつか事例を挙げよう。同県従善区石岩村では、村委員会が田産約100畝をもつ在城地主陳思余に陳報単160枚を送り、村長・村副・鄰長が相次いで土地申告の催促に赴いたが、陳は申告をせず手続費（前出）を払わないだけでなく、「反動宣伝」を行った。このため、村民は傍観して自らの土地申告をしなくなった。(56) また、渓西区石塘張村で「土地陳報」が進捗しないのは、村内に多くの所有地をもつ鄰長陸江仍が手続費を払わず、悪口を言い触らしているためで、「一般弱小民衆」はこのため「土地陳報」を軽んじ、次々と口実を設けて申告を

回避した。第１区溢渓村では、すべての「下戸」（下層の家）は水害のため手続費を支払えず、「中戸」（中層の家）は、「上戸」（上層の家）が土地申告を引き延ばしたり無視しているために、多くが模様眺めをしているという。

さらには、有力地主や荘書（前出）が一般の農民を扇動してより積極的な各種の妨害活動を展開し、村里委員会の業務を滞らせている状況が報告されている。従善区沈村では、田産約150畝をもつ胡鳳陽が土地申告を行わないばかりではなく、デマを流して民衆を惑わし大勢で反抗した。嵩山区鐘徐村では、鐘純生という人物が家産が豊かなため手続費が多くなるのを恐れ、無知な農民を扇動し、デマを流して村委員会の工作を覆そうと努めた。鐘は続いていかがわしい宣伝品を作って四方八方の壁に貼り付けたり、各地の学校に郵送したりして、村委員会の名誉を故意に傷つけてその業務を妨げた。また、渓西区畫龍村委員会の報告は、村民が申告を無視している原因に同村の荘書葉培林の妨害活動を挙げ、その言動の影響力の大きさに言及している。とくに極端な事例としては、城東区棠源村の地主たちの行動が挙げられる。彼らは村委員会を仇敵と見なし、そのメンバーの謀殺や狙撃を口にして憚らず、村委員会を孤立させた。

（3）「土地陳報」の結末

「土地陳報」は以上のような申告拒否風潮の中で、しかも前述の実施方法上の欠陥を伴って実施されたために、意図的なものとそうでないものとを含めて虚偽の申告が非常に多かったことが十分推測できる。次に述べる「土地陳報」の惨憺たる結末がこの推測を裏付けている。

「土地陳報」は、当初の予定では、1929年5月から11月までの7ヶ月間に完了するはずであったが、実際は翌年4月まで延期された。しかも、一応業務を完了させ民政庁に報告した県は、全省75県中39県に過ぎず、申告のあった土地面積の総計は5667万余畝であり、これは浙江陸地測量局が実測した全省土地面積の37％弱に過ぎなかった。実測総面積に較べて申告面積が過小である理由として、村里委員会の職員が農地以外の土地を事業対象から漏らす傾向があったこと、土地所有者の側においても多くが従来の課税対象地にもとづいて申告したこと、辺鄙な地区では申告漏れが少なくなかったことなどが指摘されている。さらに、最も重

要な点は、上述の実施状況から推測できるように、申告された内容に誤りが極めて多いことであり、そのため「土地陳報」で得られたデータは、何ら利用されることなく放置されるほかなかった。

前述のように、この政策が狙いどおり成功すれば、有力地主の慣習的既得権を掘り崩し、一般の中小土地所有者の不利な税負担を是正しつつ、農村への権力の浸透が実現したはずであった。ここでも、「二五減租」の場合と同じように、国民政府の自らの統治理念に適合した農村の統合は挫折し、後の課題として持ち越されたといえる。

この後は、新たな形で田賦の整理が追及されることになるが、ここではごく簡単に今後の展望を示しておく。その形態は大きく二つに分けることができよう。一つは浙江省で実施された「土地陳報」に改良を施したものである。これは、1933年4月江蘇省江寧県で最初の成功を収めるが、浙江省の場合とは異なって、事前に十分な準備がなされ、党組織も全面的に協力している。この成果は財政基盤確立の観点から財政部の注目するところとなり、34年5月の第二次全国財政会議で全国に実施することが決議された。浙江省でいえば、蘭谿自治実験県で大きな成果を挙げている。

もう一つは、土地測量を根幹に据えた治本策への回帰である。浙江省では「土地陳報」の失敗がはっきりした後に制定された「修正各県土地陳報後分年査丈辦法」（31年8月）にその端緒が見られる。その後の浙江省の土地測量の進展の中では、とりわけ、江西省、江蘇省無錫県と同じく当時最も進歩した航空測量を採用した例として注目されるのは、平湖地政実験県の試みである。これらの実施実態については、次章で検討する。

第4節　小括と展望──国民政府論への一視点──

以上検討してきたように、地主層全体の利益を大きく損なう「二五減租」と有力地主の税負担における慣習的既得権を掘り崩す方向性をもった「土地陳報」は、いずれも失敗に終わった。したがって、この時期においては、国民政府による地主層の既存の利益の制約を伴った農村の掌握・統制は進展することはなく、地主

層とりわけ慣習的既得権をもった有力地主の農村における経済的社会的支配を揺るがすには至らなかった。すなわち、この時期における国民政府による農村社会の掌握・統合は、極めて限定されたものであったのである。

このような結果をもたらした要因としては、既に詳しく論及して来たように、政策そのものに内在する欠陥、政策推進主体の内部対立、実務を担う基層組織の脆弱さ、さらにはこれらを利用し、あるいは規定する地主層の根強い多様な反対・妨害活動を挙げることができる。ここには、地域社会に権力を浸透させ、これをその支配下に統合しようとする国家（国民政府）と、農村社会における自らの地盤を守るために、さまざまな手段を講じて、これを阻み、あるいは抑制しようとする地方有力者（地主層）との動態的な緊張関係が展開されていたのである。

従来の国民政府論に即していえば、次の点を改めて確認しておきたい。すなわち、国民政府が既存の地主的利害を大きく損なうことができなかった事実をもって、通説のように同政府の依拠する社会的基盤はやはり地主層にあったと結論づけるわけにはいかないことである。むしろ、繰り返し検討してきたように、国民政府の農村土地政策はそれ自体に内在する欠陥とともに、主要には地主層によるその政治力を駆使した多様な反対・妨害活動に遮られて形骸化を余儀なくされていったのであり、ここから看取できることは農村の有力者たる地主層を制御できない政府権力の弱さ・未熟さであって、政府と地主層との利害の本来的一致ではない。国民政府による農村の統合の試みは、地主層とりわけ有力地主の伝統的な社会的経済的支配と厳しく対立し、既存の農村の権力構造を上から改革・再編する方向性をもっていたのである。(69)しかも、その方向性は浙江省の二つの先駆的試みの失敗によって放棄されたのではなく、その後も原則として保持され、改めて実施すべき課題として持ち越されたのであった。国民政府と農村の有力者たる地主層との前述の緊張関係は、異なった条件・環境の下で、新たな形でその後も継続していくのである。

本書の主題である土地・地税制度の近代化に引きつけていえば、この時期に実現しなかった国民政府による農村社会の掌握・統合の課題（地主層の既存の利益の制約も含む）は、後に本格的で徹底した方式で進展する土地・地税制度の近代化によって受け継がれることになる。

註

（1） 久保亨「南京政府成立期の中国国民党――29年の三全大会を中心に――」『アジア研究』第31巻第1号、1984年、参照。

（2） 戦後日本の研究で浙江省の「二五減租」を扱った先行論文としては、野沢豊「沈玄廬の死――1920年代末の中国農村問題をめぐって――」(『人文学報(東京都立大学)』第118号、1977年）がある。ただし、本章は国民政府と地主層との相互交渉ないしは緊張関係の把握に重点があり、野沢論文とは視角が異なる。また、宋代から民国期に至る中国の田面慣行を扱った草野靖『中国近世の寄生地主制』(汲古書院、1989年）は、田面慣行の衰退との関連で浙江省「二五減租」に論じている（第4部第2章）。

（3） 浙江省における「二五減租」は、1923年蕭山県で農民運動を指導していた中国国民党員沈玄廬（中国共産党の発起人の1人、後に反共に転じ国民党の西山会議派に参加）によって提起された。「二五減租」が中国国民党の政治綱領の重要項目として具体的に位置づけられたのは、1926年10月の同党中央及び各省連席会議である（蕭錚『中華地政史』台湾商務印書館、1984年1月、270～271頁）。

（4） 「導論・近代中国土地改革的意義」朱滙森主編『土地改革史料』[中華民国農業史料(一)]、国史館、1988年。なお、本章の原型となった拙稿（1992年）を刊行した後、台湾の学界では浙江省「二五減租」に関する本格的な専著が登場した。陳淑銖『浙江省土地問題与二五減租』(国史館、1996年）が、それである。そこでは浙江省の土地問題が極めて詳細に論じられているが、「二五減租」については、従来の台湾側の研究と同じく、これを台湾土地改革の挫折した前史ととらえている。内容的には旧拙稿の叙述を大きく組み替えねばならない点はなかった。

（5） 天野元之助『中国農業経済論』第2巻、龍渓書舎、1978年（初出は1942年、改造社）、128～129頁。八木芳之助「支那の田賦整理と土地陳報」『東亜経済論叢』第1巻第4号、1941年。なお、台湾では、浙江省を扱ったものではないが、王樹槐の江蘇省に関する綿密な実証研究がある（「江蘇省的土地陳報1933-1936」中央研究院近代史研究所編『近代中国区域史研討会論文集』下冊、台北、1986年）。

（6） 自作農の比率が10％以下の県は14県を数えるが、同比率が70％以上の県も5県存在する（『中国実業誌』前掲書、32～36頁）。このように同じ浙江省においても、地主的土地所有の占める割合やその形態には地域差が大きい。したがって、浙江農村社会史を本格的に構想する場合には、いくつかの地域ごとに類型化して分析する必要があるが、本論では分析視角の設定上の理由もあって十分な論及はできない。この点については、さしあたり、註(8)や秦惟人の清末の一連の論文など参照。

（7） 洪瑞堅『浙江之二五減租』(中央政治学校地政学院、1935年7月）、25頁。なお、一般に租額は浙東が浙西よりも高いといわれている。

（8） 行政院農村復興委員会編『浙江省農村調査』(1934年7月）。なお、同書は以下のよ

第3章　浙江省の先駆的試みとその挫折

うな地域区分を採用している。「平原区」—銭塘江の上流、運河の両岸および紹興平原一帯。茶・米・棉を産し、とくに養蚕が発達している。「山区」—浙東の閩浙丘陵地および浙西天目山系一帯、全省面積の7割を占める。米・棉・養蚕の産量も豊富であるが、茶の栽培に最も適している。「沿海区」—浙西平原および蕭・紹平原の一部も含む沿海地域。漁業・製塩が主な産業であるが、砂状の土質が棉作に適し、主要農作物は棉花である（同書、2頁）。因みに、調査対象地域の崇徳県は「平原区」、永嘉県は「沿海区」、龍游県・東陽県は「山区」に属している。

(9) 土地委員会編『全国土地調査報告綱要』(1937年1月)、46・47頁、所載の第31・32表、参照。
(10) 同上。
(11) 鄭康模『浙江二五減租之研究』(1933年12月、民国二十年代中国大陸土地問題資料)、33916～33919頁。
(12) 蔡樹邦「近十年来中国佃農風潮的研究」『東方雑誌』30-10、1933年5月16日。
(13) 『浙江省農村調査』(前掲)には、都市に居住する地主は調査対象から外されている(71頁・126～127頁・175頁)。
(14) 鄭康模・前掲書、33938～33941頁。
(15) 洪瑞堅・前掲書、81～83頁。
(16) 『浙江省農村調査』(前掲)、5頁。
(17) 以下の田賦の実態に関する叙述は、主に「整理浙江省田賦計画」(浙江省政府財政庁『浙江省財政月刊』整理田賦専号、第7・8・9号、1934年7月、181～190頁)を参照。
(18) 「各県冊籍一覧表」『浙江省財政月刊』整理田賦専号(前掲)、476～485頁。
(19) 蕭錚『土地改革五十年』中国地政研究所、1980年12月、18頁。
(20) 『中華地政史』(前掲)、271頁。洪瑞堅・前掲書、41頁。
(21) 洪瑞堅・前掲書、36～37頁。
(22) 『土地改革五十年』(前掲)、18～20頁。
(23) 鄭康模・前掲書、33965～33968頁。
(24) この時期区分は、鄭康模・前掲書、洪瑞堅・前掲書が採用しているものと同一である。また、以下の叙述も特に注記しない限りこれらに依拠している。
(25) たとえば、嘉興県で減租宣伝週が挙行され、連日「党員・新聞記者・各校長・各界人士」を集めて「二五減租」の宣伝に努めている(『申報』1928年10月25日)。また、蕭山県では減租の宣伝のための集会に村農民協会85、代表245人が集まった(同上、28年11月2日)。
(26) 決議文は『土地改革史料』(前掲)、69～70頁に所載。本文では減租問題に限定して叙述したが、田賦「預徴」の決定については、これは軍閥時代の収奪と同じ性格であるといった厳しい批判が展開され(浩然「浙江取消二五減租的意義」『民心』第1期、

1929年6月2日)、まもなく中央の財政部（宋子文）から「党義・民意」に反するとして制止命令が出され、撤回された（『申報』1929年5月19日・27日）。
(27) 「浙党部抗拒取消二五減租案之文件」『民意』第8期、1929年5月5日。
(28) 『申報』1929年5月18日。
(29) なお、王遂今「胡健中和『東南日報』」（『浙江文史資料選輯』第28輯、1984年10月）は、この事件の背後に省政府主席張静江らの元老派とＣＣ派との党内部の権力争いがあったととらえている（136頁）。蕭錚が逮捕されそうになって出奔した際（前述）に蕭を救済したのも陳果夫（ＣＣ派）であり、党内派閥関係にも留意する必要があろう。
(30) 鄭康模・前掲書、33985～33991頁は、省政府による「二五減租」取り止めの命令が出た直後に省党部秘書処が行った各県状況調査を掲載している。これによれば、各県の佃農が政府だけではなく党部に対しても不信感を抱いていると回答した県が48県中14県にのぼっている。
(31) 関連法規の問題点とその変遷についての詳細は、鄭康模・前掲書、第7章および洪瑞堅・前掲書、第5章、参照。
(32) 鄭康模・前掲書、34055～34057頁。
(33) 同上、33972～33973頁。
(34) 『申報』1928年10月23日、29年3月4日。また浙江全省代表大会の政治に対する決議（『申報』1929年2月26日所載）、および注(42)の董中生の調査報告も参照。
(35) 鄭康模・前掲書、33994頁。馮紫崗編『嘉興県農村調査』（国立浙江大学・嘉興県政府、1936年6月）は「政府は小作争議の仲裁権力を豪紳・地主の組織する村里委員会に与えた」（46頁）と明解に述べている。
(36) 鄭康模・前掲書、33995～33996頁。
(37) 馮紫崗編・前掲書、46頁。
(38) 「導論・近代中国土地改革的意義」（前掲）、6頁。
(39) 『中華地政史』（前掲）、272頁。
(40) 鄭康模・前掲書、33971～33972頁。
(41) 洪瑞堅・前掲書、49～50頁。
(42) 董中生『浙江省辦理土地陳報及編造坵地図冊之研究』（1934年5月、民国二十年代中国大陸土地問題資料）、19408～19410頁。蕭錚『土地改革五十年』（前掲）、97～98頁。蕭は、「二五減租」を適切に実施するためには省内の農地に関するデータが必要であり、このために「土地陳報」が開始されたと述べている。なお、「土地陳報」については、鄭康模『浙江省民政庁実習工作総報告書』（1933年9月、民国二十年代中国大陸土地問題資料）の関連部分も参照。
(43) 董中生・前掲書、19436～19443頁・19445～19452頁。
(44) 同上、19500～19503頁。

第3章　浙江省の先駆的試みとその挫折　　107

(45)　同上、19579～19591頁に掲載。
(46)　同上、19480～19483頁。
(47)　同上、19483～19484頁。
(48)　同上、19514～19518頁。
(49)　同上、19505～19506頁。
(50)　蕭錚『土地改革五十年』（前掲）、98頁も参照。
(51)　『申報』1929年10月7日（上虞）、10月10日（紹興）・14日（蕭山）、11月24日（蕭山）、12月16日（嘉善）・22日（嘉興）。
(52)　『申報』1929年11月30日。
(53)　『申報』1930年2月6日・8日・9日・13日。
(54)　『申報』1930年2月16日。
(55)　『申報』1930年3月2日。
(56)　「従善区石岩村委員会呈県府文」（董中生・前掲書、19541～19542頁に掲載）。
(57)　「渓西区陳趙委員会呈県府文」（同上、19537頁に掲載）。
(58)　「第1区溢渓村委員会呈県府文」（同上、19538頁に掲載）。
(59)　「従善区沈村委員会呈県府文」（同上、19535頁に掲載）。
(60)　「嵩山区鐘徐村委員会呈県府文」（同上、19536頁に掲載）。
(61)　「渓西区畫龍村委員会呈県府文」（同上、19544～19545頁に掲載）。
(62)　「城東区棠源村委員会常委祝錫圭呈県府文」（同上、19540頁に掲載）。
(63)　「各県前辦土地陳報情形一覧表」『浙江省財政月刊』整理田賦専号（前掲）、555～567頁。董中生・前掲書、19509頁。なお、蕭錚『土地改革五十年』（前掲）は陳報総面積を667万余畝としているが、5667万余畝の誤植であろう（98頁）。
(64)　董中生・前掲書、19508頁。
(65)　董中生・前掲書、19549～19550頁。蕭錚『土地改革五十年』（前掲）、98頁。蕭錚は、「土地陳報」で得られたデータが信頼できないことを示す極端な事例として、杭県、鄞県、海寧県で申告された面積が当該県の実測土地面積を超えていたことを紹介している。申告する側の利害に即して考えれば、過小申告や申告漏れが横行することの方が自然である。もし上述の事例が事実であるとすれば、上級機関によって成果を強く求められた末端職員の捏造や水増しが積み重なった結果であろう。すでに触れたように、自らの所有地の面積を正確に把握していない土地所有者も多く、その場合には村里委員会の職員が十分な調査をしないまま都合のいい数値を陳報単に代書していたと考えられる。
(66)　江寧県の「土地陳報」については、王樹槐・前掲論文、参照。
(67)　張宗漢「実施土地陳報之商権」『汗血月刊』第7巻第2号（整理田賦専号）、1936年5月1日。蘭谿県については、次章で詳述する。

(68)　蕭錚『土地改革五十年』(前掲)、99頁。
(69)　最近、夏井春喜『中国近代江南の地主制研究』(汲古書院、2001年) が出版された。同書は、清末から1930年代半ばまでの蘇州の地主－佃戸関係および地主経営の実態とその変遷を、租桟関係簿冊等の緻密な分析を通じて本格的に論じた労作である。そこでは、本章が対象とした時期に江蘇省でも試みられた「二五減租」についても論及し、その実効性は不徹底であったが地主－佃戸関係に対する政府側の統制が強まっていく動きの一つとしてとらえられている。また、長期的視点から、国民政府成立以降を、それまでとは異なって、地主的利害から距離を置いた政府の介入・統制が強まり、その他の複合的要因も重なって租桟地主の経営が悪化・没落に向かう時期として特徴づけている点は、本書の視角からしても、大変興味深い。

第4章　浙江省農村土地行政の到達水準と実験県

第1節　「土地陳報」失敗後の諸展開

1　農村土地行政における浙江省の位置と実験県

　前章においては、全国に先駆けて浙江省で全省的に実施された「土地陳報」の失敗を扱った。そこでは、国民政府と地主層との相互交渉に焦点をあてて検討し、浙江省の「土地陳報」は主要には政策遂行側の欠陥および在地の有力地主の非協力・妨害活動によって惨憺たる結果に終わったことを明らかにした。しかし、浙江省における土地・地税制度の近代化に向けた取り組みは、「土地陳報」の失敗によって停滞したわけではない。したがって、「土地陳報」の失敗をもって、浙江省における土地・地税制度の近代化の到達水準を論じることはできない。浙江省は、次章で取り上げる江蘇省と並んで、長江下流域の経済的先進地域を内に含むとともに、国民政府の早くからの権力基盤の一つであった。したがって、農村土地行政についても浙江省では国民政府の意向が強く反映したのであり、「土地陳報」が失敗した後も多様で錯綜した試行錯誤を積み重ねつつ発展を遂げ、日中戦争直前には全国的に見て最高水準の一つを形作るに至る。

　本章の課題は、「土地陳報」失敗後の浙江省の農村土地行政の曲折を含んだ展開をたどりつつ、日本軍の本格的侵攻に至るまでに浙江省の農村土地行政が到達した水準を確定し、そこに含まれる諸問題を考察することにある。その場合、とりわけ蘭谿自治実験県と平湖地政実験県とにおける農村土地行政を俎上にのせる。この二つの実験県の試みをとくに取り上げる理由は、後に触れるように、この二つが国民政府による土地・地税制度の近代化における二つの方式（後述の「治標策」と「治本策」）のそれぞれに属し、しかもそれぞれの中で最良の実践例であり、浙江省の農村土地行政の全般的展開においても独自な位置を占めていると考えられるからである。[1]

　なお、ここでいう実験県とは、主要には1932年12月に開催された全国内政会議の決議にもとづき、33年以降多くの省において農村建設を実験的に実施するため

に特別に選定された県のことである。実験県で成果が得られれば、その他の県にも同一の改革が実施されることが期待されていた。ただし、各実験県の組織や実力、改革の内容や方式は一様ではなく、その成果も多様であって一律には論じられない。
(2)

2 地籍整理の曲折と進展

　前章第1節で論及した田賦徴収をめぐる諸問題を解決するためには、まず地籍整理を行わなければならず、これが土地・地税制度の近代化において最初に乗り越えるべき難関である。その方法は、正式の土地測量を伴う「治本策」とこれを伴わない「治標策」との二つに大きく分類することができる。浙江省では、「治標策」の一つである「土地陳報」が1929年5月から30年4月にかけて全省的に実施され、惨憺たる失敗に終わった。これ以降、「治本策」・「治標策」の両方を含む多様な試行錯誤が重ねられ、各地で採用される方式がまちまちとなり、極めて錯綜した状況が形作られていく。
(3)

　まず、「治標策」からみていく。「治標策」は「土地陳報」の失敗以降、各県で「圩地図冊」の編纂、「清査地粮」、「戸地編査」、「査丈」など様々な方法が試みられている。それぞれの内容の詳細な説明は煩雑になるので省略するが、いずれも正式の土地測量を伴わない地籍整理であったことは共通している。1937年5月の
(4)
段階で、このような「治標策」に基づく地籍整理が完了したとされた県は、蘭谿・金華・象山・臨安・富陽・武義・湯谿の7県である（図4-1）。このうち、とりわけ早期に大きな成功を収めたのが、有名な蘭谿自治実験県である。

　しかし、既に1935年段階において、「治標策」を中止して「治本策」に転換することが一般的な趨勢となっており、杭県の土地測量完了後には土地測量を段階的に全省に拡大する計画が作られている。この計画において第1期・第2期の測量実施予定県を列挙すれば、次のとおりである。

　　第1期－嘉興・呉興・長興・海寧・海塩・平湖・余姚・蕭山
　　第2期－崇徳・徳清・上虞・嘉善・紹興・鄞・鎮海・余杭
この中には、嘉興・呉興・海塩各県のように既に「治標策」に着手していた県も多く含まれている。これ以外にも、永嘉県が以前の「治標策」の中止と正式の土

第4章　浙江省農村土地行政の到達水準と実験県　　111

地測量の実施を求めていた。
(5)

　ここでは、先に紹介した地籍整理を完了したとされる7県の中から、金華県の事例を紹介しておく。金華県では1935年6月から地籍整理を実施したが、各地に派遣された担当者は、地籍の確定にあたって土地所有者や佃農にも通知せず、さらに測量ばかりかきちんとした考証も行わなかったために、誤りが百出し、紛争が続発したという。このため、1936年11月に県住民は、前回の地籍整理をすべて取り消し、正式の土地測量を実施して、混乱した土地所有権を正しく確定し直すことを要求する請願を省党部・省政府に向けておこなった。杜撰な地籍整理の実施が、逆に地域社会の側から正確な土地測量を求める動きを惹起したわけである。
(6)
なお、ここで金華県住民から攻撃されている前県長陳開泗は、実はかつて蘭谿自治実験県の土地科科長の要職にあって実績をあげた人物であったことにも注目しておかねばならない。

　すなわち、蘭谿県では成功したとはいえ、「治標策」はあくまで正式の土地測量が実施されるまでの過渡的暫定的な方法であったのである。また、蘭谿県のような成果を上げるためには、後に詳しく触れるが、一定の条件が備わっている必要があり、その他の各県が蘭谿県と同じ方式を実施したわけでもなければ、同じ水準の成功を収めたわけでもなかった。

　次に、「治本策」の進展を見てみよう。日本軍の本格的侵攻直前の1937年5月までの土地測量の進展を示したのが表4－1と図4－1である。ただし、このうち、黄岩・桐郷両県は民国成立後、1927年の南京国民政府の樹立以前に、非「科学的」で正確とはいえない方法で測量が実施されている。
(7)

　ここでは、次の2点に注目したい。一つは、省全体からすればわずかな地域に限定されているとはいえ、1936年半ば以降に比較的急速に土地測量が進行していることである。たとえば、天野元之助が土地測量の進展状況を示すために引用している36年3月段階のデータによれば、土地測量を完成させた県・市は、前述の黄岩・桐郷両県を含めて4県1市に過ぎなかった。ところが、これ以降37年5月までの1年余りの間に8県が土地測量を完成させ、目覚ましい進展が見られる。
(8)

　もう一つは、地理的に見れば、測量の完了あるいは進行中の県は銭塘江下流域の農業生産力の高い平野部（いわゆる「平原区」）が中心であり、しかもその地域
(9)

図4-1 1937年5月までの浙江省土地行政の進展

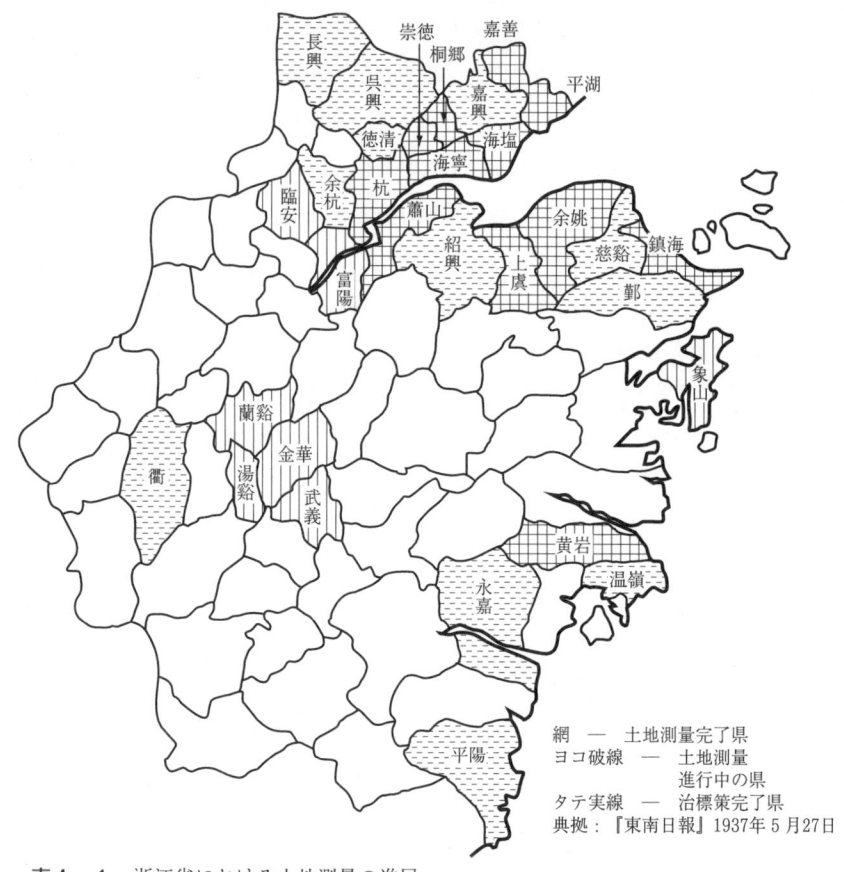

網 ── 土地測量完了県
ヨコ破線 ── 土地測量進行中の県
タテ実線 ── 治標策完了県
典拠:『東南日報』1937年5月27日

表4-1 浙江省における土地測量の進展

a 1935年6月まで	測量完了	杭州市・杭県・桐郷・黄岩
b 1936年3月まで	測量完了	余姚
c 1937年5月まで	測量完了	嘉善・蕭山・崇徳・海寧・海塩・平湖・上虞・鎮海（合計13省市）
	（進行中）	紹興・呉興・長興・嘉興・鄞県・慈谿・永嘉・余杭・徳清・平陽・温嶺・衢県（12県）

典拠: a・bは鄭震宇「一年来全国土地行政之進展」『地政月刊』4-6、1936年6月25日。
　　　cは「浙積極整理土地」『東南日報』1937年5月27日。
註: このうち、黄岩・桐郷両県の土地測量は、南京国民政府成立以前（1927年以前）に完了しており、三角測量を用いない「非科学方法」を採用しているため正確さに欠ける。とくに黄岩県（1915〜18年に民間による自主的測量を完了）では、1937年に省政府民政庁から再測量の実施が提起されている（『東南日報』1937年6月6日）。

第4章　浙江省農村土地行政の到達水準と実験県　　　　　113

の多くを網羅していることである。面積や県数において全体の比重がごく僅かであっても、その成果を過小評価するわけにはいかないように思われる。

　さて、こうした測量完了各県の測量の実態については、現在のところ手元に詳細なまとまったデータはない。ただ、杭州市・杭県の土地測量が終わった後に、土地測量を段階的に全省に拡大していく計画が作られたことは既に触れたが、その計画は実際には予定通りに進まなかったこと、また、1936年初めには、省政府主席黄紹竑によって面積が広く財力が乏しい県は次善の策として「治標策」を採用することが改めて検討課題として提起されていることに留意しなければならない。これらの事実は、経費の面だけでいっても、この段階では短期間に土地測量を全省に拡大する展望は未だ開かれていなかったことを示唆している。
(10)

　このような事態を打開したのが、平湖地政実験県の航空測量である。その内容については、後に詳しくふれるが、浙江省民政庁は1937年3月には平湖県の航空測量の優れた成果を認め、これにもとづいて、早速、全省の測量未完各県に航空測量を実施する計画を立案し、中央から資金その他の援助を取り付けることに成功した。すなわち、測量機器は中央が負担し、その他の経費は中央と地方で折半し、測量人員についても中央が派遣することが取り決められた。この計画は、日本軍の侵攻で実現しなかったが、日本軍の侵攻がなかったならば、37年10月から開始し、測量は1年間で、測量を含むすべての業務は3年間で完了する予定になっていた。
(11)

　一方、早くから土地測量を終えた各県の地価税への改正については、杭州市を除いて実現には至らなかった。最も早く土地測量を終えた杭州市の場合は、政府による各地の土地状況の実地調査と土地所有者による申告地価との両方を参考にして、地価估計委員会により公定地価を算定し、1933年度からその0.8％を地価税として徴収し、旧田賦は廃止された。杭州市は、旧田賦では課税対象からはずされていた市街地の宅地の比重が大きく、またその地価も農地に比べて著しく高かったため（宅地―毎畝5,600元～7,8000元、耕地―毎畝50～200元）、算定された地価税の総額（約32万元）は、旧田賦の正税に付加税を加えた額（約11万元）を大きく上回ったと報告されている。しかも、公表された数値をもとに推計すれば、農地のみについては単位面積当たりの税額は以前より軽減されたことになる。
(12)
(13)

杭州市に次いで正式の土地測量を完成させたのは杭県である。杭県では、1935年度から把握し直した地籍に基づいて徴税が行われたが、その時はまだ旧田賦の課税方法が適用された。それでも、所有者・所有地・税額の三者が正確に対応するようになったために従来の税負担の不公正は是正されたという。また、杭県で従来使われて来た旧畝（面積の単位）の1畝は、新たに採用した新畝の0.9216畝に等しく、このため同じ面積の土地を所有していても税負担は従来の約10分の9となった。この点は、従来課税されていた河川・道路（約10万畝）が免税になったことと併せて、従来より納税者の税負担が軽減したと報道されている。次いで、翌年の36年度になると、既に地価の算定を終了して、本格的な地価税徴収に踏み切る予定であった。ところが、算定された地価税の総額が旧田賦の総額よりも大幅に減少することが明らかとなり、その年度における地価税の徴収を見送り、その年度は暫定的に旧田賦の課税方法を再度適用することになった。市街地が大きな比重を占める杭州市とは事情が異なっていたのである。

以上から、杭州市では都市部としての特性により一定の成功を収めたものの、一般的には旧来の税収入を損なうことなく浙江省全体に適用できるような地価算定の方法は、未だ確定していないことが窺える。事実、1936年10月には地価の算定方法の如何が税収に大きく影響するとして、民政庁長徐青甫と財政庁長程遠帆とが協議し、他省の実情を参考にするために職員を江蘇省に派遣している。

また、永嘉県も城区においては測量・登記・地価算定を終えて、1937年2月、省政府に地価税の徴収を申請した。ところが、同県の実施した地価の決定は土地所有者の申告に基づいており、この方法は国民政府の土地法の規定に抵触するという理由で、省政府は地価税の徴収を許可せず、地価算定のやり直しを求めた。これに対して、同県県長許蟠雲が孫文の言説を援用して改めて原案のまま地価税徴収の実施を訴えると、省政府は自らの判断を差し控え、37年5月に中央の内政部・財政部にこの問題についての判断を求めるに至っている。

全国的にみれば、土地・地税制度の近代化の進展が著しい江蘇省や江西省などではいくつかの県において既に旧田賦を廃止し地価税の徴収が実施されていた。にもかかわらず、浙江省では土地測量を済ませ地籍整理が完了しても、地価税の徴収に踏み切るには、既存の税額の維持・確保や法制上の整合性など、なお乗り

越えなければならない課題に直面して足踏みしていたわけである。そして、この点は、後に触れるように、平湖地政実験県においても無縁ではなかった。

3 田賦徴収の改善・強化

　以上、概観したように、浙江省では地籍整理は部分的に一定の前進が見られたとはいえ、これにもとづいて本格的な旧田賦の廃止・地価税の徴収には至らなかった。しかし、地籍整理が完了しないままに、一方で田賦徴収の改善・強化の努力も行われた。また、地籍整理を完了した場合にも、税収の確保のためにはこの課題は避けて通れない。次に、この田賦徴収の改革について概観しておく。[19]

　田賦徴収の改革は、内容的には田賦の旧滞納分の督促強化と徴収制度の改善の二つに分けることができる。前者についていえば、1927年から36年2月までにおける浙江省全体の田賦滞納分は3029万4582元という巨額にのぼっていた。これは1936年度省予算歳入総額を超過する額である。省政府は36年2月8日に「清追欠賦辦法」[20]を公布して、督促時期を五つに分け、時期ごとのノルマを設定して強力に滞納分の督促を行った。[21]徴収制度の改善については、36年9月に「修正浙江省田賦徴収章程」「浙江省田賦徴収細則」「浙江省各県経徴田賦考成辦法」[22]など一連の法令が公布された。これらの法令にもとづき、徴税官吏の不正の防止をねらった徴収組織の権限の分割や徴収方法の合理化、県党部・各法団を動員した納税運動、県長に対する賞罰制度の強化等が実施された。[23]こうした努力、とくに田賦の旧滞納分の追及はかなりの成果を上げている。すなわち、1936年3月1日から12月末までに実際に徴収した田賦の旧滞納分は600万元を超え、これにその年の田賦の実収額を加えれば、1年間で徴収した額は合計1100万元前後にのぼる。この額は「以前の最高記録を突破」した。[24]

　他方、田賦の旧滞納分の厳しい追及が税負担の増大につながることを危惧し、その緩和を求める動きも、上海全浙公会などの民間の有力団体から出てきた。省政府財政庁は、このような動きを牽制するために、次のような見解を提示している。すなわち、田賦の滞納者の多くは、滞納を名誉と見なす「大戸」（有力地主）であって、彼らから滞納分を厳しく取り立てることは、人民の負担を増大させることではなく、逆に人民の負担の平均化をもたらすことになると述べている。[25]実

際においても、当時田賦の滞納額が省内で最も多いとされた海寧県では、故意に滞納している王敬五・王如親・陳昂若・周桂初・居益三・朱祿桑・朱衍慶・陳肖云・銭万成など多数の「大戸」を召喚・拘禁したことが報道されている。[26]

しかし、一般的にいえば、正確な地籍整理を伴わず、中小土地所有者に不利な既存の課税額を前提に督促だけを強化することは、厳密な意味での税負担の平均化をもたらさないばかりか、むしろ既存の矛盾・不公平を拡大することにつながりかねない。すなわち、田賦の旧滞納分の督促強化が一般納税者の税負担の増大を意味しないという省政府財政庁の見解が説得力をもつためには、地籍整理を完了し、政府が納税者を正確に把握していなければならないのである。1937年1月以降になると、田賦の旧滞納分も含めた田賦収入は急激な減少を見せることになるが[27]、上述の点と無関係な現象ではなかろう。

第2節　蘭谿自治実験県の場合

1　実験県の設置と旧田賦の概況

次に、蘭谿自治実験県の実践を取り上げる。以上述べてきた浙江省における土地・地税制度の近代化の全般的な諸展開の中でいえば、蘭谿自治実験県は、「治標策」に基づく地籍整理で顕著な成功を収めた希な事例として位置づけることができる。したがって、これをもって浙江省の「治標策」にもとづく地籍整理の一般状況を代表させることはできないが、その到達した水準を確認することができる。

浙江省政府は、1933年9月、中央政治会議の議決を受けて、蘭谿県を実験県に改組した。この間のいきさつは不明であるが、これに伴い、県政府組織は江蘇省の江寧自治実験県にならって再編され、中央政治学校法律系主任胡次威が県長として派遣された。これ以降、蘭谿県は県行政改革の模範となるべく、地籍整理を含め行政・財政・教育・建設など広範な諸改革を推進していく。[28]県長胡次威周辺の県政府要職は、表4－2に示したように、中央政治学校の卒業生で固められた。彼らは、ほとんどが20歳代と極めて若く、しかも長期の厳格な訓練を経て思想・意志の統一がとれた青年たちの集団であった。当時蘭谿県を訪れた観察者の報告

第4章　浙江省農村土地行政の到達水準と実験県　　　　　　117

表4−2　蘭谿自治実験県重要人物表

役　職	氏名（年齢）	籍貫	履　歴
県　長	胡次威	四川万県	前中央政治学校法律系主任
秘　書	林樹芸（26）	浙江平陽	中央政治学校卒業
秘　書	韓　越	浙江紹興	不明
庶務股主任	孫豫恒（24）	湖南長沙	中央政治学校卒業
民政科科長	何宏基（27）	江西尋烏	同上
社会行政股主任	王碩如（26）	湖南資興	同上
積穀専員	蔡天石（24）	江蘇阜寧	同上
土地科科長	陳開泗（25）	四川巴中	同上
科　員	張鋤非（24）	安徽懐遠	同上
科　員	李保頤（38）	江蘇泰県	南通師範卒業
教育科科長	章　駒（26）	浙江湯谿	中央政治学校卒業
科　員	張　珏（22）	四川儀隴	同上
民衆教育館館長	包奠華（24）	四川鄰水	同上
建設科科長	徐志道（26）	四川合江	同上
財政科科長	石光鉅（25）	湖南漢壽	同上
会計股主任	李権西（24）	江蘇永新	同上
経理股主任	呉　芳（22）	江蘇武進	同上
科　員	王啓華（23）	浙江臨安	同上
雑税処主任	葉鳳生（23）	広東梅県	同上
田賦徴収処主任	潘稲蓀（42）	浙江蘭谿	前浙江第7中学教員
公安科科長	秦朝臣（26）	雲南順寧	中央政治学校卒業
司法股主任	呉福保（23）	浙江紹興	同上
督察長	范翰芬（26）	広東興寧	同上
第四公安局局長	王仕悌（28）	四川広元	同上
第三区実験区区長	陳　燁（28）	四川開県	同上
（所属不明）科員	朱宗海	広　東	同上

典拠：葉乾初『蘭谿実験県実習調査報告・上』(1934年、民国二十年代中国大陸土地問題資料)、77193〜77195頁。

は、彼らの労苦を厭わない精神と同志的な仲間意識に支えられた協力関係が、諸政策遂行の様々な局面で積極的作用を発揮したことを指摘している。[29]

　さて、実験県が設置される直前の蘭谿県の田賦徴収状況を概観しておこう。実験県設置以前の蘭谿県の歴年の旧田賦滞納額の比率は、全省の冠と称され、1932年度の実収額は本来徴収すべき額の3分の1に及ばなかった。このため、滞納者の追及には厳しい制裁手段が取られたが、地籍が未整理のために状況は改善されなかった。[30]

従来の土地台帳は、清朝の同治年間に全県で889冊の魚鱗冊が作成され、一部は県政府が保管し、一部は冊書に渡された。ところが、その後の土地の移転登記は県政府に報告されずに冊書の手で行われたために、県政府保管の魚鱗冊の記載は年ごとに実態から遊離し、さらに、実験県が設置された時点では、そのうち約4分の1にあたる173冊が失われ、残っているものも破損が著しく活用できる状態ではなかった。(31)また、南京国民政府成立後において「土地陳報」・「圻地図冊」の編纂が相次いで実施されたが、いずれも成功しなかった。(32)

2　「清査地糧」の展開

このような状況の中で、蘭谿県は実験県になった後、再び地籍整理に取り組むことになる。このとき採用した方法を「清査地糧」と呼ぶ。その業務の推進は、以下の3期に分けられる。(33)

まず、第1期の業務は、実施機関の設立、冊書の登録、魚鱗冊の補訂を内容とする。ここで注目すべき点は、私蔵の魚鱗冊によって地籍の移転登記を職務とする冊書を登録したことである。蘭谿県では県政府の魚鱗冊がそろっていないため冊書私蔵の魚鱗冊が地籍の唯一の根拠であったが、その冊書の資格は私人の財産のように見なされて世襲されたり、私的に売買・譲渡されたりしており、県政府は現任の冊書の姓名・住所・人数さえ全く把握できない状態にあった。また、冊書はその職務を自らの生計の維持や県民から金を詐取する道具としており、以前から有識者の多くがその廃止を唱え、蘭谿県の旧県議会や県党部も相次いでその廃止を提起していた。このため、冊書は県政府の登録に応じれば、その職務に伴う既得権を失うことになるとして強く警戒していた。したがって、現任の冊書が誰であるかを県政府が改めて確定することは容易な作業ではなかった。(34)

冊書に対する調査・登録は、最初は卯簿を通じて行われた。卯簿は税額の移転登記・徴税を行う胥吏で、民国以降は経徴人とよばれるようになったが実質に変化はなく、県政府の税務行政は彼らによって掌握されていた。蘭谿県では冊書が各戸の土地所有を把握して、卯簿が各戸の税額を把握し、土地・税額の移転登記は両者の協力によって遂行されていたわけである。ところが、卯簿による冊書調査は失敗し、この後、区長、次いで郷鎮長に調査が委託されたが、いずれも失敗

第4章　浙江省農村土地行政の到達水準と実験県　　　　119

表4－3　蘭谿実験県による冊書の登録とその実態

A　冊書登録の進展状況と人数

1933年10月27日	県政府	第1区	城区10坊22図	37人
同年12月	水亭鎮	第3区	36図	51人
同年12月16日	永昌鎮	第4区	32図	64人
同年12月20日	馬潤郷	第2区	34図	52人
同年12月26日	女埠鎮	第5区	25図	71人
合計				303人

B　冊書の実態

年齢
最低　7歳（代理人に委託）	
最高　73歳	
30歳未満	約1／4
30歳以上～40歳未満	約1／2
40歳以上	約1／4

職業
農業	3／4
商業	1／8
小学教員	1／20
専任（無職）	1／20

教育程度
字を書けない	約1／2
小学卒業程度	約3／8
中学学力及び科挙出身者	約1／8

典拠：『蘭谿実験県清査地糧紀要』、59・61頁。A表の合計の数字は合わないが、そのままにした。

に終わった。最終的には、各郷鎮に警察が派遣され、彼らが郷鎮長の立ち会いの下で冊書の調査・登録を行うという方法で、ようやく冊書の登録が完了した。区・郷鎮の組織は脆弱であって、冊書の登録を実現するためには警察という強制力が必要であったのである。こうして、**表4－3**に示したように、全県で303名の冊書が登録され、彼らは新たに県政府の推収員（職務内容は同じく地籍の移転登記）に任命されて県政府の監督・管理下におかれた。すなわち、県政府は推収員（旧冊書）に対する任免権を掌握し、彼らの行った地籍の移転登記は逐一県政府に報告する義務を負わせ、彼らの既得権でもあった不正行為による収入を厳しく監視することになった。[35]

次いで、彼らから私蔵の魚鱗冊を提出させ、これに基づいて県政府の散逸していた魚鱗冊889冊の補訂を完成させ、地籍整理を軌道に乗せたのである。[36]

第2期の業務は、補訂された魚鱗冊にもとづいて、垈地帰戸冊を作成することと、地籍整理期間中にも進行する土地の売買・譲渡などに対応できるように、冊書・卯簿を政府の統制下において移転登記の業務を継続することである。ただし、「清査地糧」の業務が完了した時点で冊書・卯簿は廃止されることになる。垈地帰戸冊は、土地・税額・納税者の3者を対応させた帳簿であり、合計1007冊が作

成された。[37]

　第3期の業務は、土地所有権を証明する土地管業証の交付、新たな地籍に基づく税額の割り当て、土地をめぐる紛糾の調停である。土地管業証は、まず土地所有者に所有権を証明する様々な証拠書類を添えて土地所有の申請を行わせ、前述の圻地帰戸冊と突き合わせ、誤りを是正しながら土地所有権を確定し、その後に交付される。

　なお、土地所有の申請時に添付された土地所有権を示す雑多な証拠書類は、**表4－4**に列挙した。同表に若干の説明を付したように、これらの証書は、発行時期、発行機関、発行範囲、内容・様式などが相互に異なっているばかりではなく、それぞれに看過し得ぬ不備や欠陥をもっており、所有権の保証能力は著しく損なわれていた。そして、所有権の証明が不完全な土地については、周囲に隣接する住民の保証書および殷実な商店あるいは当地の「公正人士」あるいは土地所在地の郷鎮公所の保証書の提出が求められた。[38]

　したがって、この後に新たに県政府から交付された土地管業証は、以上のような従来の雑多な証明書類に代わる、土地所有権の単一の確証手段となり、これによって従来曖昧であった土地所有権に公的な保障が与えられたことになる。土地管業証は土地1筆ごとに交付され、政府が保管する魚鱗冊との対応関係が明確にされており、土地所有者の姓名・住所、土地の所在地・面積・地目等が記載された。[39]

　土地所有の申請は、かつて「土地陳報」で失敗し民間にも不信感が強く残っていることもあり、とくに慎重に行われた。まず、城区10坊から始め、成果を確認しながら、しだいに各区に拡大していった。また、実施前に県長・土地科長その他の職員が各地で巡回宣伝を行い、そのたびに各地で郷鎮長・小学校校長・推収員および「大戸」（有力地主）を召集し、土地整理の意義と土地管業証取得の手続きを詳細に説明した。また、土地所有者の側も当初は模様眺めをしたり、密かに反対風潮を扇動したりする者もいたが、県政府が冊書の登録を通じてあらかじめ一応の地籍を把握していることを知り、もし土地管業証取得の申請をしない場合は事実上の土地所有権が維持できなくなると考えるようになった。この結果、1934年6月までに申請が行われた土地は71万6996筆に達し、この数字は全県土地

第4章　浙江省農村土地行政の到達水準と実験県　　121

表4－4　蘭谿県における土地所有権を示す証書類（「清査地糧」による土地管業証交付以前）

種　　類	説　　　　　明
①部　　　照	官有財産を民間に売却した際に交付した証書。発行者は財政部。
②憑條・執照	清朝同治年間の魚鱗冊作成（同治清賦）の際に土地所有者に交付した書類。憑條は単なる通知書であり、内容に誤りがないことを確認した後、正式に土地所有権を証明する執照と引き換えることになっていた。ただし、憑條は県清賦局（魚鱗冊作成の管轄機関）が発行したものもあれば、各地の冊書が発行したものもあり、枚数も同一の土地に複数発行した場合もあれば、一枚も発行されていない土地もあり、土地所有権を証明する書類として極めて不備。そのうえ、この後まもなく清賦局が撤廃されたために憑條を執照に引き換えた者は実際には甚だ少なかった（全体の1割程度）。こうして不備を含んだままで憑條もまた執照とともに慣習的に土地所有権を示す書類とされた。また、所有権の移転に伴い、憑條が授受される場合もあれば、秘匿して授受されない場合もあり、授受された場合でも多くは冊書によって戸名・畝数等の内容が任意に上から書き改められ、判読できないものも多く、紛糾は日々多かった。
③官給管業証	1914・15年に県政府が各地の卯薄・冊書に土地所有者の土地を申告させ、これにもとづいて発行した証書。発行者は県政府。ただし、内容は卯薄・冊書の申告のみにもとづき、紛糾の有無や誤り・重複の有無などは未調査。実際には僅かに一部分発行されただけで、誤りが続出し紛糾が多発するに至った。
④私有不動産登記証書	1913年に県政府が土地登記を行った際に発行した証書。発行者は県政府が設立した土地登記所。ただし、このときの土地登記は、登記に応じた土地所有者は希であり、実施範囲も城区に限定された。その誤り・重複の程度は②・③と同様。
⑤墾荒執照	太平天国の戦乱により所有者のいない荒地が多かったため、同治清賦後、そうした土地の開墾を呼び掛け、これに応じて開墾した者にその土地を与えた。その際に発行した証書。発行者は県清賦局。
⑥旧官契紙及図単	前布政司が発行した証書。 これには、図表（図単）が添付され、面積（弓丈）が記載されることになっていたが、多くは土地の形状が描かれただけで、面積を記載しているものは多くなかった。
⑦浙江新契紙	前浙江国税庁籌備処が作成し、各県で発行した証書。不動産の売買の際には、検査を受けて税を納め、この証書を受け取る。
⑧現行官契紙	1933年に浙江省財政庁が公布した「徴収不動産移転税契章程」にもとづき、不動産所有権の移転時に納税したことを示す納税証明書。ただし、同章程施行以降も、不動産所有権の移転登記は卯薄・冊書の手で行われ、多くは政府に申告されず、納税もされなかった。
⑨家　　　冊	冊書が把握する地籍にもとづき、冊書が所有者に私的に支給する証明書。価格は通常数元、高い場合は四・五十元になる。ただし、冊書の知識は不揃いであるとともに、私心をもってこれを作成・支給するために思いがけない紛糾が多発した。
⑩そ　の　他	最近の田賦納税証明書（串票）、会薄、租摺、宗譜など

典拠：『蘭谿実験県清査地糧紀要』、19～33・104・107～108頁。

の9割以上にあたる。[40]

3　成果と問題点

　以上のような「清査地糧」の結果は、次のように報告されている。まず土地の課税面積は116万4741畝から117万8079畝に増加した。すなわち、従来土地税を負担していなかった土地1万3000余畝が検出された（課税面積の増加率は約1.1％）。また、田賦の実収額も10万3276元から25万元へと増加し、県政府は新たに15万元近くの増収を得た（田賦実収額の増加率は約142％）。[41]省政府財政庁によれば、1936年度の蘭谿県の田賦実収額は、本来徴収すべき額の9割以上を記録し、これは同年度の浙江省全県で最高の比率であるという。[42]課税面積の増加率がわずかであったにもかかわらず田賦実収額が大幅に増加したのは、冊書が私的に独占していた土地情報（私蔵の魚鱗冊の記載内容）を政府が取り上げ、徴税過程から胥吏（冊書・卯簿）が暗躍して不正を行う余地を排除したからである。こうして、地籍整理が目指した課題の一つである税収入の確保については著しい成果を上げたと評価することができよう。

　しかし、もう一つの課題である納税者の税負担の公正化についてはどうであろうか。蘭谿県における地籍整理の基礎になっているのは、旧来の冊書が私蔵していた魚鱗冊である。各種の不正を行い郷民を食い物にして悪名の高かった冊書の記載する地籍が、どの程度信憑性をもつかは疑問であろう。土地管業証の申請・交付の過程で、土地の所有権の所在を争う紛糾が頻発し、申請は行っても調査・調停待ちで土地管業証を受理できない事例が少なくないと報告されているのは、この点と無関係ではない。従来の土地所有権を証明する書類が不完全であったことに加えて、土地所有と納税義務の移転登記が長期に互って卯簿・冊書の手で杜撰かつ不正に行われたために両者が対応しなくなっていたことが紛糾頻発の原因であり、そのような数十年来の各地の混乱・紛糾がこのとき解決を求めて一挙に持ち出されたのである。当時の報告書は、表4－5に示したような土地をめぐる紛糾事件の調停申請が、毎日十数件以上にのぼり、実地調査や調停活動で職員は休む暇もなかったと述べている。[43]これらの土地所有の実地調査や調停活動がどの程度厳密に実施されたかということを窺う資料はないが、いずれにしても納税者

第 4 章　浙江省農村土地行政の到達水準と実験県　　　　　123

表 4 − 5　蘭谿県における土地紛糾の種類

旧証書類に起因する紛糾
①憑條の不備（表 4 − 4、参照）
②田賦納税証明書に土地の整理番号・所在・面積・所有者の真の姓名等の記載がない
③魚鱗冊記載の土地の境界は正確な土地測量にもとづくものではない
卯薄・冊書の不正に起因する紛糾
①卯薄・冊書等と共謀して他人の土地を売り飛ばしていた場合（盗売）
②田賦の不足分の徴収や新たな課税他からの徴収を政府に報告せずに卯薄・冊書が私的に行っていた場合（私補）
③卯薄・冊書が土地所有者の名義変更を怠っていた場合
④冊書が税類を不正に割り当てていたために納税義務を課した土地と現実に存在する土地とが対応しなくなっていた場合
⑤卯薄・冊書の誅求から逃れるため他人の名義で納税していた場合
そ　の　他
①以前の「土地陳報」時の虚偽申告に起因
②祀産・会産など同族団体・宗教団体の共有地をめぐるもの
③遺贈継承の多くは当事者間の信頼関係にもとづき文書上に不備があることに起因
④抵当に入った土地をめぐるもの
⑤土地売買の際に土地の整理番号の記載を間違えたことに起因

典拠：『蘭谿実験県清査地糧紀要』、143〜147頁。

の税負担の公正化の前提である正確な地籍の確定は、蘭谿県ではなお進行中の作業であったと考えられる。

　また、冊書が私蔵していた魚鱗冊が、蘭谿県では曲がりなりにもほぼ完全にそろっていたことが「清査地糧」の成功を支えていることに注意したい。浙江省全体でいえば、魚鱗冊が完全に存在しないと報告している県は62県（もとから作られていない 6 県を含む）にのぼり、冊書等（地域によって呼称が異なる）が私蔵する土地台帳さえそろっていないと報告している県は16県にのぼる。蘭谿県の採用した方法は決してすべての県に適用できるものではなかったのである。

　実際においても蘭谿県と同じ方法を採用したのは、隣県の湯谿県 1 県のみに止まった。湯谿県では1936年 2 月から「清査地糧」を実施し、36年 8 月までの段階で新たに検出された課税地が1000畝以上、徴税額が120元程度増加したと報告されている。数字に示された成果はあまりにも微細であり、湯谿県の事例を蘭谿県と同列に置くことはできない。

第3節 平湖地政実験県の場合

1 実験県の設置とその特質

では、次に、平湖地政実験県で実施された地籍整理の「治本策」の検討に移ろう。平湖県は、当時最も進歩した航空測量を浙江省で採用した唯一の事例である。

平湖地政実験県は、1935年10月、中央政治学校地政学院院長蕭錚と浙江省政府主席黄紹竑との協議に基づいて設置された。県政府の要職は、表4－6に示したように、県長に地政学院研究員の汪浩が就任したのをはじめ、各科長・区署長レベルまで、すべて地政学院の推薦によって任命され、地政学院卒業生が大半を占めている。蕭錚は汪浩らが平湖県に赴任する前に、県政府組織の再編や航空測量の採用等の基本方針を提示し、その後も頻繁に平湖県を訪れ、業務遂行に協力した。[46]

このような経緯からすれば、平湖地政実験県はまさに地政学院・地政学会の目指す土地政策の理念を実現するための実験場であったのである。地政学院・地政学会の性格や理念については、本書第2章で詳しく取り上げた。彼らが目指していたのは、土地・地税制度の近代化とともに、それを踏まえた地主制の漸進的廃絶・自作農の創出を内容とする土地改革の実施であった。平湖県の実験は、さしあたりは土地・地税制度の近代化に限定されていたが、指導部の念頭では孫文の「耕者有其田」の本格的実現につなげることを意識しつつ構想されていたわけである。この点で、平湖県は同時期のほかの実験県とは異なる独自性をもっていた。

2 実施過程とその特徴

平湖県における土地測量は、過去に遡れば明朝万暦年間、次いで清朝康熙年間さらに同治年間に実施されている。ところが、それぞれの測量時に作成された土地台帳（魚鱗冊・八月冊）は既に多くが散逸し、他県の場合と同じく政府には土地と土地所有者を把握する根拠が失われていた。前述の「土地陳報」も平湖県では数郷鎮で実施されただけで中止された。[47]このような中で、1934年2月から本格的な土地測量が開始されたが、業務は滞り、汪浩が県長に赴任した35年10月までに

第4章　浙江省農村土地行政の到達水準と実験県　　　　125

表4－6　平湖地政実験県重要人物表

役　職	姓　名	履　歴
県　長	汪　浩	湖南澧県、中央政治学校地政学院研究員 ソ連・フランス留学
秘　書	伍受真	中央政治学校地政学院編纂（資料室勤務）
科　長（地政科）	梅光復	中央政治学校地政学院卒業
（財政科）	胡幹臣	同上
（民政科）	沈時可	同上
（教育科）	喬殿祥	中央政治学校教育系卒業
（建設科）	陳自新	浙江大学農学院卒業
区署長（新倉区）	陸亭林	中央政治学校地政学院卒業
（乍浦区）	馬宝華	同上
（新埭区）	潘万程	同上
会計主任	周　廉	中央政治学校計政学院卒業

典拠：『平湖之土地経済』、5・6頁。蕭錚『土地改革五十年』、65・106・111頁。なお、後者では、乍浦区署長は沈時可となっている。

　1筆ごとの土地測量を終えたのは、僅か10万畝余り（全体の8分の1強）に過ぎなかった。ところが、実験県に改組されて翌年3月に航空測量を実施すると、ほぼ5ヶ月半で残りの土地すべての測量が完了した。経費の節約という面から見ても、表4－7に示したように、浙江省および他省で実施されてきた一般の人工測量はいうまでもなく、他省の航空測量をも凌駕する成績を収めた。この背景として、当時の航空撮影の技術が急速に進歩し、その最新の方式を積極的に活用したことが指摘されている。[48]

　こうして政府は県内に存在する1筆ごとの土地の所在・形状・種類・面積等を正確に把握し、その上で、それぞれの土地の諸権利を確定するために土地登記を実施した。そして、土地登記を終えた土地所有者には土地権利書状が交付された。平湖県における従来の土地所有を示す証拠書類は、表4－8に列挙したように、発行時期・発行機関・内容・様式等が異なる極めて種々雑多なものが併存し、しかも歴代政府の土地行政の放任・不徹底および土地所有の移転登記を職務とする荘書の不正行為や土地所有者の納税忌避・隠匿などが加わって、いずれの証書も不正確で権利の保障能力は著しく損なわれていた。[49]土地権利書状は、蘭谿県の土地管業証の場合と同じく、これらの不正確で不十分な証拠書類の効力を停止し、これらに代わって土地をめぐる権利を示す唯一の公的確証手段として新たに発行

表4－7　平湖県航空測量の期間・経費および他との比較

平湖県の場合

内　　容	期　　間	経　　費（毎畝）
航　空　測　量	1936年3月～8月	5分4厘
補測・求積・製図	1936年7月～11月	1分4厘6
土　地　登　記	1936年3月～12月	1分8厘〔9月末までの統計〕（1分5厘－a）
合　　　　計		8分6厘6

その他各県の場合（測量のみ）

方法	県　　名	期　　間	経　　費（毎畝）
航空測量	江西省南昌県	1932年8月～34年1月	3角 （1角3分余－b）
航空測量	江西省新建県等10県	1934年7月～36年9月（10県全部）	9分1厘5毫 （7分1厘－c）
航空測量	江蘇省無錫県	1934年11月～35年12月	5分6厘（但、2千分の1図／平湖県は1千分の1図）
人工測量	浙江省杭県		1元
人工測量	浙江省その後の各県		1角程度（多くとも） （3角～4角5分－d）

典拠：汪浩「平湖県地政実験概説」『地政月刊』4－11、1936年11月25日。ただし、
　　a－『東南日報』1937年2月5日。
　　b・c－熊漱冰「十年来之江西地政」『贛政十年』江西省政府、1941年。
　　d－蕭錚『土地改革五十年』（前掲）。

されたのである。

　さて、土地登記の実施過程とその特徴について簡単に言及しておこう。

　まず、土地登記員訓練班を開設し、ここで合計60名の登記員が半月間の訓練を受けて、各地に派遣された。当初は、登記員が土地所有者の家を1軒1軒訪問する方法が取られたが、実際には困難が多く、各地に設けられた土地登記辦事処に土地所有者の方が出向く方法に切り替えた。[50]この場合、登記の広報・通知・督促に積極的に活用されたのが保甲制度であった。この点が、平湖県の土地登記の特徴の一つである。

　この時期の保甲制度は従来の治安維持機能を越えたより幅広い行政機能の発揮が求められるとともに、従来の組織実態の不健全性が確認され、その是正と再編が提起されていた。[51]平湖県においても以前の保甲制度の実態は脆弱であったが、実験県に改組された後、たまたま中央の方針によって郷鎮長および保甲長に対し

表4－8　平湖県における土地の諸権利を示す証書類

清朝時代に発行された証書
①清時官契（清初）、②現管執業（乾嘉間）、③遺失補給執照（嘉慶年間）、④補換執業（道光年間）、⑤執業印単（同治・光緒年間）、⑥抄号・拆号、⑦墾単、⑧官契紙、⑨契尾
民国成立以降に発行された証書
①不動産登記証書（1913年）、②不動産移転税証書（民初）、③寺廟登記証書、④民国官契紙〔6種類－新契紙（民初）・民四買契（1915年）・民八買契（1919年）・民十五買契（1926年）・民二十買契（1931年）・民二十三買契（1934年）〕、⑤験契執照（1914年～、1928年～）、⑥補税執照、⑦承買官産部照、⑧承買官産省照、⑨沙田管業執照、⑩承買没収充公地証書、⑪戸摺、⑫歴年糧串、⑬管業執照（1935年以前の測量完了地に発行）、⑭保持証（⑬と同じ、共有地に発行）、⑮完納田賦証（⑬と同時に発行）
灶地（塩田）の証書
①地信碑（嘉慶初）、②地憲照（嘉慶年間）、③蘆瀝場給業新単（同治年間）、④海沙場給業執照（同治年間）、⑤海沙場業単（1927年）、⑥蘆瀝場戸摺（近年）、⑦蘆瀝場納照
小作地の証書
①佃照〔4種類－乾隆二十年佃照、乾隆四十二年佃照、嘉慶佃照、同治佃照〕、②佃抄及佃租、③佃租執照
港地の証書
①水港執照（雍正年間）、②港税業単（同治年間）
地籍図冊
①魚鱗冊（康熙清丈時に作成され、当時残存するものはほとんどない）
②八月冊（同治年間、政府の発案の下で民間で作成され、当時多くは既に散逸し、蒐集に努めても全貌は窺いがたい）
③土地陳報図冊（1929年土地陳報時に数郷鎮のみで作成）

典拠：李鏡吾「平湖県之契據審査」、1～5頁、『平湖県政概況』、100～114頁。

て訓練を実施すべき時期と重なり、県政府はこの訓練課程に「地政概論」を付け加え、地籍整理における彼らの責任を自覚させたという。このような保甲訓練が1936年5月までに全県43郷鎮、576保、5739甲において完了した。また、土地登記に先立って、各郷鎮ごとに保甲長を招集して職務の意義と責任に関する訓話を行い、職務遂行にあたっては、これををなおざりにした保甲長に対して警察を派遣して警告や罰則が与えられた。当時の報告書は、このような訓練を施し統制・監督を強化した保甲制度の活用が有効であったと論じている。また、保甲長を末端とする各級地方行政長官（郷鎮長・区署長）以外に、各地の学校の教職員・公安職員も土地登記に協力する責任を負わされ、賞罰規定が定められている。[52]

平湖県における土地登記の二つめの特徴は、土地所有権だけではなく、土地使用権・地上権・抵当権・永佃権などの諸権利も同時に登記されたことである。県政府の報告によれば、1936年12月までに所有権を登記した土地は40万8535筆、その他の諸権利を登記した土地は31万5438筆にのぼり、その他の諸権利のうち永佃権の登記が最も多かった。(53) この点は、たとえば江蘇省や江西省の土地登記では、法規上は所有権以外の権利の登記を明記しながらも、実際にはこれを実行しなかったことからすれば、平湖県では国民政府の土地法に則った、より原則的な土地登記が実施されたといえよう。(54)

また、永佃権等の佃農の権利を確認することは、土地所有の確定そのものにも役立っていた。すなわち、平湖県では所有地が数千畝・数百畝規模の大地主が多く、(55) 彼らは都市に居住して、小作料の徴収は租桟に委ね、自身の所有地の所在を知らない場合が多かった。しかも、全県の耕地面積の8割以上に永佃権が普及し、(56) 永佃権をもつ佃農は地主や租桟の承諾なしに田面を貸借・譲渡していったために、実際の耕作者と地主とは相互に面識もなければ姓名も知らないという事態を招いていた。したがって、この場合には、先に佃農の申告によって永佃権を登記し、これと地主側の書類とを対照させつつ、土地所有権を確定していった。(57) ただし、佃農の永佃権の9割はこれを証明する書類がなく、このような場合には、地主が認めたものだけを登記したことに注意しておかねばならない。(58)

3　成果と問題点

さて、以上のような土地測量・土地登記の成果をここで整理しておく。

まず第1は、課税面積の大幅な増加である。県政府の報告によれば、平湖県の課税面積は49万7826畝（このうち水田は41万8326畝）から71万1492畝（このうち水田は58万8692畝）に増加し、政府は新たに21万3666畝（このうち水田は17万366畝）の土地から税を徴収することが可能となった。課税面積の増加率は約43％であり、この数字は江西省十数県で実施された航空測量の成果とほぼ等しく、蘭谿自治実験県の課税面積の増加率1.1％とは比較にならないレベルに達している。また、この新たに検出された土地に現行の税額を適用して概算すれば、18万余元の増収をもたらすことになると報告されている。(59)

第4章　浙江省農村土地行政の到達水準と実験県　　　129

　第2は、経費・時間が従来の方法に比べて大幅に節約できた点である。すでに触れたように、この成果は省政府の注目する所となり、航空測量の全省的実施計画を引き出すことになった。

　第3は、地籍整理の実施過程で、地域社会の反発、とりわけこれにより税負担上の慣習的既得権を失い不利益を被ることになる有力地主の反発を制御したことである。県政府の報告によれば、土地登記の過程においては、担当者の多くが当地の優秀な青年であり、勤務態度も良好であったために、また地政促進委員会を組織して地方の「公正人士」を吸収し、常に公開討論を行ったために、地域社会の信頼と協力をうまく取り付けて業務を遂行できたと指摘している。しかし、い(60)くつかの断片的な資料は、有力地主の県政府への妨害活動があったこと、県政府がこれを省政府の強いバックアップや教育界の支持などで乗り切ったことを示している。すなわち、当時県政府の秘書であった伍受真の回想によれば、県長汪浩は諸政策の実施を厳格に行い、絶対に地方勢力と妥協しなかったために、当地の「士紳」の不満を惹起し、その中には、上海に逃亡して戻ろうとしない「紳富」もいた。彼らは、「痞棍」（ごろつき）と手を結んで、汪に対する反対活動を展開し、入れ替わり立ち代わり省政府に汪を告訴したが、省政府は一切をこれを相手にしなかった。また、汪自身も、当時実習に訪れた地政学院の学生に対して、(61)「劣紳」等が県政府に向かって反対活動を行ったが、この動きは教育界が参与しなかったために問題化しなかったと語っている。(62)

　しかし、以上のような成果を上げたにもかかわらず、平湖地政実験県の実践は未完に終わった。まず、第1は、中央政府の財政部が許可しなかったために、地価税の徴収が実施に至らなかったことである。蕭錚の表現を借りれば、生まれ出ようとする胎児を腹の中で死なせてしまったのである（「胎死腹中」）。蕭錚の回想によれば、浙江省財政庁長程遠帆は地価税の徴収に賛成したが、彼の幕僚たちが事前に中央の財政部の批准を受けることを強く求めたために、これに従った結果、財政部によって地価税の徴収を阻止されることになった。地価税の徴収は国民政(63)府の土地法にも規定され、前述した杭州市を含め土地・地税制度の近代化が進展したいくつかの地域で既に実行されている。にもかかわらず、平湖県では財政部がこれを許可しなかったのは、どうしてであろうか。たとえば前述の杭県の場合

のように新たな地価税の総額が旧田賦の総額を大きく下回ったというような事実は平湖県では見い出せない(64)。原因は、事業の内在的な問題に由来するというより、政権内部の政治的対立といった外部的な事情による可能性も考えられる。

第2は、土地債券を発行できる県土地銀行の設立が、これまた財政部の反対で実現できなかったことである。当初の構想では、県土地銀行が土地債券を発行して地主の土地を購入し、佃農に分配するという方法で「耕者有其田」を実現することが含まれていたが、当時の法律上の根拠はなく、財政部はこれを許可しなかった。県政府は次善の策として、県農民銀行を設立したが、上述のような土地債券を発行する権限はなかった(65)。

第3は、省政府主席黄紹竑、県長汪浩の転任である。1937年春に省政府主席黄紹竑は湖南省政府主席に就任し、県長汪浩は黄の招きに応じて湖南省地政局長に就任した。ただし、汪の後任者は、より穏健であるとはいえ、地政学会会員の洪季川（前江蘇省地政局秘書）であり、黄の後任者は、かつて浙江省民政庁長として「土地陳報」を実施して失敗した朱家驊であるが、彼の下で全省的な航空測量計画が立案された。改革は、指導者の交替はあっても、曲がりなりにも引き継がれたと考えてよかろう(66)。

そして、第4に、1937年7月以降から始まった日本軍の本格的侵攻と占領統治が、この改革の進展を完全に断ち切ることになる(67)。前述したように、平湖県の実験を主導した地政学院・地政学会も本来の構想の実現を中断し、国民政府とともに重慶に移って戦時体制構築の課題を優先することを余儀なくされた。

第4節　小　括

以上検討してきた浙江省の農村土地行政の展開とその到達点について、他地域との比較も念頭において、簡単にまとめておく。

浙江省における農村土地行政は、1929年5月から30年4月にかけて全国に先駆けて全省的に実施された「土地陳報」が失敗し、これ以降、各県でまちまちな方式を採用し、極めて錯綜した状況に陥った。「土地陳報」は、この後いくつかの地域で成功を収めて再び注目され、34年5月の第二次全国財政会議の決議を経て、

第4章　浙江省農村土地行政の到達水準と実験県　　　　131

各省で実施されるようになるが、浙江省では、かつての失敗の後遺症が根強く残った。事実、全国財政会議の席上において、浙江省の代表者は、「土地陳報」に対する省内の反発が強いため、先の決議から浙江省を除外することを要請し、日中戦争前においては浙江省では「土地陳報」は実施されていない。また、「治本策」にあたる土地測量の進展についても、たとえば同じく長江下流域の経済的先進地帯を内に含む江蘇省に比べて、大きく立ち遅れていく。江蘇省の農村土地行政については第5章で触れるが、江蘇省は国民政府の首都南京のお膝元であり、とりわけ1933年から省政府主席に就任した陳果夫の強力な政治指導の下で積極的に土地・地税制度の近代化を推し進め、36年初めまでのデータによれば土地測量の量的拡がりは他省を大きく引き離していた。

ところが、本章で述べたように、日本軍の本格的侵攻の直前の1937年半ばになると、浙江省農村土地行政の錯綜状況は急速に整理され、全省的な統一化に向かっていた。内容的に見れば、各種の「治標策」を中止して本格的な土地測量を伴う「治本策」へと移行する方向であり、1筆ごとの均質な土地測量は既に銭塘江下流域を中心とする平野部の大半をほぼ網羅しつつあり、測量を完了した県市の数も12県1市にのぼっていた。この動向は、日本軍の侵攻・占領によって断ち切られることになるが、従来の研究では充分に確認されて来なかった事実であり、抗戦前夜に国民政府による地方レベルにおける土地・地税制度の近代化が志向されて緒についたことを示している。この点は、国民政府以前の歴代政府（清朝や民国以降の北京政府など）の場合に比べ、質的に深化しつつあったのである。

浙江省で土地・地税制度の近代化の終着点である地価税徴収にまで行き着いたのはわずかに杭州市のみであったとはいえ、以上のような1筆ごとの本格的土地測量の地域的・量的拡がりは、1936年初めまでの江蘇省の土地測量にも迫るものであり、また全国で最初に航空測量を試みこれを段階的に全省に拡大させつつあった江西省とさえ肩を並べるに足るものであった。浙江省の場合は、江蘇省と同様に、長江下流デルタの経済的先進地域を含む国民政府の早くからの重要な権力基盤にほかならず、各種の経済建設のための財政基盤確立の強い要請が背景にあったと思われる。

このような浙江省の農村土地行政の全般的展開の中で、蘭谿自治実験県と平湖

地政実験県の実践は土地・地税制度の近代化における「治標策」・「治本策」のそれぞれの到達点を示しており、それぞれ独自な位置を占めている。浙江省の農村土地行政全般における位置に留意しながら、それぞれの意義をまとめれば次のようになろう。

蘭谿自治実験県においては、冊書を県政府の統制下におくことに成功し、冊書私蔵の魚鱗冊の記載を基軸に据えた地籍整理を行い、田賦の確保・増収において顕著な成果を収めた。しかし、蘭谿実験県で採用した方法は、土地の正確な測量を伴わない「治標策」としての本来的な限界を免れず、これに加えて、他県に拡大・適用するには妥当性を欠く点もあって、その後の全省の農村土地行政の先導的位置を占めることにはならなかった。蘭谿自治実験県は、あくまで本格的な土地測量にもとづく「治本策」を実施するまでのつなぎとしての改革であり、その限りにおける突出した成功例に過ぎなかった。

これに対して平湖地政実験県の実践は、未完のまま日本軍の侵攻を迎えたとはいえ、土地・地税制度の近代化における「治本策」を採用し、さらに一歩進めて孫文の「耕者有其田」の実現へと連続的につなげることを展望するという独自な性格をもっていた。また、土地測量についても当時最新の測量方法であった航空測量を採用し、これが浙江省内外で従来実施されたあらゆる土地測量（他省での航空測量を含む）を凌駕する成果を生み出した。この後、この成果に依拠して、浙江省では江西省と同様に航空測量の全省的実施計画を策定し、中央の援助を引き出しつつ具体化を推し進めた。本来的な限界をもった「治標策」から本格的な土地測量を伴う「治本策」への移行は、浙江省ではすでに全体的な趨勢になっていたが、平湖県の航空測量の成果はこの趨勢に新しい技術的な基礎を提供し、これを更に促進するものであった。

さらに、平湖県では、江蘇省や江西省とは異なって、土地登記の過程で土地所有権以外の諸権利も登記し、とりわけ永佃権や土地使用権などの小作人の権利に公的保障を与えたことも注目される。この点は、平湖地政実験県が国民政府の政策理念を純粋に追求しようとした結果であるが、永佃権の普及率が全農地の8割以上という同県の地域的特徴をも反映していたと思われる。既存の地域社会のあり方が政府の政策の内容を規定する側面もあったのである。

第4章　浙江省農村土地行政の到達水準と実験県　　　　　　　　　133

註
（1）　この時期の浙江省土地行政を取り上げた実証研究としては、公刊こそされていないが、古賀敬之「民国二〇年代に於ける地方財政改革の展開——浙江省財政とその田賦整理を中心に——」（熊本大学大学院文学研究科1986年度修士論文）が注目される。同論文は、近年日本の国民政府再評価論を踏まえて、浙江省の地方財政改革の前進を積極的に評価し、財政収入の大半を占める田賦についてもその整理状況全般を詳細に叙述している。ただ、本章と重なる田賦整理の部分についてのみいえば、1936年初めまでのデータで叙述しているために、その後の急速な進展の把握と日中全面戦争直前の到達水準の確定には不十分な点が残されている。このことは浙江省の農村土地行政全体の中における蘭谿・平湖両実験県の位置づけにもかかわってくる。本章がこの課題に関してより立ち入った吟味をなし得たのは、杭州市の国民党系日刊紙『東南日報』の利用に負うところが大きい。同紙は、1927年3月に創刊された国民党浙江省党部の機関紙『杭州民国日報』の後身であり、34年6月に紙名を『東南日報』に改めて民営化し、発行部数は3万5000部に達したが、胡健中を中心とした編集陣には基本的な変化はなく、とくに陳果夫・陳立夫らのＣＣ派とのつながりが強かった（王遂今「胡健中和『東南日報』」『浙江文史資料選輯』第25輯、1984年10月、参照）。したがって、一定の政治性は免れないが、同紙は農村土地行政に限らず当時の浙江省地域社会に密着した日々の諸情報を掲載しており、日中全面戦争直前の浙江省の政治・経済を動態的に把握するうえで第一級史料たることを失わない。なお、本章で使用したのは、中国国民党中央委員会党史委員会（台湾）所蔵のものである。
（2）　張純明「支那農村に於ける新政治——農村建設の政治的側面——」『支那経済建設の全貌』日本国際協会太平洋問題調査部、1937年11月、167〜168頁。
（3）　「土地陳報査報査丈平議」『地政月刊』第2巻第8期、1934年8月。「本省整理土地概況——24年8月26日民政庁科長蔡殿栄在省府総理記念週報告」『浙江省政府公報』第2420期、1935年8月29日。なお、『浙江省政府公報』は中央研究院近代史研究所付属図書館（台湾）に所蔵。
（4）　ここでいう正式の土地測量とは、大三角測量・小三角測量・図根測量を行ったうえで一筆ごとの農地を測量するもので、均質で高い精度をもった測量方法である。浙江省では杭州市・杭県の土地測量からこの「科学的方法」が採用された（「本省整理土地概況」前掲、15頁）。なお、治標策に分類した「査丈」とは、三角測量を伴わず誤差の多い極めて簡便な土地測量を指す。
（5）　「本省整理土地概況」（前掲）、15頁。
（6）　「金華県民衆呈請撤銷戸地編査、改清丈以清産権」『東南日報』1936年11月16日。先の「本省整理土地概況」（前掲）は、一般の民衆が従来の土地測量に反対する姿勢を改め、相次いでその実施を要求したり、賛助したりするようになったと述べており（20

頁）、金華県の事件が孤立した例外的事例ではないことを窺わせる。
(7) 「本省整理土地概況」（前掲）、15頁。なお、杭州市・杭県の土地測量以降に採用された「科学的方法」については、註（4）参照。
(8) 天野・前掲書、135～137頁。典拠は、鄭震宇「一年来全国土地行政之進展」（『地政月刊』第4巻第6期、1936年6月）。
(9) 行政院農村復興委員会編『浙江省農村調査』1934年7月、2頁。本書第3章の註（8）参照。
(10) 「黄主席在地政会開幕之訓詞」『浙江省政府公報』第2532期、1936年1月13日、16頁。1936年7月の浙江省党政紀念週における財政科長程遠帆の報告（『東南日報』1936年7月7日）においても、田賦整理は各地域の実情に適した方法を採用すべきこと、また人材・財力に制約があるため、田賦の負担額が大きいか或いは土地測量がまだ行われていない県を優先して田賦整理を実施すべきことが主張されている。
(11) 「浙省未測量各県将普遍辦理航測」『東南日報』1937年3月22日、「本省土地擬用航撮測量」同上、同年4月18日、「全省土地挙辦航測擬八九月開始」同上、同年4月20日、「本省挙辦基本航測」同上、同年4月30日、「全省土地航測一年辦竣」同上、同年5月9日、「省府請測量総局擬編航測予算」同上、同年5月19日、「地政局成立後辦航空測量」同上、同年6月20日。
(12) 都市部の地価税の実施については、農村地域に主要な関心を向けた本書とは別の視角から考察する必要があり、杭州市だけではなく南京市・上海市なども含めた本格的なその考察は他日に期したい。杭州市については周源久『杭州市辦理地価税之研究』（1934年5月、民国二十年代中国大陸土地問題資料）とともに、主にこれを利用した古賀・前掲論文の叙述（250～277頁）を参照。
(13) 古賀・前掲論文、268～274頁。
(14) 「杭県」『東南日報』1935年7月24日、「杭県請負人談改善徴収制度」同上、1937年1月25日。
(15) 「与田賦相差甚鉅、杭県緩徴地価税」『東南日報』1936年9月18日。
(16) 「浙清丈完成各県籌画改辦地価税」『東南日報』1936年10月21日。
(17) 「永嘉県城区籌備改徴地価税」『東南日報』1937年3月1日・2日、「永嘉呈請試辦徴収地価税」同上、同年5月27日。確かに孫文の構想は申告地価であり、国民政府の土地法はこれに修正を加え、政府が地価の算定を行うとしている（陳顧遠著・増淵俊一訳『中国土地法』大雅堂、1944年、144頁）。
(18) 江蘇省については本書第5章を、江西省については本書第7章を、それぞれ参照。
(19) 前掲の財政科長程遠帆の報告（『東南日報』1936年7月7日）は、地籍整理が完了した各県においても、引き続いて徴税制度の改革を行わなければ、政策効果を収めがたいと述べ、さらに、その地籍整理の優劣の判断は、課税面積の増加だけではなく、徴

第4章　浙江省農村土地行政の到達水準と実験県　　135

収すべき税額が増加したか否か、実際の徴収額がその税額に達したか否か、を基準にすべきだとしている。

(20) 各県財政科長会議・第1組（1937年3月22日）報告「整理田賦」『東南日報』1937年3月23日。各県財政科長会議・第3組（1937年4月14日）の荘強華報告「一年来整理田賦契税経過」『東南日報』1937年4月15日。
(21) 『浙江省政府公報』第2560期、1936年2月14日。
(22) いずれも同上、第2735期、1936年9月8日。
(23) 「財庁通飭各県調整徴収機構」『東南日報』1936年10月7日。「財庁令各県挙完糧運動」同上、同年10月9日。
(24) 各県財政科長会議・第1組報告「整理田賦」（前掲）。
(25) 「浙省積欠政費達四百万元左右」『東南日報』1936年7月17日。各県財政科長会議・第3組の荘強華報告（前掲）。また、『東南日報』の社説「清追欠賦」も、滞納分の督促が成果を収めるためには、まず地域社会に大きな影響力をもつ「紳富巨室」（有力地主）から手をつけるべきであると主張している（1937年4月1日）。
(26) 「海寧、拘伝欠賦大戸」『東南日報』1936年9月18日。
(27) 「追欠賦徴旧賦、収入均見減色」『東南日報』1937年4月11日、「第三期追欠旧賦、各県報解不多」同上、同年4月26日、「本年一月至四月田賦収数大減」同上、同年4月27日、「三期追欠展期後限内徴足派額」同上、同年6月17日。
(28) 地籍整理以外の蘭谿実験県の実践については、以下の文献を参照。葉乾初『蘭谿実験県実習調査報告・上』（1934年、民国二十年代中国大陸土地問題資料）、蘭谿実験県県政府『（民国）二十三年一月至六月工作総報告』1934年7月、許宝漣・李競西・段継李編『全国郷村建設運動概況』第7編・蘭谿実験県、1935年12月。
(29) 葉乾初・前掲書、77348～77350頁。
(30) 莫寒竹「江寧蘭谿両実験県整理田賦的経過」汗血月刊社編『田賦問題研究』（下冊）、1936年8月1日、285頁。
(31) 陳開泗編『蘭谿実験県清査地糧紀要』、1934年11月、14・63・64頁。同書は蘭谿県「清査地糧」の実施内容に関する最も詳細でまとまった報告書であり、当時の実施担当者自身によって編纂されている。ただし、その政策効果については同書は執筆年度からいって当然十分な情報に欠けており、後の文献で補う必要がある。
(32) 董中生『蘭谿実験県実習調査報告・下』（1934年、民国二十年代中国大陸土地問題資料）、第1章。
(33) ここでの業務推進の区分は、陳開泗編・前掲書の叙述に従っている。莫寒竹・前掲論文、許宝漣・李競西・段継李編・前掲書第7編等も同じ区分を踏襲している。
(34) 陳開泗編・前掲書、12・13・56頁。
(35) 同上、13・57～62頁。

(36) 同上、63～65頁。
(37) 同上、67頁。
(38) 同上、106頁。
(39) 同上、105頁。ただし、土地管業証の効力は、将来、蘭谿県で本格的な土地測量が完了するまでとされていた。この点、第4節で検討する平湖県の土地権利書状とは性格が異なる。
(40) 同上、111・112・125頁。
(41) 莫寒竹・前掲論文、293頁。
(42) 「本省二五年度徴追新旧賦考成」『東南日報』1937年6月9日。
(43) 陳開泗編・前掲書、143・148頁。
(44) 「各県冊籍一覧表」『浙江省財政月刊』整理田賦専号、第7・8・9号、1934年7月、478～485頁。ただし、同表によれば、魚鱗冊を完全に保存している県は四つあり、その中に蘭谿県もあげられている。これは以上の叙述から考えれば、「清査地糧」によって改善された状況を指していると思われる。「清査地糧」の実施以前は政府保管の魚鱗冊の4分の1は失われ、残りも破損して活用できる状態ではなかった（前述）。蘭谿県に幸いだったことは、民間の冊書私蔵の魚鱗冊がそろっていた点である。
(45) 「湯谿清査地糧概況」『東南日報』1936年8月24日・25日・28日・30日。
(46) 蕭錚『土地改革五十年』中国地政研究所、1980年12月、106頁。汪浩「平湖県地政実験概説」『地政月刊』第4巻第11期、1936年11月、13頁。なお、『地政月刊』第4巻第11期は、平湖地政実験県の特集号であり、県長汪浩のほか、地籍整理の各部門の責任者がそれぞれの業務報告を載せている。また、平湖県政府編『平湖県政概況』（1937年1月）地政部門の内容は上述の報告類とほぼ重なるが、1936年末までのデータを補充して叙述している。
(47) 『平湖県政概況』（前掲）、地政－150頁。
(48) 汪浩・前掲論文、7～8頁。
(49) 李鏡吾「平湖県之契據審査」『地政月刊』第4巻第11期、1936年11月、6～9頁。
(50) 朱霄龍『鎮江及平湖実習調査日記』（民国二十年代中国大陸土地問題資料）、74518～74520頁。
(51) 拙稿「『七・七』前夜国民政府の江西省農村統治――保甲制度と『地方自治』推進工作――」『史学研究』187・188合併号、1990年5月、参照。ただし、江西省では全般的にいってこの時期に保甲制度が政府の期待するような実質を備えるには至らなかった。
(52) 梅光復「平湖之土地登記」『地政月刊』第4巻第11期、1936年11月、5～6・10～11・20～21頁。『平湖県政概況』（前掲）、地政－43～46・61～64・89頁。
(53) 『平湖県政概況』（前掲）、地政－96頁。
(54) 本書第7章、参照。なお、汪浩・前掲論文によれば、江蘇省各県の土地登記におい

第4章　浙江省農村土地行政の到達水準と実験県　　　　　　　　　　　　137

ても登記されたのは土地所有権だけであるという(10頁)。
(55)　中央政治学校地政学院・平湖県政府編『平湖之土地経済』1937年1月、94頁によれば、全県総戸数の約0.5％にあたる100畝以上を所有する大地主275戸の農地が、全課税農地の約40％（19万2699畝）を占める。
(56)　『平湖之土地経済』（前掲）、85頁。なお、同書の調査によれば、全県の耕作面積中、自作農地が13.71％、永佃権のある小作農地が68.88％、永佃権のない普通の小作農地が17.41％である。ただし、永佃権のない普通の小作農地の中には永佃権の所有者から借地した農地も含まれているため、実際の永佃権の普及率は68.88％よりも高く、8割を越えると推定されている。
(57)　梅光復・前掲論文、12～13頁。朱霄龍・前掲書、74521～74522頁。
(58)　梅光復・前掲論文、16頁。朱霄龍・前掲書、74521頁。
(59)　『平湖県政概況』（前掲）、地政－147～148頁。なお、ここでの数字は、たとえば胡冠臣「平湖県地政経費之籌措」『地政月刊』第4巻第11期、1936年11月、3頁、あるいは当時の『東南日報』の報道（「平湖県政府趕辦地価税」1937年2月5日）などが掲げる数字と比較すれば、僅かな違いがあるが、無視し得る程度であり、最も詳しい解説の付されたものを採用した。なお、江西省の航空測量による課税面積の増加率は、本書第7章、表7－4、参照。
(60)　梅光復・前掲論文、22頁。
(61)　「浙江平湖県之地政実験（伍受真追記）」『土地改革五十年』（前掲）、111～112頁。
(62)　朱霄龍・前掲書、74491頁。
(63)　『土地改革五十年』（前掲）、108～109頁。
(64)　「平湖県政府趕辦地価税」『東南日報』1937年2月5日は、平湖県の地価税は37年度から徴収する予定であると報じるとともに、納税者の負担の軽減と税収の増加が期待されると予想していた。ただし、『平湖県政概況』（前掲、149頁）が推計した地価税実施時の増収額は6万9000元であり、この額は旧来の田賦の課税方法を適用した場合の増収額を大きく下回る。財政部が地価税徴収を許可しなかったのは、この辺りの事情がかかわっている可能性もある。
(65)　『土地改革五十年』（前掲）、110頁。
(66)　「浙江平湖県之地政実験（伍受真追記）」同上、112頁。ただし、諸政策の実施に厳格だった汪浩の転任は、県内の「正義感をもつ者」を嘆かせ、「若干の反汪派」を大いに喜ばせたという。
(67)　平湖県に限らず、他地域の土地・地税制度の近代化も日本軍の侵攻・占領によってその進展を妨げられた。本書第4部、参照。
(68)　『土地改革五十年』（前掲）、102頁。
(69)　因みに、全国的に見ると、日中戦争直前の1937年半ばまでで「土地陳報」を完了し

たとされる県は、広西省32県、江蘇省14県、安徽省5県、河南省・湖北省・福建省各1県（合計54県）であり、このほか山東省・貴州省・陝西省・四川省には実施中の県があったという（天野元之助『中国農業経済論』第2巻、龍渓書舎、1978年［ただし、原出は42年、改造社］、128〜129頁）。

(70) 同時期（1936年3月までのデータ）の土地測量の全国的進展状況を紹介しておこう。測量を完了した県は、江蘇省18県、江西省5県1市、浙江省4県1市、安徽省3県、広西省2県、福建省2市、雲南省27県と報告されている。このほか湖北省・湖南省・河南省では測量を完了した県はないものの、測量面積は同時期の浙江省の水準にほぼ匹敵する（鄭震宇「一年来全国土地行政之進展」『地政月刊』第4巻第6期、36年6月）。このうち、雲南省27県という数字は、他省の水準からかけ離れた数字であり、かつ中央政府の権力の浸透度が弱かった当時の雲南省の状況からしても文字通りに受けとることはできない。この点は、本書終章の**表11-2**で示した戦後のデータでは雲南省の測量面積が極めて低いことからも確認できる。また、実施された測量自体についても、杜撰で弊害が多かったという文献も見られる（張庚年「雲南清丈概述」『雲南文史資料選輯』第29輯、1986年）。したがって、上述のデータから雲南省の数字を除いてもよかろう。そうすると、1936年3月段階において、江蘇省の位置は突出していたということになる。ただし、たとえば、本章で検討した浙江省のように、36年3月以降において急速に測量が進展した場合もあり、このデータを日中戦争直前における土地測量の到達点と考えることはできない（江蘇省・江西省の到達水準については、本書第5章・第7章、参照）。

(71) 古賀・前掲論文の浙江省の地方財政改革の部分（第2章）を参照。

第5章　江蘇省の地価税導入と自作農創出計画

第1節　土地・地税制度の近代化の進展概況

　本章で取り上げる江蘇省は、国民政府の首都南京のお膝元であって、その重要な権力基盤であった。しかも、1933年10月に省政府主席に就任した陳果夫は、国民政府土地政策の立案を主導する中国地政学会の理事長蕭錚と密接な関係にあって、土地行政の推進にとくに力を傾けた。当時、土地行政のテクノクラートを養成していた地政学院は、その学員を各省に派遣して3ヶ月間の実地調査に従事させたが、それに先立って江蘇省において2週間の土地行政参観を義務づけていた。(1)この事実は、当時において江蘇省こそが全国の土地行政を牽引する位置を占めていたことを物語っている。したがって、国民政府農村土地行政の全般的な到達点を論じる場合には、江蘇省を抜きにすることはできない。

　江蘇省における農村土地行政の基軸は、浙江省と同じく土地・地税制度の近代化であったが、(2)次の3点において浙江省を凌駕する側面を持っていた。第1点は、1筆ごとの土地測量、土地登記などの量的な進展は浙江省を大きく上回り、その拡がりは日中戦争前において全国で第1位であったことである。第2点は、浙江省では実現に至らなかった農村部における地価税導入が、上海県・南匯県の両県において実現に至っていたことである。地価税の導入は、国民政府が目指した土地・地税制度の近代化における最終的局面にほかならない。農村部を含む県規模でその実現にまでたどり着いたのは、日中戦争前では江蘇省と江西省においてしか見出せない。そして、第3点は、こうした土地・地税制度の近代化の進展を前提として、地域の実情に即した自作農創出の具体策が啓東県においては立案されつつあったことである。国民政府の自作農創出計画はこの時期には未だ実施段階に至っておらず、啓東県の計画立案はその先駆的な事例として注目される。

　ただし、土地・地税制度の近代化の進展とその意義については、同じ長江下流デルタ地域における事例として浙江省を取り上げた前章において、大筋が示されている。したがって、これについては、本章ではなるべく重複を避けて概括的に

論及することにする。その上で、浙江省では見られなかった地価税の導入と自作農創出計画に焦点をあわせていきたい。

江蘇省では他の地域と同様に2種類の方法で、土地・地税制度の近代化の課題が追及された。その一つは、「土地陳報」（土地所有者自身による所有地の自己申告）である。江蘇省の「土地陳報」については、既に台湾の王樹槐による周到な実証研究がある。ここではその内容をごく簡単に紹介しながら、若干の検討を加えたい。

まず、「土地陳報」実施の地域的広がりについては、王論文に依って作成した図5－1、表5－1を参照されたい。ここから、江寧自治実験県での成功を皮切りに、当初は農業生産力の高い平野部が広がる江南地域で実施され、後にはむしろ江北地域に重点が移されていく状況がうかがえる。江南から江北へと「土地陳報」の比重が移動するのは、省政府が「土地陳報」よりも1筆ごとの土地測量の方に政策的重点を移し、江南では前者から後者への切り替えが進んだためである（後述）。

ただし、「土地陳報」が実施された各県で同程度の成果が見られたわけではない。王論文は、①地籍簿などの整理状況、②新たに検出された耕地の数量、③田賦収入の増減という、およそ三つの指標でもって「土地陳報」の成果を総合的に測定して各県を比較している。その結果、江寧県、宜興県、蕭県の成績が最も優秀であったという判定を下しているが、いずれにせよ、成果には相当のばらつきがあった。

それでは、「土地陳報」の成否を分けた要因は何であったか。王論文は、政策実施主体の側の要因だけではなく、地域社会、とりわけ有力地主である「士紳」および冊書との相互交渉の中にその要因を求めている点で注目される。本来、「土地陳報」は土地所有者による自己申告であるから、申告の主体である土地所有者の協力に依存するほかなく、彼らの協力を取り付けることがとりわけ重要であった。ところが、第3章で検討した浙江省の「土地陳報」の場合と同じく、江蘇省の土地所有者も税負担の増加や税逃れの摘発を恐れて、「土地陳報」に協力せず模様眺めをしたり、口実を設けてこれに反対する陳情を行ったりしており、いくつかの県では反対暴動も見られた。王論文によれば、「土地陳報」で優秀な

第5章　江蘇省の地価税導入と自作農創出計画　　141

図5－1　江蘇省土地陳報の進展

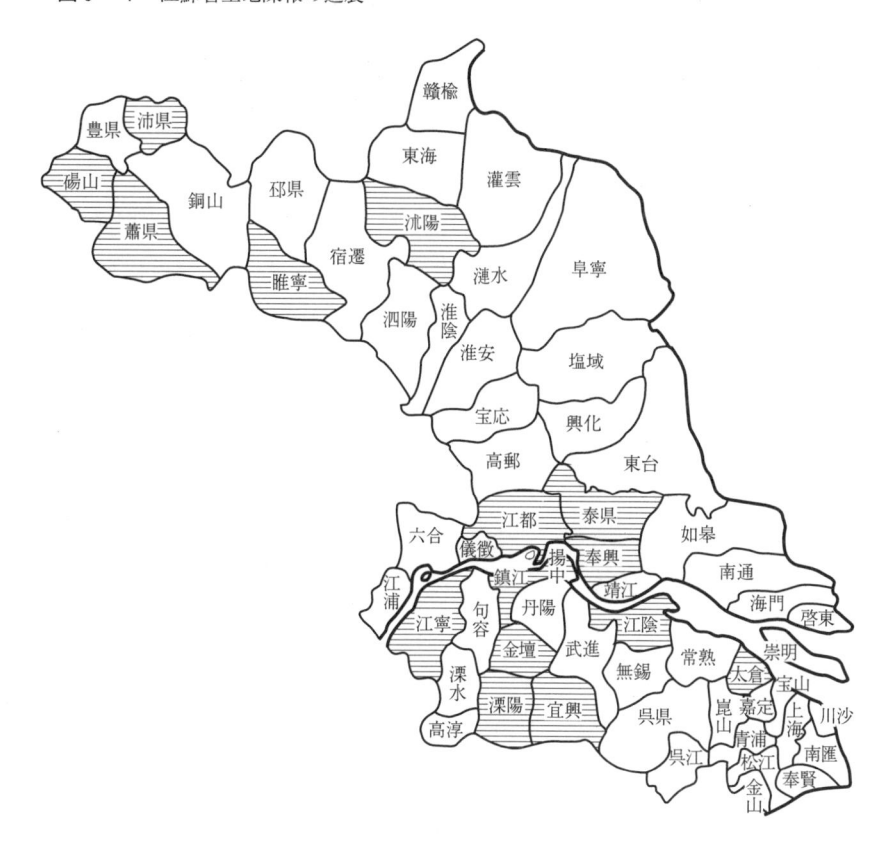

表5－1　江蘇省土地陳報進展表

第1期	江寧（1933.4～）
第2期	<u>鎮江</u>（1934.3～）、<u>宜興</u>（1934.4～）、溧陽（1934.4～）、<u>江陰</u>（1934.4～）
第3期	<u>金壇</u>（1934.10～）、江都（1934.11～）、<u>太倉</u>（1934.12～）、沛県（1935.2～）、沭陽（1935.2～）、蕭県（1935.4～）、睢寧（1935.7～）、泰県（1936.12～）、泰興（1937.1～）、揚中（不明）、碭山（不明）

出典：王樹槐「江蘇省的土地陳報1933－1936」より作成。
註：下線を付した6県は、後に土地測量を実施。

成績を収めた各県では、こうした動きに対して、「士紳」との協調関係の構築に努めることによって事態の打開を図ったという。たとえば、宜興県では、「士紳」の陳情に懇切丁寧な回答を行うとともに、土地査ах常務委員会という独自な機構を設置して「士紳」の意見を業務遂行に反映させることによって彼らからの協力を取り付けた。これに対して、「士紳」と相談することなく業務を進めた溧陽県では、「士紳」の陳情が繰り返され「土地陳報」の成果も劣っていたという。

また、土地所有者の申告内容の正確性を担保するものは、冊書による多分に恣意的で不正確な土地把握しかなく、ここでも冊書をいかに取り込むか、その方法における優劣が鍵となった。王論文では、冊書に対する威嚇と利益誘導を巧みに組み合わせることによって、冊書の妨害活動を封じつつ彼らを業務遂行に協力させた宜興県の成功例が紹介されている。これに対して冊書を取り込むことに失敗した鎮江県や江陰県などでは優れた成果をあげることはできなかったという。

以上からうかがえるように、「土地陳報」は、有力地主や冊書の既得権を内在させた既存の地域社会秩序との協調なしには成功が望めない改革であったわけである。また、たとえ成功を収めたとしても、その成果は有力地主・冊書が自ら譲歩・許容した範囲を大きく超えるものではなかった。

全般的に見れば、王論文は江蘇省の「土地陳報」のおおよその全貌を描き出している。また、「土地陳報」が省政府財政の改善に一定の貢献をしているという評価も的を射ているように思われる。ただ、抗戦直前の江蘇省農村土地行政の到達点を確定するためには、「土地陳報」の分析のみで済ますわけにはいかない。「土地陳報」は本来的に限界をもった改革であり、より抜本的な地籍整理がこれと並行して進展していたからである。

まず、1936年末段階の土地測量の進展状況を図5-2、表5-2で示しておこう。これを見れば、1筆ごとの土地測量(いわゆる「地籍測量」)は、これを完了した県が22県、継続中の県が8県にのぼり、江南地域の各県をほぼ網羅しつつある状況がうかがえる。当時の江蘇省主席陳果夫は、1937年後半までには江南各県の土地測量は完了していたと後に回想しているが、これは誇張ではなかろう。農業生産力の高い平野部が広がる江南地域では、1筆ごとの土地測量が「土地陳報」よりも優先的に実施されるようになったのである。とりわけ、鎮江、宜興、江陰、

第5章　江蘇省の地価税導入と自作農創出計画　　　143

図5－2　江蘇省土地測量の進展

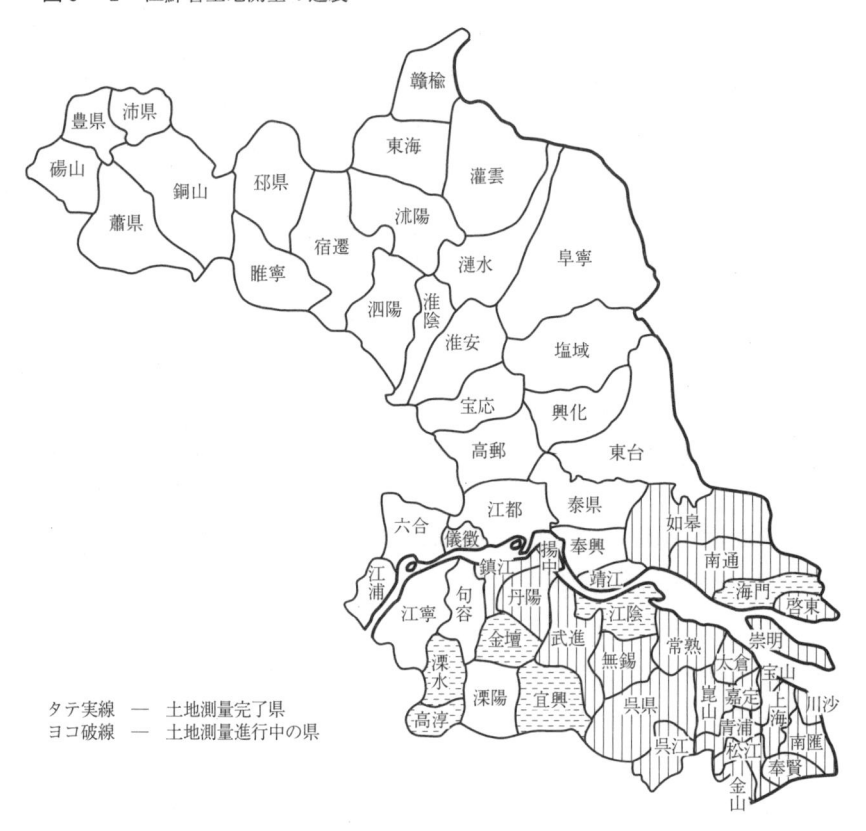

タテ実線　──　土地測量完了県
ヨコ破線　──　土地測量進行中の県

表5－2　江蘇省土地測量進展表（1936年末まで）

〔完了県〕－合計22県
上海、奉賢、嘉定、青浦、南匯、松江、武進、常熟、呉県、鎮江、無錫、川沙、金山、宝山、丹陽、呉江、崇明、太倉、啓東、南通、如皋、崑山
〔継続中〕－合計8県
海門、宜興、金壇、高淳、溧水、揚中、靖江、江陰

出典：『中央日報』1937年1月1日／18日
　註：下線を付した19県は、土地登記の完了ないしは実施中の県。

金壇、太倉、揚中などの諸県では一度は「土地陳報」が完了したにもかかわらず、その後数年の内に改めて土地測量が実施されていることに留意したい。「土地陳報」の実施過程で、その改革としての限界が強く認識されたことが推測しうる。

　また、これを全国的にみれば、1筆ごとの土地測量を完了した県の数においては、この時点の江蘇省は江西省、浙江省などを大きく引き離して全国で第1位を占める。とくに無錫県では江西省各県、浙江省平湖県と同じく、当時としては最新の土地測量技術である航空測量が実験的に採用されている。

　このように江蘇省で改革が進展したのは、冒頭で触れたように、江蘇省が経済的先進地域であるとともに、首都南京を擁して早くから国民政府の権力が浸透した重要な政権基盤であったからである。そのような背景の下で、当時の江蘇省主席陳果夫と地政学院院長蕭錚との親密な関係を媒介にした、地政学院の強力なバックアップによる人材の集中が実現したのである。たとえば、土地行政のテクノクラートを養成する機関である地政学院は、その第1期卒業生を全員江蘇省に派遣した。また、省政府の土地行政を主管する地政局長には地政学院教授である曾済寛が就任し、これを引き継いだ祝平もドイツ・ライプチヒ大学に留学し経済学博士の学位を取得した地政学院教授であった。なお、省政府地政局に結集した主要な職員を**表5－3**で示しておく。

　1筆ごとの土地測量の場合における土地把握の正確性は、冊書によって担保されるのではなく、測量技術とそれを担うテクノクラートに由来する。地域社会との相互交渉とそれに伴う混乱が回避されうるわけである。

　続いて、土地測量によって作成された図面に個々の土地所有者の名称を入れて土地をめぐる権利関係を確定していく作業、すなわち土地登記が行われた。1筆ごとの土地測量を完了した各県のほとんどが連続して土地登記を実施していることが、**表5－2**から確認できる。土地登記を終えた土地所有者には、土地所有権を公的に保障する単一の確証手段となる土地権利書状が交付されることになる。

　ここで注意すべき点は、この土地登記の局面において地域社会との直接の接触が開始されることである。したがって、一連の改革はここにおいて有力地主や冊書などの既得権が複雑に絡んだ地域社会の錯綜した諸利害に直面し、それが温床となって様々な紛争や停滞、あるいは登記員の不正などが頻繁に引き起こされた

第5章　江蘇省の地価税導入と自作農創出計画　　　145

表5－3　江蘇省地政局主要職員表（1937年4月現在）

職　員	姓　名	籍　貫	年齢	学　　歴	職　　歴
局　長	祝　平	江蘇省江陰県	36歳	ドイツ・ライプチヒ大学経済学博士	中央政治学校地政学院教授　中央政治委員会土地専門委員会委員
秘　書	郭漢鳴	広東省大埔県	35歳	フランス・パリ大学最高研究院卒業	中央政治学校地政学院教授　中央土地委員会専門委員
第1科科長	郭古香	江蘇省江陰県	38歳	ベルギー・ブリュッセル工程学院卒業	江蘇省土地局全省土地測量隊総隊長
第2科科長	馮小彭	遼寧省遼陽県	30歳	中央政治学校地政学院卒業	嘉定県地政局局長　南通県城市地価申報辦事処副主任　江蘇省地政局技正
測量隊総隊長	周之佐	江蘇省南通県	32歳	同　　上	丹陽県清丈隊隊長　江蘇省土地局測量隊督査股主任兼清丈股主任

出典：李若虚『江蘇省地政局実習日記』1937年、54151～54152頁。

ことは想像に難くない。これについては、登記の実務に携わった人物による告発を込めた回想文もあり、従来の研究では改革を批判する立場からしばしば引用されてきた。とはいえ、政府が測量によってあらかじめ土地の所在、形状、面積などを正確に把握しているため、改革の質としては「土地陳報」の場合とは同列に論じられない水準を実現していることは否定できない。「土地陳報」の場合とは異なって、政府が指示した土地登記の申請に応じなかったり、税金逃れのために意図的な過少申告をすれば、事実上の土地所有権の喪失につながったからである。ともあれ、土地登記が完了すれば、地域社会内部で独自に把握・処理されてきた土地所有が、政府によって公的に管轄されることとなり、有力地主や冊書が非公式に暗躍する舞台は制度的に廃絶されたと考えてよかろう。

　この一連の改革を締めくくるのは、土地測量・土地登記を踏まえた地価税の算定とその徴収である。都市部を除き県単位で広域的にその実施にまでこぎつけたのは、上海県、南匯県の2県にとどまる。地価税徴収の成果とこれをめぐる諸問題については、次節でやや詳しく論及しよう。

第2節　地価税導入をめぐる諸問題とその調整

1　上海県・南匯県における地価税徴収とその成果

　上海県では、1936年3月に土地登記を完了させた後、地価算定のための調査を開始した。上海県地政局長金延澤による報告によれば、地価調査は以下のような(14)手順で行われた。

　まず、有能な土地登記員および書記20余人を選んで短期的な訓練を受けさせた上で、県内各郷鎮に派遣して土地の実状（地勢・水陸交通・使用状況・地質・市況）を視察させ「市地」と「郷地」との境界を確定した。次いで、「市地」については網羅的な調査を行い、過去2年間の土地の市場価格と収益を求め、「郷地」については約100畝ごとに1戸を抽出して調査を行い、過去5年間の土地の市場価格と収益を求め、地価の高低を判断する参考にした。さらに、こうした調査を通じて地価の状況をほぼ把握した後、「地方人士」の意見を聴取するために郷鎮長等を招いて意見交換を行う公開の場を設定し、その結果と調査内容との間に甚だしい相違がないことを確認した。

　この後、以上の調査結果を踏まえて、地価区の区分が行われた。すわなち、「市地」については、道路・街巷・河川を基準としてその繁栄状況に応じて28の地価区に区分した。「郷地」については、各郷鎮内の地価が近くあるいは地目が等しい土地を基準として、「宅地」・「農田雑地」・「墳荒」・「池河灘地」の4種類の地価区に区分した。ただし、「郷地」のそれぞれの地価区において算定された「標準地価」（公定地価）は、各郷鎮の繁栄状況の違いや土地収益の多寡に応じて格差が設けられた。たとえば、同じ「農田雑地」に区分された土地であっても、「標準地価」を見ると、毎畝96元から毎畝109元までの幅が見られる。

　さらに、「市地」あるいは「郷地」の同一地価区において特殊な状況を有する土地は、「特殊地」として別に区分し、それぞれの「標準地価」に相当の増減を加えて調整を行った。また、県内を通る主要な3本の自動車道路の沿線の土地は、一般の「郷地」よりも地価が高騰しているため「特区地」として別に設定された。

　以上のような地価調査と地価区の区分を終えた後に、調査で得られた近年の土

第 5 章　江蘇省の地価税導入と自作農創出計画　　　147

地の市場価格と収益を詳細に審査し、同時に申告地価と各種地価資料を参照してその平均の額を計算し、正式に地価が算定された。

　なお、ここで留意しておきたい点は、以上のような地価の算定方式は、日本の地租改正の場合とは算定の原則が大きく異なっていることである。日本の地租改正の場合は、若干の曲折を伴ったとはいえ、土地の市場価格とは全く切り離して土地収益のみを基準とした一定の計算式によって「法定地価」が算定された。[15]これに対して、上述した上海県の場合は、具体的な計算式は明示されていないので曖昧さを残しているが、申告地価とともに考慮の対象となっているのは、土地の市場価格と収益の二つの要素である。国民政府土地法は、地価算定の根拠として申告地価と土地の市場価格だけを挙げている（第241〜243条）ので矛盾が見られるが、いずれにせよ、上海県の場合を含めて国民政府が地価算定の重要な根拠としたのは、申告地価を除けば、土地の市場価格であったことは間違いない。そして、やや先走っていえば、土地の市場価格を地価算定の重要な根拠に組み入れたことが、後に論及する様々な問題の発生と深く関係していた。

　ともあれ、こうして算定された「標準地価」は、「郷地」については1936年7月28日に、一部を除いた「市地」と「特区地」については8月31日に、残りの「市地」については9月22日に公示された。また、「市地」および「郷地」の「特殊地」については、9月14日に書面をもって各土地所有者に通知された。この後、後述するように、個々の土地所有者や有力民間団体から地価税に対する疑義や異議申し立てが頻発し、県地政局はその対応に迫られることになる。その結果、「市地」および「特殊地」の地価については若干の減額をすることを決め、その代わり「市地」および「市特殊地」については税率を1％から1.2％に引き上げて、改めて公示した。

　他方、納税者ごとの税額を記載した新たな租税台帳である「地価税冊」が、1936年7月20日から9月14日にかけて作成された。ただし、先の地価税額の一部修正に伴い、その内容は後に訂正されることになる。「地価税冊」は、全県42郷鎮で合計448冊、8万6798頁となった。

　こうして、上海県では1936年11月から36年度第1期の地価税の徴収が開始された。表5－4は、その地価税と旧田賦とを比較した統計である。これによれば、

表5－4　上海県における旧田賦と地価税との比較

	課税対象面積	課税額	毎畝平均税額
地価税 a	259,540.322畝	282,339.88元	1.08785元
		(285,788.66元)	(1.10113元)
(内数) 郷　　地	248,149.771畝	252,601.17元	1.01793元
特 区 地	5,773.220畝	14,539.86元	2.51850元
郷特殊地	3,440.561畝	4,254.75元	1.23664元
		(5,164.81元)	(1.50115元)
市　　地	2,018.377畝	10,682.71元	5.29275元
		(13,205.88元)	(6.54282元)
市特殊地	158.393畝	261.42元	1.65045元
		(276.96元)	(1.74856元)
旧田賦 b	232,338.847畝	264,289.76元	1.13321元
増加額 a－b	27,201.475畝	18,050.12元	－0.04536元
		(21,498.90元)	(－0.03208元)
増加率(a－b)÷b×100	11.71%	6.83%	－4.00%
		(8.13%)	(－2.83%)

註：江蘇省地政局編『上海県実行地価税経過紀要』(1937年3月)より作成。
　（　）内の数字は、地域社会からの異議を受けて改定する前の最初に算定した数字（本文参照）。
　なお、一部に若干の端数において計算の合わない数字があるが、原載のままにした。

　課税対象となる土地が新たに12%弱検出され、全体の税額は7%弱増加したが、1畝当たり平均4分5厘余りの負担軽減となっている（軽減率は約4%）。なお、全県面積の95%以上を占める「郷地」のみでいえば、旧田賦「上則田」と較べて1畝当たり平均約1角の負担軽減となるという（軽減率は約9%）。また、土地の種類ごとの内訳を見ると、都市部の税負担の増大が際立っていることがわかる（旧田賦の5倍弱）。このため、都市部の土地所有者には「士紳」（有力地主）が多く、地価税の徴収は何よりも「士紳」の利益を損ない、彼らの反対に遭遇したのである。しかし、前述した若干の修正に応じたものの、基本的には「士紳の反対は、公衆の利益ではない」というのが省地政局の見解であり、当初の税額は大筋で維持された。なお、実際の徴収状況についていえば、徴収率は1937年3月10日までに第1期徴収予定総額の9割に達したという。

　南匯県では、上海県にやや遅れて1936年4月に土地登記を完了した後、6月から11月にかけて地価の調査・算定が行われた。地価の調査・算定は、上海県の場合と比べて若干の相違を持ちながらも、基本的にはほぼ類似した方法で実施され

第5章　江蘇省の地価税導入と自作農創出計画　　　　　149

た。

　南匯県地政局長李之屏の報告[17]によれば、まず、土地登記員および書記10数人を選んで短期的な訓練を受けさせた後、県内85郷鎮に派遣して土地の実状について初歩的な調査と地価区の区分を行わせた。この後、本格的な調査が開始され、そこでは①書類調査、②「地方人士」の意見聴取、③実地視察の3種類の作業が同時並行して実施された。①では、最近の土地の市場価格を示す契約書類や申告地価が記載された申請書が調査され、「市地」については過去2年間の市場価格を参照し、「郷地」については過去5年間の市場価格あるいは申告地価を参照して、それらを平均して地価が算定された。②では、保甲長会議や郷長会議において意見交換を行い、また地方人士との個別的な意見交換も行われた。さらに最終段階では地方公法団代表を招いて談話会を開催し、地価税導入の趣旨を説明すると同時に意見が聴取された。③では、土地の肥沃度、交通の利便、灌漑状況、市況、農作物の生産状況が実地調査され、税負担の均衡が図られた。

　また、地価区の区分については、まず「市地」と「郷地」を区分し、「市地」においては道路・街巷・河川を基準としてその繁栄状況に応じて地価区に区分し、「郷地」においては①「農地」・「墳地」・「荒地」と②「園地」・「宅地」・「雑地」、および③「池蕩」の3種類に分けて、それぞれを同一の地価区とした（「墳地」・「荒地」を「農地」と同一の地価にしたのは土地の利用を促進するためである）。こうした地価区の区分にもとづいて算定された地価は、地価区の略図とともに公示され、異議が提起されなければ確定された。

　この後、「地価税冊」が作成され、1937年1月から地価税の徴収が開始された。表5-5は、その地価税と旧田賦とを比較した統計である。これによれば、南匯県の場合は、課税対象となる土地が新たに約7.5％検出され、全体の税額は6％強増加したが、1畝当たり平均1分1厘の負担軽減となっている（軽減率は約1.4％）。また、実際の徴収状況も順調であったと報告されている。

　江蘇省土地行政の責任者である省地政局長祝平は、こうした上海県と南匯県の実績を踏まえて、地価税の導入を擁護する論説を国民党中央党部の機関誌である『中央日報』に掲載している[18]。それによれば、地価税の導入によって、政府税収については、土地測量による課税面積の増大、中間搾取の一掃、負担の均等化、

150　　　　　　　第2部　江浙地域と抗戦前の到達水準

表5－5　南匯県における旧田賦と地価税との比較

	課税対象面積	課　税　額	毎畝平均税額
地価税 a	948,462.676畝	762,573.112元	0.804元
旧田賦 b	882,231.464畝	718,528.280元	0.815元
増加額 a－b	66,231.212畝	44,044.832元	－0.011元
増加率（a－b）÷b×100	7.51%	6.13%	－1.35%

註：李之屏「南匯県籌辦地価税経過述略」（江蘇省地政局編『江蘇省地政季刊』創刊号、1937年3月31日）から作成。

　徴収率の向上によって実際の徴収額は増大する。一方、これに対して納税者の負担については、一般農地の税負担は軽減され、都市部の負担増大も所有者1人当たりでは少額であるから納税者の負担能力の範囲内におさまる。そして、上海県・南匯県における実例を、この主張を裏付ける事例として紹介したのである。

　公表された数値に大幅な誤りがないとすれば、たしかに祝平の主張するように、江蘇省における地価税徴収は、僅かに2県で実施されたに過ぎないとはいえ、政府税収を確保・増加しながら、農地を中心に税負担の軽減と公平化を実現したのであり、大過のない成果をあげはじめていた。[19] 江蘇省地政局はこの成果を踏まえ、1937年度には南通県、嘉定県、奉賢県、青浦県、呉県等で地価税徴収を開始することを決定していた。[20]

　しかしながら、地価税の算定・徴収をめぐって問題が全く発生しなかったというわけではない。むしろ、発生した諸問題は深刻であり、これに対処するために政府内部においては政策の部分的調整を政治日程の俎上にあげていたのである。

2　地価税をめぐる主な問題点

　地価税導入をめぐる主な問題点は、以下の2点である。

　その一つは、地域社会の側からの疑義や異議申し立てが頻発したことである。もちろん、上海県地政局長金延澤が紹介しているように、その中には地価税についての誤解や理解不足にもとづく案件もあり、その場合は趣旨を説明することで対応し得た。しかし、そうした案件ばかりではなかった。その状況の一端は、上海県および南匯県において政府に提出された訴えを報道した当時の地方新聞の記事から窺うことができる。地政学院学生の向思遠は、そうした記事を収集してお

第5章　江蘇省の地価税導入と自作農創出計画　　　　　　　　　　151

表5－6　上海県・南匯県の地価算定に対する抗議文一覧

地　域	時　期	提　出　者	掲　載　紙
上 海 県	1936年8月	県地方協会	『上海県民衆日報』8月17日掲載①
	1936年9月	馬橋郷長	同　　上　　9月14日掲載②
	1936年10月	県 農 会（幹事長奚浪清）	同　　上　　10月19日掲載③
〔南匯県〕			
第 一 区	1936年8月	郷鎮長 20人（胡慶九等）	『南匯県民報』8月28日掲載④
	1936年8月	公　民126人（陳兆虞等）	同　　上　　8月28日掲載⑤
第 六 区	1936年10月	業　主849人（代表奚鉄棠 　　　・奚□燕・沈雲省）	同　　上　　10月30日掲載⑥
	1936年11月	業　戸（□鼎盛等）	『南匯商報』11月16日掲載⑦
第 七 区	1936年11月	公　民680余人（唐志陶等）	『南匯県民報』11月5日掲載⑧

出典：向思遠『上海嘉定南匯奉賢等四県改徴地価税之研究』1936年、より作成。①42498頁、②42499～42502頁、③42502～42505頁、④42505～42507頁、⑤42507～42510頁、⑥42510～42512頁、⑦42514頁、⑧42513頁。なお、□は不明字。

り、そこから内容が確認できるものだけを列挙したのが表5－6である。

　これらの異議申し立ての主な内容は、実態に合わない高すぎる地価の算定をやり直し、それまで地価税徴収を延期することを求める要求である。実際に数字が出されている部分を紹介しておこう。上海県馬橋郷の土地所有者の申し立てによれば、県地政局による同郷の地価算定額は「宅地」毎畝122元、「田園雑場」毎畝115元であったが、これらの土地の時価は高くても毎畝60元に過ぎないという[21]。また上海県農会の主張によれば、県地政局の地価算定額は民間の土地売買価格と比較すると、「市地」で4割、「宅地」で3割、「農田雑地」で4割、「墳荒」で2割、「池河灘地」で2割高くなっていた[22]。南匯県第6区の土地所有者849人の連署が付された請願書では、第6区召樓鎮の算定地価は「農地」で毎畝90元であったが、同区内の「農地」の実際の地価は第15図、第25図、第24図では毎畝70元に過ぎず、第23図では毎畝50元の値を付けても顧みる人は少ないという[23]。以上のような民間からの訴えに記された「実際の」地価がどこまで実態を反映していたかは確認できないが、適正な税負担の設定を自覚的に求め、政府に向けて公的に働きかけていく納税者としての権利意識の表出が見て取れるのであり、政府はこれらに適切に対処することが強く求められていた。

　さらに、これらの訴えの中には、土地測量、土地登記にまで溯って、批判の矛

先が向けられているものも見られる。たとえば、南匯県第１区の郷鎮長20人が連名で提出した請願書や同区「公民」123人が提出した請願書は、土地測量がいい加減に行われ、誤りが百出したことを述べ、地価税徴収を開始する前に土地の再測量を求めている。(24)この場合には、土地・地税制度の近代化をめざして土地測量から積み上げて来た一連の改革全体を否定しかねない要素を含み、政策遂行側にとって看過できないものであったはずである。

　上海県の場合は、前述したように、「市地」と「特殊地」における地価を若干減額することによって、こうした頻発する異議申し立てに一定の配慮を示さざるを得なかった。しかし、その譲歩は、個々の訴えの内容を逐一事実に照らして審査・検討した上で行った対応ではなかったようであり、臨時の取り繕い策の域を出るものではなかった。南匯県の場合は、こうした譲歩の試みは報告されていない。

　このほか、近く地価税徴収が予定されていた無錫県でも、1937年３月22日に商会、律師公会、教育会、新聞記者公会、農会、総工会などの同県各法団が連名で、地価税徴収延期を請願する電報を発している。(25)その内容は、孫文の建国大綱や地方自治開始実行法の内容を根拠にして、地価税徴収には自治機関の設立を先行すべきであると論じ、その順序を逆転させた現行の方法を改めることを主張するものであった。「代表（自治）なくして課税なし」という近代的租税原則に合致した主張である。これは、表５－６に掲げた個々の地価算定額に即した個別的抗議とは性格が異なり、国民党の統治イデオロギーの解釈にかかわって展開された地価税政策批判であった。このため、国民党中央党部はこれを放置するわけにはいかず、その機関紙『中央日報』紙上において全面的な反論を展開し、無錫県各法団に「猛省」を促している。(26)

　二つめの問題は、これらの地域社会からの異議申し立てとは全く次元の違う政策遂行側の危惧・逡巡である。すなわち、各地で改革が進むに従い、地価税を導入すると、既存の田賦徴収額を維持することが困難であるという見通しが強まってくる。数年来の地価の下落によって現行田賦額の地価に占める比率はあがり、1935年の調査によれば、水田で3.09％、平原旱地で3.49％、山坡旱地で3.74％であった。土地法の規定する地価税率１％と比較すれば、その３～４倍にもなって

第5章 江蘇省の地価税導入と自作農創出計画　　　153

いたのである。土地法にもとづいて、このまま地価税の徴収に踏み切った場合、税収の大幅な減少を招くことが予測されたわけである。そして、これを根拠に、土地測量から始まる一連の改革そのものに疑問を投げかける議論まで登場していた。先に紹介した祝平の論説は、こうした議論に対して、上海県・南匯県の実績をもって反論したものであったわけである。とはいえ、概して地価が比較的高いと考えられる一部の経済的先進地域の成功例が、そのまま他地域や全体の成功を確実に保障するわけではないことも確かであろう。

　なお、上述した二つの問題は、土地の市場価格を地価算定の重要な根拠にしていたことと深くかかわっているという点を付言しておきたい。現実の市場価格との落差に起因した地域社会からの反発や市場価格の下落に伴う地価税収の減少に対する危惧は、いずれも政府の算定した地価が実際の市場価格に合致ないしは近似するのが本来の姿であるという前提から発生している。この点、前述した日本の地租改正の場合に較べるならば、国民政府による地価の算定およびそれにもとづく地価税徴収は、市況の変化に連動して影響を受けやすい不安定な側面が強かったと思われる。

3　政策の部分的調整の試みとその中断

　以上のような地域社会からの異議申し立ての頻発、政策遂行主体の逡巡をうけて、政策の部分的調整が図られる。すなわち、政策主体内部において土地法批判が展開されるようになった。国民党中央機関紙『中央日報』には土地法の修正を主張する評論が数多く掲載されたが、そのなかで地価税関連の規定について体系的に論じた鄭震宇論文は、主として次のような点で修正の必要を主張している。すなわち、現行の地価税算定方法が繁雑で不明朗なために実際には実施困難であり、これを改善・簡素化すること、税率を弾力化すること、民間からの異議申し立てに対してより機動的・強権的に処理できる方式を採用すること、などである。

　ところで、地価税関連の規定も含め土地法改定の必要性については、中国地政学会が早くから提起し、その見解を「修改土地法意見書」にまとめていた。中央政治委員会は国民政府の最高意思決定機関であるが、その下に設置された土地専門委員会は、地政学会の「意見書」に基づき1年余りをかけて討議を重ね、「土

地法修改原則24項」を作成した。1936年末に「土地法修改原則24項」は中央政治委員会に提出され、同委員会は、その中の1項目（後述）だけを除いてそのまま決議した。ここで地価税に関連する主な内容だけを抜き出せば、以下の3点にまとめられる。

第1点は、土地法の地価算定規定をすべて削除し、土地所有者による申告地価をそのまま法定地価にしたことである。ただし、政府地政機関が土地の収穫高や市場価格を参照して決定する「標準地価」をあらかじめ公示し、申告地価はその「標準地価」との偏差を一割以内に限定した。すなわち、現行の土地法では、同一の土地において申告地価と政府が算定する地価とが曖昧なまま併存しており、その理論的不整合を是正するとともに、地価算定の煩瑣な手続きを簡素化することによって、現実に実施しやすくすることをねらったわけである。この方式によれば、地価算定の根拠を申告地価に一元化するという形式をとりながら、実際はあらかじめ申告額に制約を加えてその恣意性を排除し、地価算定における行政側の主導性が確保できることになる。ただし、土地の市場価格を政府が算定する地価（この場合は「標準地価」）の主要な根拠としている点は、以前と基本的に変わっていない。

第2点は、税率の改定と累進制の採用である。すなわち、課税地の種類を区別せず（ただし、荒地及び不在地主の土地を通常より税率を高くする原則は維持）、一律に地価の1～2％を起点にして累進制を適用するとしている。これは、現行の土地法で郷改良地の税率は地価の1％に固定されていたことからすれば、農地については税率を引き上げたことになる。田賦から地価税への改定に伴って財政収入が減少するという危惧に配慮した内容である。ただし、累進制の採用については、中央政治委員会では決議を保留し、後の立法院での審議にゆだねられた。

第3点は、土地裁判の迅速・簡素化である。すなわち、土地をめぐる紛糾を処理する独立した専門機関として設置された土地裁判所に関する現行土地法の規定をすべて削除し、土地をめぐる紛糾は既存の司法機関の管轄に移し、二審制に改めた。この項目に付された解説によれば、土地裁判の頻発・長期化による行政の負担及び人民の不利益の増大を防ぐことを意図したと述べている。頻発する民間からの異議申し立てに対して、より機動的・強権的に対処するための措置であろ

う。

　これらの修正点は、全体としていえば、既存の田賦徴収額の確保・増加という行政側の要請、地域社会からの異議申し立ての頻発の双方に対応することを意図して提起されていたといえよう。そして、既に国民政府の最高意思決定機関で了承を取り付け、後は立法院において法制化されるのを待つ段階にあった。ところが、実際の法制化は、立法院で引き延ばし戦術に遭遇する。土地・地税制度の近代化の方針をより地域の実情に即した形へ改善しようとする努力は、中央政府内部の非協力に足を引っ張られたのである。しかし、土地・地税制度の近代化そのものを決定的に中断させたのは、日中戦争の勃発であった。

第3節　自作農創出計画の立案

1　自作農創出への傾斜

　まず、中国地政学会の動向を中心に国民政府の政策志向が自作農創出へ傾斜していく過程を概観しておく。

　すでに何度も言及してきた中国地政学会は、土地行政の専門学者や全国の地政機関によって構成され、さらに国民政府要人の多くも名前を連ねる政策提言機関である。中国地政学会が自作農創出を当面の課題として明確に提示するのが、「租佃問題」を中心テーマに開かれた第三届年会（杭州、1936年4月に開催）である。ここで決議された内容は、同年七月、国民党中央五届二中全会に「請迅速改革租佃制度以実現耕者有其田案」として提出され、決議された。その提案者には中国地政学会の中心人物である蕭錚を筆頭に、孫科、陳立夫など17人が名前を連ねている。蕭錚は、その回想録の中で、後の台湾における実施より18年も早く、農地改革案が国民党中央で決議されていたとして、その全文を紹介している。

　そこでは、地主に「不当な利得」をもたらしている租佃制度を改善することが求められるとともに、以下の二つの方法によって「耕者有其田」を実現することが構想されている。一つは、政府が農民、とりわけ実際にその土地を耕している佃農の土地取得を金融面から積極的に援助すること、もう一つは、累進地価税を実行することによって、地主に自ら耕さない所有地を放棄させ、佃農に土地取得

の機会を与えることである。とくに、前者の方法の一環として、「佃農が多すぎ、地権の集中が過剰な区域においては」という限定つきではあるが、政府が土地債券を発行して土地を徴収し、佃農や雇農にその土地を分配するとしている点は注目される（ただし、土地取得の代価は農民に毎年の収穫物で分割返済させる）。

次いで、第四届年会（青島、1937年4月に開催）になると、「如何実現耕者有其田」が中心テーマとなり、その主な決議内容は以下の3点であった。第1点は、政府が土地債券を発行して、まずは不在地主の土地、次いで自作地以外の耕地を徴収し、自作農創出のためにその土地を提供する。第2点は、自作農地については、地方の実情や農地の種類に応じて、適正規模の面積を定め、その分割や自作農以外の人への移転を禁止する。並びに、自作農の負債最高額を制限する。第3点は、荒地の開墾、既耕地の改良・区画整理、地価税制の実行、土地銀行の設立、農村合作社の提唱を、自作農地の創設と維持のために必要な手段としてとらえ、実施する。以上の決議は、簡潔ながらも自作農創出に向けてより踏み込んだ内容となっている。また、この決議が日中戦争直前の緊迫した国際環境の下でなされ、蕭錚がこの決議について、日中戦争が開始されれば、後方の安定と民衆動員に有利であって、長期抗戦に対応し得る内容であると述べていることにも留意しておきたい。(36)

以上のような自作農創出に向けた動きやその方針は、前節で論及した「土地法修改原則24項」の内容にも反映された。既に触れたように累進地価税の採用についてだけは中央政治委員会で決議保留となったが、その他で自作農創出にかかわる項目として、次の二つの内容が盛り込まれていた。一つは、自作農創出など土地政策の実施を金融面で支える土地銀行の設立および土地債券の発行を実現できる条文を土地法に付け加えること、もう一つは、自作農創出・維持のために以下の各項目に関する条例を制定することである。①自作農一戸当たりが所有する耕地面積の最低限度の設定、及びその土地に関する処分の制限、②自作農が負債超過のために土地を失わないための負債最高額の制限、③適正規模の自作農地を維持するための自作農地の相続方法。(37)

以上のように、国民政府の自作農創出計画の立案は、中国地政学会の主導によって推進され、日中戦争直前にはそこで決定された方針が政権の最高意思決定機関

において基本的な合意を得て、その法制化を待つ段階にあった。ただし、ここで注意しなければならない点は、以上のような現耕作農民による土地買い取り方式による自作農創出とその経営的自立に向けた諸方策を行政主導で適切に実現するためには、土地所有、土地経営、地価、土地の貸借関係などの実態を政府が正確に把握していなければならないということである。冒頭で触れたように、土地・地税制度の近代化を通じた政府による農村社会の確実な掌握は、自作農創出を首尾よく実施するための前提条件にほかならなかった。

2 啓東県における自作農創出計画

さて、土地・地税制度の近代化が進展した江蘇省では、以上述べてきた自作農創出の政府方針に沿って、地域社会の実情を踏まえた具体的実施計画が立案されていた。江蘇省啓東県における自作農創出計画が、それである。

この計画は、「請建議江蘇省政府迅速画定啓東県為地政実験区実施耕者有其田案」(黄通等)として中国地政学会第四届年会に提案された。[38]その概要や立案の経緯を紹介しておこう。

ここで目指されているのは、啓東県の全般的な地主的土地所有の廃絶ではなく、さしあたり県内の耕地の6割以上を所有する県外在住地主の田底権に限定し、これを平和的に有償で廃止することである。地主には田底権を手放す代償として地価券を発行し、佃戸には最近3年来の平均納租額の8割を毎年支払わせ、6年間で完済させようというものである。表5-7は、その完済計画表である。

上述の提案の内容にもとづいて、啓東県が自作農創出の実験区に選定された理由を整理すれば、主として次の4点があげられている。

第1点は、啓東県の地主は、他県に住む不在地主が大半であり、在地に強力な阻害要因がなかったことである。提示されている統計によれば、啓東県の全耕地(約99万畝)の内、自作農および半自作農の所有地が14.5%(約14万3800畝)、公有地が3.7%(約3万6500畝)、県内地主の所有地が19.5%(約19万3600畝)で、残りの62.2%(約61万6050畝)が崇明県在住の地主の所有地であった。

第2点は、佃農の生活が極度に貧窮化して農村が荒廃し、「盗匪」があふれるなど危機的状況にあったことである。啓東県の佃農は小作料負担ばかりではなく

表5－7　啓東県地価券還本付息概算表

	佃租収入	本処経費	田賦支出	利息支出	余　　額	収回地価券数	未収回地価券数
1936年	1,355,200	20,000	197,000	299,376	838,824		4,989,600
				（備考　余額838,824元は、興農銀行の資金に充てる）			
1937年	1,355,200	20,000	197,000	299,376	838,824	838,824	4,150,776
1938年	1,355,200	20,000	197,000	249,047	889,153	889,153	3,261,623
1939年	1,355,200	20,000	197,000	195,697	942,503	942,503	2,319,120
1940年	1,355,200	20,000	197,000	139,147	999,053	999,053	1,320,067
1941年	1,355,200	20,000	197,000	79,204	1,058,996	1,320,067	
（備考　余額1,058,996元を償還しても261,071元不足し、これは興農銀行の剰余額から補填）							

〔説明〕(1)崇明県在住の地主が啓東県で所有する耕地面積は約616,000畝で、そのうち、上田が6割、中田・下田がそれぞれ2割を占める。(2)時価の最低標準価格（毎畝）は上田で約9元、中田で約7元半、下田で約6元。合計で地価券4,989,600元を発行する。(3)毎年の佃租（毎畝）は上田で約2元5角、中田で2元、下田で1元5角。合計で毎年の佃租収入は1,355,200元。(4)本処経費は毎年20,000元に定め、田賦は毎年約197,000元とする。(5)第1年目は償還せず、収入（余額）の838,824元をすべて興農銀行の資金に充てる。(6)第6年目の償還不足分261,071元は、興農銀行の初年度の剰余額から補填する。

出典：『中央日報』1937年4月13日（なお、原表中の数字には若干の誤りがあり、訂正している）

田面権取得のための過重な債務返済が重なって二重の搾取を受け、農業改良の余力ばかりか自己の生活を営むのさえ困難な状況におかれていたという。

　第3点は、こうした中で、田底権所有者の収益も低下し、田底権価格が低落傾向にあったことである。提示されている数字によれば、啓東県の「上等田」の収穫量は豊作年において毎畝約15元程度で、佃農が田底権所有者に納める小作料は毎畝約3元である。ところが、ここから徴収費用や徴収人の中間搾取を除けば、地主の実際の所得は、佃農の納める小作料の約6割程度に過ぎない。ここからさらに田賦支出毎畝3角を引けば、いくばくも残らない。したがって、田底権の価格は毎年低下して、「上田」で毎畝9元、「中田」で毎畝7.5元、「下田」で6元に過ぎなくなっていたという。田底権価格の低下は、佃農が土地買い取りによって自作農へと転換する場合には有利な条件であった。

　第4点は、以上のような現行土地制度の矛盾が強く意識され、すでに啓東県の諸機関が省政府および省地政局の合意を取り付けつつ土地改革に向けて動き始めていたことである。すなわち、1936年7月に県の諸機関は連名で省政府および省地政局に向けて土地改革の実施を請願した。これを受けた省地政局の命令で県地政局は「解決租佃問題原則四項および土地改革実施辨法草案18条」（内容は不明）を作成し、9月にはこの案は省政府の批准を受け、いよいよ具体化に向けて動き

出す予定であった。ところが、期限を過ぎても放置された形となり、県内は「群情騒然」となっていたという。

　要するに、農業経営の安定や発展、あるいは社会秩序の維持という面から見ても（第2点）、地主の収益性という面から見ても（第3点）、啓東県の地主制はそのままの形態で存続・発展する合理的根拠を欠いていたのである。また、地主の大半が県外居住者であった点（第1点）も、既存の地主制に反発する県民感情を醸成しやすい要素であったに違いない。そうした意味において、啓東県は自作農創出の社会的合意を取り付ける上で有利な諸条件がそろっていたといえる。さらに、上述の提案には言及されていないが、以上のような特異な土地状況は、啓東県が長江の運ぶ土砂が堆積して比較的新しく形成された沖積地であり、清朝時代に移住と開発が進んだ地域であったことと深くかかわっている点を見過ごすわけにはいかない。啓東県の特異な地主制とその矛盾は、そうした地域社会の生成過程そのものがもたらした産物にほかならなかった。その意味では、啓東県の状況は、江蘇省、とりわけ土地の生産性が高くて古くから地主制の発達した江南の多くの地域と同列に論じることはできない。

　とはいえ、ここでは啓東県の上述したような特殊で錯綜した地域的条件が政府によって十分に把握されていたことを重視したい。当時自作農創出の志向を強めていた中国地政学会は、こうした地域的条件に着目して、さしあたり啓東県に限定した実験的な改革案を立案したのである。ただし、以上のような啓東県の改革案もまた、日中戦争の勃発によって実施にまでは至らなかった。

第4節　小　　括

　日中戦争前において土地・地税制度の近代化を牽引する位置にあった地域は、間違いなく江蘇省であった。江蘇省では、「土地陳報」と本格的な地籍整理が同時並行して実施されていた。国民政府の成立当初に全省規模で「土地陳報」を実施して惨憺たる結果を招いた浙江省とは異なって、江蘇省の「土地陳報」は江寧自治実験県で一定の成果をあげ、それを承けて10数県で継続実施されていたのである。しかし、その成果にはばらつきや限界が伴い、農業生産力の高い江南を中

心に本格的な地籍整理へと政策の重点が移動していたことを観察することができる。その点では、浙江省の場合とほぼ同じ趨勢にあったのである。そして、本格的な地籍整理の重要な要件である1筆ごとの土地測量は、日中戦争前までに江南全域をほぼ網羅し、22県でこれを完了させていた（測量継続中の県を含めれば30県）。その数は、全国で第1位を占める。測量を終えると、土地登記、地価の算定、地価税の徴収が引き続いて実施され、上海県・南匯県の2県では最後の地価税の徴収にまで行き着いている。その実績によると、従来税逃れをしていた土地を新たに捕捉し、都市部の土地所有者の税負担を増やすことによって、全体の税額を増加させながら単位面積当たりの税負担を小幅ながら軽減していた。ここから、この事業が一般の土地所有者（地主・自作農・自小作農を含む）には有利であって、従来の杜撰な土地把握の下で様々な非公式の手段を講じて税逃れをしたり、地価が高い割には税負担の軽い都市部の土地を所有していた「士紳」（有力地主）の既得権が掘り崩されたことを確認することができる。

ただし、その実施過程において全く問題が派生しなかったわけではない。地域社会からは、地価の算定をめぐる異議申し立てが頻発し、政府内部からは、全般的な地価の下落傾向の下で土地法の税率を適用すれば従来の税収を確保できないとする危惧が表明されていた。このような事態に対して、土地行政の推進者たちは、地価算定方法の改善・簡素化、現行の税率の改定や累進税制の採用、民間からの異議申し立てに対して機動的・強権的に処理できる方式の採用などを提案していた。彼らは日中戦争前にはこれらを盛り込んだ土地法の修正案をすでに作成し、その法制化の一歩手前まで進めていた。地価税の実施過程は、成果とともに問題点を顕在化させたが、より地域の実状に即した方式に改善しようとする動きもまた生み出していたのである。

他方、土地・地税制度の近代化を最も進展させていた江蘇省では、これを越えたさらなる政策展開を試みようとしていた。すなわち、啓東県における自作農創出に向けた計画立案である。この計画が国民政府の土地政策史において後の台湾土地改革の先駆として系譜的に重要であることはいうまでもない。しかし、それは局地的な、たかだか一県規模の実験的実施計画を作成しただけに止まった。その理由は、政策遂行側の合意形成が遅れていたという事情にもよるが、土地・地

第5章　江蘇省の地価税導入と自作農創出計画　　　　　　　161

税制度の近代化を通じた国家による地域社会の確実な掌握とそれに裏付けられた行政能力の質的向上が未だ実現途上にあったことと無関係ではなかった。国民政府の自作農創出の方法は、中国共産党の場合のような激烈な大衆動員の発動に依拠しないだけに、あらかじめ行政側が地域社会を確実に掌握していることがより一層重要な意味をもっていた。地域社会の掌握が不確実な既存の行政能力によっては、自作農創出を直ちに局地的な範囲を超えて広域的に試みることは困難であったろう。日中戦争期の重慶国民政府統治下において、いくつかの地域で同じような方式の自作農創出が実施に移されたが、この場合もそれぞれの地域の特殊な条件に依拠した、極めて局地的な試みの範囲を出るものではなかった。[40] 啓東県の実験的計画は、そうした日中戦争期の局地的な動向の、戦前における先駆的事例であり、同時にその制約をも示すものであった。

註

（1）　蕭錚『土地改革五十年』中国地政研究所、1980年、95頁。
（2）　江蘇省に関する専論でいえば、Geisert, B.K. "Power and Society : The Kuomintang and Local Elites in Kiangsu Province, China. 1924－1937"（University of Virginia, Ph.D.1979）が、土地・地税制度近代化の進展をやや詳しく言及しているが、本格的な実証研究としては、王樹槐「江蘇省的土地陳報1933－1936」（中央研究院近代史研究所編『近代中国区域史研討会論文集』下冊、1986年12月）が最も注目される。王論文については、行論の中で取り上げる。
（3）　一般に、江蘇省、とりわけ江南地域は地主制が発達していることで有名であり、その構造や内部矛盾については多くの研究が言及してきた。とくに、佃農による抗租風潮や地主側の小作料確保のための租桟、追租局などが取り上げられ、主として地主・佃農間の階級対立の激化が強調されてきた（研究動向論文としては、小島淑男「辛亥革命時期江南の地主制度」辛亥革命研究会編『中国近代史研究入門』汲古書院、1992年3月、を参照）。しかしながら、各種の調査類は江蘇省全体でおおよそ4～5割程度の自作農、2～3割程度の自小作農が存在していたことを示している（郭徳宏『中国近現代農民土地問題研究』青島出版社、1993年、66～67頁、表1－22、68～69頁、表1－23の江蘇省に関するデータを参照。なお、同書第1章は、土地改革以前中国の土地所有状況に関する中国共産党の公式見解［1949年革命前後に発表］が、地主・富農の所有する土地の比率を過大に評価していることを実証的に批判している）。土地・地税制度の近代化は、前章で検討した浙江省の場合と同じく、地主ばかりではなく、こ

うした自作農・自小作農など広範な土地所有者層の利害に大きく関わっている。江蘇省における既存の土地・地税制度の弊害については、多くの文献が関連的に触れているが、すでに検討した浙江省の場合とほぼ共通しており、重複を避けて論及を省略した（さしあたり、少剛「江蘇浙江田賦積弊及其改革問題」汗血月刊社編『田賦問題研究』下冊、汗血書店、1936年8月、を参照）。なお、そのうち、有力地主（「大戸」）による田賦不払いの状況と江蘇省政府によるその取り締まりについては、当時、江蘇省政府主席であった陳果夫の回想（「蘇政回憶」陳果夫先生遺著編印委員会編『陳果夫先生全集』第5冊、近代中国出版社、1952年8月、137～140頁）が比較的詳しい。

(4)　王樹槐・前掲論文。

(5)　浙江省についても、農業生産力の高い平野部が広がる銭塘江下流域においては1筆ごとの本格的な土地測量が優先された（本書第4章、参照）。

(6)　ただし、江寧県の場合は、土地所有者の申告内容を冊書が把握している土地情報とつき合わせることは想定されておらず、冊書を動員することや冊書の協力を取り付けることは最初から問題にはならなかった。

(7)　この点については、王樹槐「北伐成功後江蘇省財政的革新（1927-1937）」（中華文化復興運動推行委員会主編『中国近代現代史論文集』28、第25編、建国十年、台湾商務印書館、1986年7月）も参照。

(8)　本来であれば、抗日戦争直前の1937年半ばのデータを提示すべきであるが、それを示す史料は捜し出すことはできなかった。なお、天野元之助が掲げているデータは、1936年3月までのものであり、より適切ではない。

(9)　陳果夫「蘇政回憶」（前掲）、132頁。

(10)　江西省については1936年末段階であれば、11県（本書第7章、表7-4）。浙江省については1937年5月段階で、12県1市（本書第4章、表4-1）。なお、1936年3月までに雲南省で27県で測量を完了したという文献（鄭震宇「一年来全国土地行政之進展」『地政月刊』第4巻第6期、1936年6月）もあるが、この数字を文字通り受けとれないことはすでに述べた（本書第4章、註(70)）。

(11)　蕭錚・前掲書、91頁。

(12)　易明熹「做了三個月的『土地登記』員」『中国農村』第3巻第6期、1937年6月（太平洋問題調査会編・杉本俊朗訳『中国農村問題』岩波書店、1940年、に邦訳がある）。なお、江蘇省の土地登記に関する当時の調査報告として、琨譁『江蘇之土地登記』（民国二十年代中国大陸土地問題資料）があるが、これは1934年までの初期段階の進捗状況を記述したもので、抗戦直前の到達点の状況はこれによってはうかがうことはできない。

(13)　たとえば、天野元之助『中国農業経済論』第2巻、133～135頁。保志恂「中国国民党の土地政策」山本秀夫・野間清『中国農村革命の展開』アジア経済研究所、1972年、

356～359頁。
(14) 以下の上海県地価税の実施状況に関する叙述は、特に注記しない限り、江蘇省地政局編『上海県実行地価税経過紀要』(1937年3月) を参照。なお、同じ文章が『江蘇省地政季刊』(江蘇省地政局、1937年3月31日、版次不詳、上海図書館所蔵) に、上海県地政局長金延澤の著者名で転載されている。
(15) 日本の地租改正における地価算定とその性格については、佐々木寛司『地租改正——近代日本への土地改革——』(中公新書、1989年)、68～71頁、参照。
(16) 李若虚『江蘇省地政局実習日記』(1937年、民国二十年代中国大陸土地問題資料)、54200頁。
(17) 李之屏「南匯県籌辦価税経過述要」『江蘇省地政季刊』(前掲)。
(18) 祝平「蘇省実行地価税之効果」『中央日報』1937年4月20日。
(19) ただし、上海県・南匯県における地価税徴収は、これを国民政府土地法の規定とつき合わせれば、自耕地・自住地に対する課税は通常の課税額の8割にすること (第297条) や不在地主には税率を高くすること (第331条) などが具体化されておらず、不十分さを免れない。こうした自作農の優遇や地主的利益の抑制にかかわる諸規定は、放棄されたのではなく、次なる段階における課題としてとらえられていたと考えられる。次節で取り上げる自作農創出計画の立案は、このような政策課題とも対応したものにほかならない。
(20) 「蘇省続開辦地価税」『新聞報』1937年5月29日。
(21) 向思遠『上海嘉定南匯奉賢等四県改徴地価税之研究』(1936年、民国二十年代中国大陸土地問題資料)、42499頁。
(22) 同前、42503頁。
(23) 同前、42510～42511頁。
(24) 同前、42505～42506頁、42509頁。
(25) 『新聞報』1937年3月21日・25日・4月19日。
(26) 「評論・勧告無錫各公団請求緩辦地価税者」『中央日報』1937年4月27日。
(27) 「評論・地価税与田賦」『中央日報』1937年3月16日。
(28) 浙江省の杭県の場合は、新たに算定された地価税の総額が現行の田賦徴収額よりも大幅に減少することが判明し、予定していた1936年度の地価税徴収を見送っている (本書第4章、参照)。
(29) 鄭震宇「土地行政当前一個重要問題——修正土地法中関於估計地価之規定」『中央日報』1937年4月3日。
(30) 蕭錚・前掲書、139～144頁に掲載。
(31) 同前、115～118頁、135～136頁。
(32) 『中央日報』1937年5月6日。

(33) 蕭錚・前掲書、145頁。
(34) 中国地政学会による自作農創出に向けた努力とその内容については、本書第2章を参照。
(35) 蕭錚・前掲書、137～138頁に掲載。
(36) 同前、176～179頁。
(37) 同前、139～140頁。なお、国民政府の自作農創出に向けた動向を扱った同時代の日本側の文献としては、支那問題研究所編『支那経済年報』（昭和13年版）第2部第4章第1節がある。
(38) 『中央日報』1937年4月13日。
(39) 啓東県が設置された時期は遅く、1928年2月である。同県が管轄する地域は以前は崇明県に属していたが、崇明県から分離して新たに県として設置されるまでの来歴については、田中比呂志「清末民初における新県設置と地域社会──江蘇省啓東県設置を例として──」（『東京学芸大学紀要・第3部門・社会科学』第51集、2000年）を、参照。
(40) 日中戦争時期の地方レベルの実践に論及した研究としては、松田康博「台湾における土地改革政策の形成過程──テクノクラートの役割を中心に──」（『法学政治学論究』［慶応義塾大学］第25号、1995年）、陳淑銖「福建龍巖扶植自耕農的土地改革（1942年－1947年）」（『中国歴史学会集刊』第25期、1993年）、山本真「抗日戦争時期国民政府の『扶植自耕農』政策──四川省北碚管理局の例を中心に──」（『史潮』新40号、1996年）、同「《インタビュー》1940年代、国民政府統治下の福建省における土地改革の実験──元福建省龍岩土地改革実験県県長林詩旦氏訪問記録──」『中国研究月報』637号、2001年）など参照。

第3部 「剿匪区」と抗戦初期までの到達水準

第6章 江西省「剿匪区」統治

第1節 「剿匪区」統治に関する一視点

　国民政府は中国共産党のソビエト政権に対抗し、これを根絶するために、江西省を中心にソビエト区周辺およびソビエト区から奪回した「収復区」（ここでは、この両地区を合わせて「剿匪区」と呼称する）において独自な地域統治を推し進めた。すなわち、ここでいう「剿匪区」統治である。これが独自な形態で本格的に始まるのは、蒋介石がソビエト区に対する3度に亙る「囲剿」戦争の失敗に直面し、その反省にもとづいて「軍事三分・政治七分」のスローガンを以後の「囲剿」戦争の基本原則として打ち出した時点（1932年6月）(1)である。
　この「軍事三分・政治七分」の原則について、蒋介石のブレインの1人である南昌行営秘書長楊永泰は、次のように解説している。すなわち、「『剿匪』は（通常の戦争とは異なって－引用者）民を争い取る戦いであり、民を奪い返さないと、いくら戦場で勝利を収めても、いくら『匪』を殺しても、問題の解決にならない。」そして、「民を争い取るには、（軍事のみならず－引用者）政治上の対策を講じなければならない。政治は『剿匪』において極めて重要な位置を占める」(2)と。ここから明瞭にうかがわれるように、国民政府は「剿匪」を実現し自らの地域統治を固めるためには、地域住民の支持獲得とその動員が不可欠であることを曲がりなりにも認識するに至っている。このような認識を基礎にしながら、江西省を中心とした「剿匪区」において、国民政府による一連の新たな諸制度・諸政策が立案・実施されていく。その主なものを列挙すると、地方行政の集権化・効率化を目指した地方行政機構改革、保甲制度の復活を基軸とする治安維持・住民統制の強化、農村合作社の設立・普及を中心とする農村復興・農村経済建設、さらには新生活運動や保学・中山民衆学校の設置に見られるイデオロギー政策などである。もちろん、これらの諸政策は、江西省ないしは「剿匪区」のみに限定されたわけでは

なく、この地域を起点にして、若干の内容上の相違を伴いながら全国的に施行されていくものも多い(3)。本書の主題である農村土地行政についても、以上のような地域統治の強化の課題に対応して、江西省では先行的かつ積極的な展開が認められる。

　ただし、江西省の農村土地行政の展開についての本格的な論及は次章に回し、本章では、その予備的考察として、江西省「剿匪区」における地域統治の強化を目指した様々な施策を取り上げたい。その際、国民政府が農村の有力者である地主・郷紳層をいかに位置づけ、いかに取り込もうとしたのか、また逆にそのような国民政府の働きかけに対して地主・郷紳層の側がいかに対応したかという点に主要な分析の視点を据えることにする。このように視点を設定する理由は、国民政府が「剿匪区」統治を推進する上で、農村の有力者である地主・郷紳層の掌握をとりわけ重視していたためであり、また後に農村土地行政が進展すると、それがとりもなおさず彼らの利害と大きく関わることになるためである。

　さて、以上のように対象と視点を設定した場合、注目すべき先行研究は米国におけるウィリアム・ウェイの著書である(4)。ウェイはソビエト革命期の江西省における国民党統治の諸側面を多面的に取り上げ、その論点は多岐にわたるが、本章との関連でいえば、彼のいう「農村エリート（rural elite）」と国民政府との関係のとらえ方がとりわけ注目される。ウェイは国民政府の農村における社会的支柱を「農村エリートないしは封建的郷紳（feudal gentry）」に求める通説を批判し、両者の関係を多分に矛盾と隔たりをもった動態的な関係としてとらえている。ウェイによれば、第五次「囲剿」戦争による江西ソビエトの崩壊には、「農村エリート」の国民党に対する協力が決定的役割を果たしたが、両者の協力関係はあくまで「剿匪」という共通目標にもとづく一時的な同盟に過ぎなかった。すなわち、国民党は常に「農村エリート」を政府の支配下に置こうとする軍部（a separate military hierarchy）を代表していたのであり、他方、「農村エリート」は政府の諸政策を巧みに自らの利害に沿って歪曲・利用し、在地における自らの権力を回復させることによって、農村を政府の支配下に置こうとする国民党の目標を掘り崩していったとする。筆者は、イーストマンの「自立政権」論を彷彿させるウェイの国民政府論そのものには同調できないが、少なくとも国民政府と農村の有力

者（ウェイの用語では「農村エリート」）との間には従来の通説的理解とは異なった複雑な利害対立が存在したとする事実認識は貴重であろう(5)。この点は、ウェイをはじめ、従来の研究では利用されていない国民党江西省党部の機関紙である『江西民国日報』を基本史料とした本章の実証においても確認されることになろう。

第2節 「賢良士民」帰郷推進工作

1 「剿匪区」統治における政治課題認識

まず、蒋介石が「軍事三分・政治七分」を「囲剿」戦争遂行の新たな基本原則として打ち出した前後において、国民政府の江西省における「剿匪区」統治の課題がどのように認識されていたかという点を、省政府・省党部の文書に即して確認しておきたい。

江西省政府は、蒋介石が「軍事三分・政治七分」の原則を提起する4ヶ月前の1932年2月に同年の省政府工作方針を発表した。そこでは、

> 従来江西の民衆は「赤匪」に対してもとより怨みを抱いているが、「剿匪」工作に対しては、ただ座して成功を待つのみで、積極的に活動に参加することは少なく、まるで「赤匪」と政府の間で一種の局外中立を宣言しているようである。

と指摘し、具体的には江西省の商界・教育界および「各県知識分子・紳士階級」を例に挙げて、「剿匪」においてそれぞれがその職分と能力に応じて果たすべき役割を果たしていない現状を批判している。そして、江西省各界住民がこのような態度を改めてはじめて、「剿匪」問題は解決の希望があると述べている(6)。

また、同時期の国民党江西省党部は、従来の党組織や工作方針を改革する必要を訴えた宣言や講演の類を数多く発表している。たとえば、多数の党員は「革命破壊工作」ばかりに従事して「生産技能」を身につけていないために、農・工・商・教育各界から孤立して浮き上がり、社会の嫌悪の対象となっているといった厳しい自己批判も見られるように、社会の指導者としての党員の力量不足が問題にされている(7)。そして、教育・政治・実業・およびその他の社会建設事業などの諸問題に十分取り組めるような党組織の再建と新しい工作方針の樹立が求められ

ている。
(8)
　省政府・省党部の以上に見られる認識は、いずれも「剿匪」工作を中心とした建設事業において地域住民諸階層の支持を獲得することが当面の重要な課題となりながらもそれが十分達成されてこなかった現状を明らかにしているものといえよう。
　このような「民を争い取る」課題実現のために、本章冒頭で触れた様々な諸政策が試みられていくわけだが、ここでは本章の分析視角に即して、とくに農村の有力者である地主層との関連に焦点をあわせていく。国民政府は以上のような課題認識にもとづいて、地主層に対していかなる役割を期待し、彼らをいかに取り込んでいこうとしたのか。その具体的施策の一つが、次に述べる「賢良士民」帰郷推進工作にほかならなかった。

2　「賢良士民」帰郷推進工作の展開

　1933年9月、第五次「囲剿」戦争を開始する直前に蔣介石は「告江西各県離避匪賢良士民書」なる文書を発表し、ソビエト政権によって故郷を追われた「賢良士民」に対して帰郷することを勧告した。蔣介石のねらいは、帰郷した「賢良士民」を国民政府の「囲剿」作戦に協力させることにあった。具体的にいえば、国民政府軍がソビエト区から一地域を「収復」すれば、すぐさまその地域において、民衆の組織化、堡塁の建設、被災者の救済、浮浪者の保護・収容、地下に潜った「共匪」の捜索・処罰、農村の復興などの、軍隊では手が回らない一切の「清郷善後工作」を「賢良士民」に担わせることである。「賢良士民」の指導の下に地方の社会秩序を回復・安定させ、「共匪」が再び勢力を復活させる余地をなくしてしまおうとしたわけである。次いで、10月18日には、蔣は各県の軍政長官に対して、帰郷する「賢良士民」を特別に優遇し、帰郷のための旅費を半額にすることを命令するとともに、その旨を南昌市および各県の交通の要地に掲示することを指示した。さらに、このような蔣の意向を受けて、南昌行営は、**表6－1**に掲げたような内容の18種の標語を作成し、かつてソビエト政権によって故郷を追われた地主・郷紳層が集まっている南昌・九江・南京・上海・漢口などの大中都市に、これらの標語を印刷したビラをばらまいた。
(10)

表6-1　勧告各県賢良士民回郷協剿の標語18種

(1)賢良士民是民衆的導師	(10)救郷即是救国、救人即是救己
(2)不願回県工作者定是同情土匪	(11)不願回県工作者定是土豪劣紳
(3)不回県工作者定予以厳厲的懲罰	(12)不愛郷者必不愛国
(4)賢良士民是軍民合作的媒介	(13)辦理地方善後是地方人応尽的義務
(5)只有努力撲滅土匪、才能避免匪禍	(14)要保生命財産、只有回県協助剿匪
(6)賢良士民是社会的重心	(15)優礼褒揚撫卹、是回郷工作必得的報酬
(7)要保祖宗的墳墓、只有回県去協助剿匪	(16)辦匪団的曾国藩、是我們的好模範
(8)天下興亡、匹夫有責、故郷治乱、豈可不理	(17)要謀安居楽業、只有回県協助剿匪
(9)軍民合作是剿滅土匪的必要条件	(18)土匪不粛清、就無処逃生

註：『江西民国日報』1933年10月9日、より作成。

　以上からうかがえるように、国民政府はかつての農村の有力者たる地主・郷紳層を「賢良士民」すなわち自らの支配と地域住民とを媒介する社会的指導者として位置づけ、「剿匪区」統治における社会的支柱として取り込む形で復帰させようとしたのである。このような「賢良士民」帰郷推進工作は、この後、江西各県の「収復」の進展過程においても、また江西ソビエト政権崩壊後においても継続されていくことになる。

　そうした中で、とりわけ注目を引くのは、たんなる政府による呼びかけ・勧告を越えて、政府自らが「賢良士民」を選抜して組織的に故郷に引き戻す工作も行われていることである。このような役割を担った組織が収復区善後講習会である。

　同講習会簡章は、第1条において江西・福建両省の「収復区」（江西省寧都・石城・瑞金・雩都・会昌・興国など6県、福建省建寧・寧化・長江・清流・連城など5県を暫定的に指定）の善後工作にたずさわれる人材を確保するという目的を謳い、第3条では、会員を次の3種類に分類している。すなわち、第1類は、県長候補者として軍事・政治の知識を持ち、「剿匪」経験に富む者、第2類は、県長以外の地方行政官吏の候補者として県政に対する研究を行い相当の経験を具えた者、そして第3類は、「各県旅外賢良士民」で行政経験を持ち、「収復」後本籍地に帰って善後工作に志願する者である。それぞれの人数と選出方法は次の通りである。すなわち、第1類は22名で、江西省政府が12名を推薦し、福建省政府が10名を推薦する。第2類は198名で、第1類会員が1人につき9名ずつ推薦する。第3類は154名で、本簡章が指定した「収復」各県から14名ずつ江西・福建両省が募集

し南昌行営が試験して選出する。講習の内容は第五条に規定しており、①委員長（＝蒋介石）の訓話、②剿匪区臨時施政綱要に依拠し関連する各種法令、③匪区実際問題、④軍事訓練、となっている。

いうまでもなく、ここで重要なのは第3類の会員である。ここから、「賢良士民」に対して軍事的・イデオロギー的訓練を課した上で組織的に帰郷させ、首尾良く善後工作を行わしめようとする意図がうかがえよう。そして、1934年7月には実際にこの講習会の会員が講習を終えて、「収復区」各県に派遣されているのである。[13]

3 「賢良士民」帰郷推進工作の経済的方策
―――剿匪区内各省農村土地処理条例―――

さて、以上のように「賢良士民」と呼称されて帰郷していく地主・郷紳層の在地における経済的利益の保護に関しては、どのような方策が採用されていたのか。この方針が明示されないならば、「賢良士民」帰郷推進工作もたんなるスローガンに終わり有名無実化しかねないことは自明であろう。次にこの問題に目を転じてみよう。

帰郷していく地主・郷紳層の在地における経済的利益に関して基本方針を示したのが、剿匪区内各省農村土地処理条例である。[14] この条例は、1932年11月7日に江西省の省務会議で批准されている。[15]

同条例は、ソビエト区内の土地分配が行われた地域を国民政府軍が奪回した際に生じる土地その他不動産の所有権をめぐる紛糾を処理し、一切の善後工作を行う上での遵守規範である。同条例は、このような工作を行う機関として農村興復委員会を設置することを定め（第2条）、その組織方法について、次のように規定している。すなわち、県レベルでは県長・秘書科長および各区代表（各区1人）を委員として県長を主席とし、区レベルでは区長および各郷鎮代表（各郷鎮1人）を委員として区長を主席とし、郷鎮レベルでは県政府によって選定された「郷鎮の正当な職業を持ち衆望のある者」5～7人を委員とし、そのうち1人を互選して主席とする（第4条）。[16] そして、基本原則は、佃農や貧農に分配された土地を以前の所有者たる地主に返還し、その所有権を確定することにあると明示している

第6章　江西省「剿匪区」統治

表6-2　収復区農戸分類表

区域	自作農		佃農		自作農兼佃農		地主兼佃農		地主兼自作農		合計	
	戸数	%	戸数	%	戸数	%	戸数	%	戸数	%	戸数	%
贛東	55	16.1	135	39.5	148	43.3	—	—	4	1.1	342	100
贛南	7	6.7	82	78.1	14	13.3	—	—	2	1.9	105	100
贛西	159	21.2	269	35.6	317	41.9	1	0.1	9	1.2	755	100
贛北	220	41.2	106	19.9	190	35.6	5	0.9	13	2.4	534	100
湘東	8	8.4	78	82.1	8	8.4	—	—	1	1.1	95	100
総計	449	24.5	670	36.6	677	37.1	6	0.3	29	1.5	1831	100

註：汪浩『収復匪区之土地問題』、6頁、第三表を転載。

（第11条）。

このように見てくると、同条例は基本的にソビエト政権によって故郷を追われた地主・郷紳層のかつての経済的地位を各級行政長官の主導の下に回復させて上から保護するものであり、彼ら地主・郷紳層の利益に合致したものとして考えることができる。なお、当時の「収復区」農村の階層的構成については、十分な統計ではないが、**表6-2**を掲げておく。ここから、地域差が極めて大きいとはいえ、平均すれば佃農と自作農兼佃農が73.7％を占め、土地所有の不均等の一端をうかがえよう。国民政府の「収復区」における土地処理方針は、このような不均等な土地所有状況すなわち地主的土地所有を基本的に回復・維持するものであった。

しかし、先の農村土地処理条例は、たんに地主の保護だけではなく、荒廃した農村経済の復興を目指して、地主の直接的利益への制約を伴う項目も含んでいる(17)ことにも注目しなければならない。その内容は以下の3点に分類することができる。

第1点は、農村興復委員会による所有権の未確定な土地、所有者のいない土地および官有荒地の管理とその耕作権の分配（第9条および第4章）である。なお、同委員会が管理する土地および土地に付随する諸権利は、同区域に農村利用合作社が成立すれば、これに管理を移すことが規定されている（第10条）。利用合作社のねらいは、所轄の農村全体の土地を管理し、地主・佃農・自作農などが平等かつ合理的に土地その他を共同利用することによって、生産力を向上させることにあるとされ、**表6-3**によれば、主に1935年以降社数・社員数が増加している。(18)

表6－3　江西省における農村合作社発展状況

		信　用	利　用	運　鎖	供　給	兼　営	総　計
1934年9月まで a	社　数	888	49	3	6	6	952
	社員数	—	—	—	—	—	—
1935年6月まで b	社　数	1,376	296	27	27	17	1,743
	社員数	44,048	21,112	1,683	2,043	2,638	71,957
1935年12月まで c	社　数	1,511	430	40	27	55	2,063
	社員数	50,119	31,437	2,530	2,104	34,310	120,500
1936年？月まで d	社　数	1,694	622	92	30	408	2,846
	社員数	63,557	59,737	8,254	2,738	96,856	231,142

註：a：『処理剿匪省份政治工作報告』第9章、折込表より。
　　b：「軍事委員会委員長行営政治報告」『中華民国重要史料初編』、520～523頁より。
　　c：『江西年鑑』、860頁より。
　　d：孫兆乾『江西農業金融与地権異動之関係』（民国二十年代中国大陸土地問題資料）、1936年12月、45353頁より。なお同書によれば、この時点の合作予備社数、5,607社、社員数477,782人。

　第2点は、私有田地面積の制限および累進土地税（第6章）である。第48条によれば、一地主が所有できる土地面積の最大幅は100畝から200畝までであり、その幅の中で、土壌の肥沃度、人口の希密、地主の家庭状況を参考にして決定される。そして、この土地所有の最大幅を超えた土地が累進土地税の対象とされる（第49条）。
　第3点は、佃農や負債農民に対する一定の保護（第5章・第7章）である。まず、佃農の保護については、田租（小作料）徴収の主体が農村興復委員会であろうと、個々の地主であろうと、租額はソビエト政権が土地分配を行う以前の額内に抑えること（第42条・第43条）、そして地主はいかなる理由があっても農村興復委員会が決定した租額を引き上げることができないこと（第42条）などの規定がある。また、同条例とは別の臨時的措置としては、佃農が地主の帰郷により田租を徴収されることを恐れ、往々にして収穫すべき穀物を田野に放置するといった事態を憂慮し、1933年10月、新たに「収復」された地域では未収穫の穀物を佃農の所有にして、農村土地処理条例の適用は翌年から開始するという命令が出されている。次いで、1934年8月には、「収復区」の農産物は「収復」された年については耕作者の所有とし、「収復」後2年目から田租を徴収するという前年の方法を踏襲・定式化するとともに、同年10月には、地主・佃農間の紛争を避け秩序の安定を優先して、「収復」以前の不払いのままになっている田租・房租（家賃）の徴収を

禁止する指示を出している。[20]これらは、地主の佃農に対する収奪を一定程度制約するものにほかならない。

　ところで、**表6－4**は「収復区」の負債農家数と負債額を調査したものであり、ここから全調査数の87.8％にのぼる大多数の農家が何らかの負債をかかえていることがわかる。また、**表6－5**は農民が借金する際の借入先の比率を示したもので、多くの農民が地主・富農層の高利貸活動に依存している状況をうかがえよう。このような実態に即応して、先の農村土地処理条例は、「収復区」の農民負債に関して、負債の返還を2年間延期することができること（第55条）、利率は年利12％を超えてはならず、超過分は無効にすること（第56条）を規定している。また、各地の農民を指導して農村信用合作社を設立させて農業金融のための機関とし、農民の需要に応じて供給および運銷合作社も組織すること、さらに農村信用合作社の農業金融の資金として、①農村興復委員会あるいは農村利用合作社が管理する農産物・田租・賃金、②公有田地で徴収した田租、③累進土地税により徴収した税金、の三つをあてることを規定している（第57条・第58条）。なお、詳しい実態は不明であるが、**表6－3**からは、このような各種農村合作社が量的に増加していること、**表6－6**からは、農村信用合作社がその貸し付け額を増加させるとともに回収率を向上させていることがうかがえる。このほか、同条例とは別の臨時的措置としては、1933年10月には、「収復区」内の人民がかかえる以前の各種債務は一律に返済を延期し、逆に債権者が負債返還を要求してはならないという命令さえ出されている。[21]佃農の保護の場合と同じく、負債農民に関する政府の方針も、高利貸をも兼ねる地主の農民に対する収奪に一定の制約を加えたものとしてとらえることができよう。

　以上の考察から、国民政府の「収復区」の農村に対する政策の基調は、あくまでソビエト政権に土地を没収された地主・郷紳層の旧来の経済的地位を復活させ、これを上から保障するという方向であったが、農村経済の崩壊阻止・再興という大局的見地から地主・郷紳層の直接的利益を一部制約する内容をも含んだものであったことが確認できるのである。

表6－4　収復区農家負債表

項列＼区域	農家総数	負債戸数 戸数	負債戸数 %	負債総額(元)	毎家平均負債額(元)
贛東	363	302	83.2	31,326	103.72
贛南	803	674	83.9	53,697	79.53
贛西	110	67	60.9	3,438	51.31
贛北	618	541	87.4	43,968	81.27
湘東	100	91	91.0	8,593	94.42
総計	1,994	1,675	87.8	140,932	84.13

註：汪浩『収復匪区之土地問題』、22～23頁、第十三表による。

表6－5　江西省農家借款の借入先（1934年2月中央農業実験所調査報告摘録）

	地主	富農	商人	商店	典当	銭荘	合作社	銀行
江西省a	33.6(％)	22.4	18.4	11.2	5.6	4.0	3.2	1.6
全国b	24.2(％)	18.4	25.0	13.1	8.8	5.5	2.6	2.4

註：a：孫兆乾『江西農業金融与地権異動之関係』（民国二十年代中国大陸土地問題資料）、1936年12月、45295頁。
　　b：中央党部国民経済計画委員会『十年来之中国経済建設』民国26年、第2章、24頁。

表6－6　江西省農村合作委員会歴年貸款統計（単位：元）

		1933年6月	1933年12月	1934年6月	1934年12月	1935年6月	1935年12月
合作社	放出数	16,256	101,395	260,218	489,776	833,606	910,715
合作社	収回数	－	8,861	24,002	129,080	235,934	412,810
合作社	結欠数	16,256	92,534	236,116	360,696	597,672	497,905
預備社	放出数	－	－	113,964	582,898	1,302,166	1,588,170
預備社	収回数	－	－	－	16,502	169,001	402,337
預備社	結欠数	－	－	113,964	566,396	1,133,165	1,185,833
区聯社	放出数	－	－	－	68,186	142,869	223,344
区聯社	収回数	－	－	－	12,425	44,326	72,163
区聯社	結欠数	－	－	－	55,761	98,541	151,181

註：孫兆乾『江西農業金融与地権異動之関係』、45361頁。

4　「賢良士民」帰郷推進工作の実態

　それでは、以上のような地主・郷紳層のかつての経済的地位の回復・保障――ただし、直接的利益の部分的制約を含む――を伴って行われた「賢良士民」帰郷

推進工作は、国民政府の意図するとおりに順調に進展したのか、その実態はどうであったのか。この点を次に問わねばならない。

「三保政策」(保甲・保衛団・保墾の建設)や対ソビエト区封鎖の徹底、「剿匪」のための公路建設の急速な進展などは、確かに国民政府による在地有力者たる地主・郷紳層を媒介とした江西省住民の動員がある程度成功したことを推測させるが、他方で次のような史料も散見される。

すなわち、1934年12月2日に蔣介石は帰郷した「賢良士民」を保護する命令を出しているが、そこで問題としているのは、帰郷した「賢良士民」がその地に駐屯する軍隊や県長・区長などによって逮捕されたり暴行を受けたりして善後復興工作を願い出なくなり、それによって工作の成果が上がっていないという事態であった。(22)

また、1935年11月19日の省政府民政庁の命令の中では、帰郷していった「賢良士民」の数は少なくはなかったが、その多くが各自の財産の処理や整理を行うだけで、地域の復興事業には消極的であった状況が報告されている。そして、そのような彼らの態度は、地域住民の国家・社会に対する奉仕精神を失わしめるとともに、彼らが地域住民の利益をはかり、政府と協力して地域の各種要務を遂行させようという政府の期待に背いていると酷評している。(23)

以上の断片的な政府側文書の記述から、政府の方針や期待と地主・郷紳層の実際の対応との間には一定の隔たりがあることがうかがえる。次節では、この両者の対立と矛盾をより明瞭に示している地主・郷紳層の動向をいくつか取り上げて検討してみよう。

第3節 「剿匪区」統治の現実

1 「大戸抗糧」問題

まず、取り上げるのは、「大戸抗糧」問題である。

1932年10月16日、江西省政府は各県に「富紳大戸」による抗糧風潮を取り締まることを命令した。この命令書に付された省政府財政庁長呉健陶の説明によれば、

> 各県は銭糧を徴収すべきであるが、近年の徴収量は日々少なくなっている。

これは「匪患」が治まらず、徴収量に影響を与えているためもあるが、富紳大戸、公共団体および各機関人員が抗糧を行い、宗族を庇って郷里を牛耳っていることが減収の最大原因である。もしこれを真剣に整理しないと悪習が積み重なり、欠数はますます多くなって税収の前途は想像することさえできないことになろう。

という。抗糧取り締まりの命令は、その後もたびたび出されていることから見ると、決して充分には実行されていなかった。

たとえば、南昌県の場合、前年の豊作にもかかわらず、その年の田賦の実際の徴収額が本来の額の5割に過ぎず、その原因の大部分は少数の「富紳巨戸および寺廟公産」が抗糧を行ったことにあったという。これに対して、1933年7月、新任県長曾震の強いイニシアティブの下で大量の警察官を派遣し、「富紳巨戸」に納糧を迫っている状況が報告されている。しかし、この南昌県のように地方政府によって強硬な解決策が採られた事例があったとはいえ、同年の省政府財政庁の布告などによれば、逆に地方の徴税官吏が在地の有力者である「顕達豪強」「名門望族」の勢力を恐れて、彼らの抗糧をそのまま放置するというのが一般的であったようである。また、このような有力地主の宗族親属までがその勢力を借りて抗糧を行うために税収が大幅に減少し、これを補うために付加税という形で力の弱い中小土地所有者に負担が転嫁されていること、そして、これによって地方政府の財政問題のみではなく、農村経済に重大な悪影響を及ぼしていることなどが指摘されている。

次に、以上のような抗糧風潮がもたらしている影響を、実際の田賦徴収状況に即して確認しておこう。省政府主席熊式輝の1935年10月の講演によれば、江西省の徴収すべき田賦の正額は960数万元であるが、実際に徴収し得ている額が510万元に過ぎず、不足額は400万元以上にのぼっているとしている。また、1936年に編纂された『江西年鑑』にあげられている表6-7を見ると、1928年度から34年度までの間に田賦の実際の徴収額は次第に減少していることが読みとれ、1934年度の実際の徴収額340数万元という数字は、同年鑑が江西省の田賦正額であるとしている930数万元の3分の1強に過ぎない。表6-8は田賦収入が江西省財政収入全体の中に占める位置を示すために掲げたものである。これも同年鑑所収の

表6-7　江西省最近7年度実徴田賦統計

年　度	1928年	1929年	1930年	1931年	1932年	1933年	1934年
実徴数(元)	5,472,203	4,654,638	4,114,364	4,154,912	3,718,507	3,841,110	3,444,749

註：『江西年鑑』304～305頁。

表6-8　江西省歳入状況

年度 項目	1933年度 元	1933年度 %	1934年度 元	1934年度 %
田　賦	4,310,014	25.1	6,136,129	28.0
補　助　款　収　入	3,970,984	23.2	7,165,440	32.7
公　路　建　築　専　款	4,978,677	29.0	2,700,000	12.3
清　匪　善　後　捐　収　入	2,056,000	12.0	1,500,000	6.9
各県丁米屯附加団体経費収入	―	―	1,400,000	6.4
営　業　税	810,645	4.7	872,200	4.0
契　税	199,724	1.2	247,770	1.1
其　他　収　入	505,645	2.9	1,387,971	6.3
南　昌　市　収　入	312,285	1.8	484,717	2.2
合　計	17,143,974	100.0	21,894,227	100.0

註：『江西年鑑』、264～265頁より、一部項目を整理して作表。

　表であるが、1933年度と34年度の田賦収入の数字のいずれをとってみても、前掲表6-7の同年度における田賦の実際の徴収額とは大きく異なっている。この相違がどういう事情によるのかという説明は同年鑑には見あたらないが、ここでは減少している田賦収入でさえ、省歳入全体の4分の1ほどの比重を占め、第2項目の中央からの補助金収入などと並んで、省財政収入の重要な位置にあり、各種の「剿匪」工作を財政的に支えていたこと、そして田賦の大幅な減収分は、「公路建設専款」「清匪善後捐収入」「各県丁米屯附加団体経費収入」など様々な付加税で補われ、地域住民の更なる負担となって返ってくるという関係にあったことが確認されればよい。

　このような財政状況を背景として、第五次「囲剿」戦争による江西ソビエト政権の崩壊が目前に迫っていた1934年6月に、省政府主席熊式輝は「大戸抗糧」を地方建設の三大障害の筆頭に掲げた。そして、他の二つの障害、すなわち「豪紳」による公産の横領その他の非合法行為、地方行政の停滞・混乱を招く「訟棍」（訴訟ゴロ）の暗躍とともに、その粛清を強く訴えるに至る。[31]

さらに、この「大戸抗糧」による田賦減収問題は、国民政府が江西ソビエト政権を崩壊させた後、主に保甲経費確保の問題と結びつけられて、改めて対処が迫られることになる。これは、次に触れることになるが、1935年10月の行政督察専員会議において、保甲制度を従来のような警察的機能を越えて、農村合作社の促進を中心とした経済建設推進の基礎組織として位置づけ直したことと関連している。すなわち、1935年10月の熊式輝による省政府記念週講演によれば、

> 田賦を整理しないと、保甲の経費が解決できない。保甲の経費が解決できないと、保甲を作ることができない。保甲を作ることができないと、一切の経済建設事業はこれを進展させることができない。

ということになる。したがって、田賦の整理は、「我々にとって生死の関頭である」とまで表現される。こうして、「大戸抗糧」は農村の経済建設を直接阻害するものとして明確に位置づけられ、以前にもまして厳しい対処が命令された。

すなわち、熊式輝は各県県長および行政督察専員に対して田賦の整理を厳格に執行することを命令した際、次の3点を強調した。第1点は、抗糧を行った「大戸」に対して、その所有する田産をすべて公有にする（「保田」）とともに、軍法に従って彼らに懲罰を与えることである。そして、このような「土豪劣紳」を1県につき3～5人殺害してはじめて抗糧風潮を改めることができると述べ、保安処は必ずこれを実行すると断言している。第2点は、抗糧を取り締まる側の県長・行政督察専員に対して、従来は田賦の整理ができなくても、上級機関が責任を問うことはなかったが、今後は田賦の整理の成果如何によって賞罰を与えることである。そして、田賦の厳格な整理を実行したために在地の「土豪劣紳」の怨みを買い「誣告」を受けた場合は、省政府が必ず保護して、「誣告」者を厳しく処分すると約束している。第3点は、省政府の主席以下すべての公務人員に対して、もし公務人員の宗族が抗糧を行った場合には、その公務人員も連帯責任を負わねばならないことである。情実によって少しでも手加減したことが発覚した場合には、規定の2倍の処罰を与えるべきだとしている。

以上から、前節で見た「賢良士民」という命名に込められた国民政府の期待とは裏腹に、ここでは在地の有力者である地主・郷紳層が国民政府の地域統治遂行における最大の阻害者の一つとして登場してきていることが確認できるのである。

このように地主・郷紳層が国民政府の期待通りの役割を果たしていないことは、次に検討する保甲制度の実施においてもうかがえるところである。

2　保甲制度の実態

　保甲制度は、周知のように、宋代以降の中国の伝統的王朝による郷村支配の道具として利用されてきたものであるが、中華民国時期に入ってこれが本格的に復活させられた直接の契機は、ここでいう「剿匪区」統治の一環として中国共産党勢力の農村への浸透を阻止・根絶するためであった。したがって、保甲制度は、まず1931年6月に江西省のソビエト区周辺の43県において試行され、次いで江西省全体に拡大された。さらに、1932年8月、剿匪区内各県編査保甲戸口条例が公布され、江西省のほか湖北・河南・安徽のソビエト区に隣接する各省に施行され、やがて全国に拡大されていく。(34)

　ところで、こうした保甲制度の実態は、とりわけ地主・郷紳層との関連においていかなるものであったのか。従来の一般的な通説的理解では、保甲制度は、国民政府が農村の旧支配者層たる地主と一体化して農村支配を強化したものとしてとらえる傾向が強かった。しかし、「大戸抗糧」において見られたような国民政府の地域統治と在地の地主・郷紳層との間の一定の矛盾は、保甲制度に対する地主・郷紳層の姿勢においても表れている。(36)ここでは、この点について若干の事例を提示しておく。

　1933年に陳廣雅という『申報』の新聞記者が「剿匪区」を視察した際、江西省宜春県で現地の人物から聞いた次のような話を記録している。すなわち、同県では連保辦公処が60余、保が600余あり、保甲長や保連主任などの役職の多くは「無知分子」が担当しており、当地では保甲長になるのは「狡猾な流氓」ばかりだといわれている。したがって、保甲長はその権威を借りて郷民を食い物にし、圧迫された郷民は反抗の声をあげているという。(37)また、1934年10月の省党部執行委員譚之瀾が永新県において行った講演の中でも、「土劣地痞」が区長・保長・甲長などの役職を手に入れ、恣に権力財力を振りかざしているために、保甲制度本来の意義が完全に失われている実状に言及し、民衆を指導しうるような能力・経験があり品行の正しい「士民」はひとしく保甲長になることを願わないと述べ

ている。

　このような現象は、1935年10月の行政督察専員会議において、一部地域の特殊な事例ではなく全省的な普遍的な事実として確認されることになる。江西ソビエトの崩壊のほぼ1年後に開催された同専員会議は、保甲制度の任務の拡大を決定し、農村の広範な経済建設を担う基盤として保甲制度を位置づけ直した。このとき、保甲制度を「剿匪」のための組織から「建設」のための組織へと再編することが目指され、それに伴って、従来の保甲制度の欠陥も総点検されていた。同専員会議は、各県に派遣した視察員の報告にもとづいて、保甲制度の実態を次のように総括した。すなわち、保甲長の人選が適正ではなく、政府の期待する「公正人士」が就任していないこと、保甲経費が不十分で、負担も不均等であること、保甲長の職責の多さと重要さにもかかわらず、その社会的地位が低いことなどが指摘され、任務の拡大とともに、新たな任務の遂行にふさわしい組織の健全化が課題として提起されていた。

　また、これ以降、国民党省党部の機関紙である『江西民国日報』は、保甲制度の現状に対するさらに厳しい批判を数多く掲載するようになる。やや長くなるが、その一部を以下に抜粋しておく。

　　試みに民間の中に深く入り込み考察を加えたならば、これ（保甲制度－引用者）が実は民の怨みが集中している所にほかならないことを知るのである。保甲経費にあてがなく、徴収方法に統一がないことは、担当者をして、1軒ごとに徴収せざるをえなくさせ、訪問して督促し、甚だしい場合には、自分に都合の良いように規則を曲げて、強引かつ過酷に取り立てを行い、人民の感情を損なっている。このため地方の「公正士紳」は保甲長の職を厭い、次々と忌避して他人に押しつけるが、小民を食い物にする一般の「土豪劣紳」は、保甲長の職を金づると見なして、競って共謀して潜り込む。このような状況の下で、各地の保甲長は「土豪劣紳」の大集団であるのみならず、任意に人民を逮捕でき、勝手に言いがかりをつけて金を巻き上げることができる。保甲長の中には公正で明達の人もいないわけではないが、悪人があまりに多く、2、3の君子がいても何もできないのである。

ここでは、政府側から見て、保甲制度の実態が自らのあるべき農村統治の実現と

は全くかけ離れたものであり、強く憂慮し排斥すべき対象であった点を確認しておきたい。事実、こうした『江西民国日報』の論調と並行して、江西省政府は保甲長の不正や恣意的収奪を取り締まる命令を、日中戦争直前に至るまで繰り返している。個々の事例はともかく、全般的にいえば、以上のような保甲制度の実態はさして変わらないまま日中戦争直前まで続いていたのである。[42]

以上からうかがわれるように、保甲制度においても、在地の地主・郷紳層は国民政府が期待するような地域社会の指導者として積極的な役割を果たしてはいなかったのである。保甲制度を担っていたのは、国民政府から見れば、地域社会の秩序を掻き乱す「狡猾な流氓」「土劣地痞」などと呼ぶほか仕方のない存在であった。

第4節 小　括

国民政府は「剿匪区」統治における「民を争い取る」政治課題実現の重要な一環として、「賢良士民」帰郷推進工作を展開した。これは、ソビエト政権によって故郷を追われた地主・郷紳層を「賢良士民」と位置づけて帰郷させ、彼らを媒介として地域住民を掌握し、自らの地域統治を安定・強化しようとするものであった。すなわち、国民政府のねらいは、地主・郷紳層を「剿匪区」統治の社会的支柱にすることであった。

このような「賢良士民」帰郷推進工作は、基本的には地主・郷紳層のかつての経済的地位の回復、すなわちソビエト政権によって動揺ないしは廃絶させられた地主的土地所有の再興を伴うものあったが、当時の厳しい農村の荒廃状況を反映して、農村経済の復興・安定という大局的見地から地主・郷紳層の直接の階級的利益を部分的に制限する志向も含まれていたことは注目されねばならない。この点は、本書ですでに確認してきたように、国民政府が既存の地主制度をそのまま擁護する単純な反動政権ではなかったことを示していよう。

このような国民政府の政策に対して、現実の地主・郷紳層は、けっして国民政府の期待する通り「剿匪区」統治の社会的支柱としての役割を積極的に果たしたわけではなかった。たとえば、「大戸抗糧」風潮に見られるように、地主・郷紳

層は国民政府の諸政策遂行の強力な阻害者として登場する局面もあり、また農村の基層レベルでの住民把握の重要な基礎であった保甲制度に対してさえ、彼らの消極的な姿勢がうかがえたのである。

そして、次章で詳述する江西省における農村土地行政、とりわけその基軸となる土地・地税制度の近代化は、このような状況を前提として展開を遂げることになる。

註
（1） 蒋介石「清剿匪共与修明政治之道」（中華民国21年6月18日在廬山対豫鄂皖湘贛五省清剿会議講）『総統蒋公思想言論総集』巻10、620〜625頁。
（2） 「県長会議行営楊秘書長永泰訓詞」『江西民国日報』1933年6月20日。
（3） これらの「剿匪区」統治における諸政策は、旧通説においては国民政府の「反動」性を明示する格好の素材として取り上げられてきた。たとえば、戦後日本の研究としては、松本善海「中国における地方自治制度近代化の過程——国民政府による——」『中国村落制度の史的研究』岩波書店、1977年（原載は、『近代中国の社会と経済』刀江書院、1951年）、加藤祐三「土地改革前の中国農村社会」『アジア経済』第9巻第12号、1968年、などがある。いずれも、主に江西省「剿匪区」を起点に実施された国民政府の地域統治諸政策を同政府による農村支配の強化、孫文の「建国大綱」における地方自治の理想の形骸化・「圧殺」ととらえ、とりわけ加藤の場合はそれらが「地主・高利貸（＝商人）・官吏という三位一体の支配体制」を合法的に強化したことを強調する。なお、近年においては、経済政策史の観点から、同省の農村合作社政策の精力的な展開や農村服務区の活動に一定の積極的評価を伴った実証的検討が加えられている。註（4）・（5）の米国の研究を除けば、以下の研究を参照。弁納才一「南京国民政府の合作社政策——農業政策の一環として——」『東洋学報』第71巻第1・2号、1989年12月、張力「江西農村服務事業（1934−1945）」（中央研究院近代史研究所編『抗戦建国史研討会論文集（1937−1945）』下冊、1985年12月、台北）、呂芳上「抗戦前江西的農業改良与農業改進事業」（中央研究院近代史研究所編『近代中国農村経済史論文集』1989年12月、台北）など。
（4） William Wei, *Counterrevolution in China: The Nationalists in Jiangxi during the Soviet Period*, The University of Michigan Press, 1985. 詳しい内容と評価は拙評（『広島大学東洋史研究室報告』第8号、1986年）、および弁納才一の書評（『東洋学報』第68巻1・2号、1987年）、参照。
（5） なお、政府と地方エリートとの矛盾を強調する同様の観点は、Stephen C. Averill

"The New Life in Action: The Nationalist Government in South Jiangxi, 1934-37" *The China Quarterly*, No. 88, 1988.にも見られる。

（6）「省政府本年工作方針」『江西民国日報』1932年2月12日。
（7）「再論党治問題与本党今後基本方針」『江西民国日報』1932年6月9日。
（8）「今後党務工作的改進及其新方向」『江西民国日報』1932年6月30日。このほか、「我們怎様去復興江西」（同上、1932年11月15日～18日）、「本省第五次全省代表大会・党務報告」（同上、1933年5月8日）、「省執監委会第一次紀念週王委員冠英主席報告」（同上、1933年7月4日）なども参照。
（9）『江西民国日報』1933年9月24日。なお、史料によっては「賢良士紳」、あるいはごく少数だが「正紳」という呼称も使われているが、ここではすべて「賢良士民」に統一しておく。
（10）『江西民国日報』1933年10月9日。
（11）『江西民国日報』1933年10月19日、11月17日、34年3月27日、5月27日、12月3日、35年1月10日、4月27日、8月4日、11月20日などの記事参照。
（12）『江西民国日報』1934年5月2日、に掲載。
（13）『江西民国日報』1934年7月25日。
（14）「軍事委員会委員長行営政治報告――民国24年11月向中国国民党第五次全国代表大会提出」『中華民国重要史料初編――対日抗戦時期・緒編（三）』中国国民党中央委員会党史委員会、1981年、528～541頁。なお、同書に掲載されている「剿匪区内各省農村土地処理条例説明書」（541～550頁）も参照。
（15）『江西民国日報』1932年11月13日。
（16）汪浩によれば、このような県長・区長など「普通行政人員」を中心とした農村興復委員会の構成は、同会の工作内容が「専門行政」に属するために彼らでは十分その任に堪えないこと、彼らは他の公務が多く同会の工作には手が回らないことなどの欠陥があり、この点を同条例が容易に実行できないという自らの主張の根拠の一つに数えている（汪浩『収復匪区之土地問題』中央政治学校地政学院、正中書局、1935年7月、57～58頁）。
（17）当時の「収復区」における農村経済の荒廃状況について、汪浩ら地政学院による調査では、次の5点を指摘している。①荒地の増加。11県31村を対象とした調査で、荒地は耕地総面積の32.4％を占める。②人口とりわけ壮丁の激減。22県の調査で現有人口は「匪乱前」の77.2％であり、壮丁人数に至っては、10県の調査で全人口の16.2％を占めるに過ぎない。③農業経営資金の不足。表6－4参照。④地価の下落。とりわけ、新しい「収復区」では下落の程度が大きく、たとえば、江西省南部の水田1畝あたりの平均価格は5年前の24％に過ぎないという。⑤土地関係の劣悪さ。すなわち、土地所有の著しい不均等、高額地租、高利貸による搾取、苛捐雑税の徴収など（汪浩・

前掲書、46〜52頁。

(18) 「軍事委員会委員長行営政治工作」『中華民国重要史料初編——対日抗戦時期・緒編（三）』（前掲）、517〜518頁。汪浩・前掲書は、このような利用合作社に対して、地主は自らの収益が制限されるだけでなく、土地所有権そのものが動揺することを恐れて積極的に加入しようとはしなかったと見ている（66頁）。

(19) ただし、汪浩・前掲書によれば、このような面積を基準とした土地所有の制限方法は、①中国では地域差が極めて大きいこと、②中国は小農国家で大地主は少なく、江西省でいえば、200畝を越える土地を所有する大地主が極めて少ないこと、を理由に、その現実的効果を否定している（54〜55頁）。

(20) 国民政府軍事委員会委員長南昌行営『処理剿匪省份政治工作報告』1934年11月、第9章、45〜46頁。

(21) 同上書、第9章、45頁。

(22) 『江西民国日報』1934年12月3日。

(23) 『江西民国日報』1935年11月20日。

(24) 『江西民国日報』1932年10月17日。

(25) 『江西民国日報』1933年7月5日、7月27〜30日、11月6日、11月21日、34年2月19日、6月26日、35年5月2日、10月29〜30日など。

(26) 『江西民国日報』1933年7月5日。

(27) 「呉財庁長佈告」『江西民国日報』1933年11月21日、「社論・剷除地方建設障礙」同上、1934年6月26日。

(28) 註（27）に同じ。

(29) 「整理田賦与完成保甲——熊主席省府紀念週講演」『江西民国日報』1935年10月29〜30日。

(30) 『江西年鑑』1936年10月、304頁。ただし、先の熊式輝があげている数字とはやや違っている。

(31) 「党政協作与粛清三害——熊主席昨在党政連合紀念週席上講演」『江西民国日報』1934年6月26日。

(32) 註（29）に同じ。

(33) 同上。

(34) 保甲制度の全般的な実施過程については、謝増寿「国民党南京政府保甲制度述論」（『南充師院学報』哲社版、1984年4月）が比較的詳しい。

(35) 松本善海・前掲論文、加藤祐三・前掲論文。なお、謝増寿・前掲論文は、保甲制度を「大地主・大資産階級」の利益を代表した国民政府のファシズム独裁統治の一産物であるととらえている。

(36) ウェイ・前掲書もこの点を指摘している（96〜100頁）。

(37) 陳廣雅『贛皖湘鄂視察記』申報月刊社、1933年、30頁。
(38) 「省執委譚之瀾在永新保連訓練班之訓詞」『江西民国日報』1934年10月23日。
(39) 同専員会議は、保甲制度の任務を直接の「剿匪」工作の範囲を超えて、「財政・建設・教育」をも工作対象にすることを決議し、さらに修正整理保甲条例草案を可決し、保甲長は民衆を指導して合作社に参加させるとともに、合作社と協力して以下のような広範な農村経済建設を推進しなければならないことになった。すなわち、①農業（農産物の品種・栽培方法の改良と新品種の導入、土壌の改善と利用、肥料の入手と使用、害虫の駆除、改良農具の紹介と使用など）、②牧畜（家畜品種の改良と飼育方法、畜舎の衛生と防疫、荒山・荒地を利用した大規模な牧畜など）、③森林（荒山・荒地の調査・登記、植林、森林の保護など）、④水利（貯水池・用水路・井戸・堤防など灌漑施設の整備、水利をめぐる紛糾の調停など）、⑤工業（家内手工業の提唱と改良、利用可能な天然資源の合作工場への供給など）、⑥倉儲（備蓄穀物の徴収と保管など）、⑦交易（合作社によるすべての日常必需品、主要生産物の交易、違反者への制裁など）、⑧金融（合作社への預金、借款を受けた合作社社員の返済監視など）、⑨交通（郷村の道路修理など）、⑩保険（耕牛その他の保険の実施など）、⑪その他（冠婚葬祭や裁判費用の節約による経済建設資金の充実、農閑期における経済建設のための農民労働の無償徴用など）、である（『江西民国日報』1935年11月11日）。
(40) 「専員会議通過整理保甲具体方案」『江西民国日報』1935年10月27日。
(41) 「社評・統一徴収保甲経費与統一徴収捐税機関」『江西民国日報』1936年6月30日。
(42) この時期の江西省保甲制度をめぐる諸問題の詳細については、拙稿「『七七』前夜国民政府の江西農村統治──保甲制度と『地方自治』推進工作──」（『史学研究』187・188合併号、1990年5月）を参照。

第7章　江西省農村土地行政の到達水準

第1節　省財政改革と田賦問題

　前章で論じたように、江西省は中国共産党の中央ソビエト政権との対抗、およびその支配領域接収後の再建という政治課題に直面し、国民政府の統治諸政策がとりわけ強力に（かつ、多くの場合、先行的に）推進された地域であり、早くから同政府の勢力基盤で経済的先進地帯でもあった江浙地域とはまた別の意味で、重要で独自な位置を占めていた。本章では土地・地税制度の近代化を基軸とした農村土地行政を取り上げるが、これについても、江西省は江蘇・浙江両省と並んで、他省では見られないより徹底した独自な施策が強力に試行され、その成果の如何が注目されていた。したがって、江西省の事例を明らかにすることは、この時期の国民政府による農村土地行政の一つの到達点とその諸問題とを検証することになろう。

　江西省が土地・地税制度の近代化に取り組んだ基本的な目的は、省財政収入の増加と確保、および納税者の負担の軽減と公平化の二つである。まず、前者の目的からその背景をみていこう。土地・地税制度の近代化に向けた努力は、まずさしあたりは省財政改革の重要な一環としてとらえられ、田賦整理として開始された。したがって、江西省の省財政改革の全般的展開を概観し、そこにおける田賦問題の位置をまず吟味しておかねばならない。

　当時の江西省財政は、中国共産党指導下のソビエト政権との対抗・戦争の下にあって混乱の極みにあり、とりわけ各種財政収入が激減する一方で、「剿匪」（中国共産党・ソビエト政権の打倒およびその影響力の排除）課題遂行に伴う軍政支出が著しく増大するという矛盾を抱えていた。このような財政収入の不足分を補うために、様々な名称を持った公債の濫発が行われるとともに、各県で軍政各機関がその経費を非合法に調達することが常態化していた。そして、この省政府の統制を受けない恣意的な税収奪が、内戦と恐慌の下で疲弊していた農村経済をますます衰退へと追いやっていたのである。また、省内のソビエト政権が崩壊した1934
(1)

第7章　江西省農村土地行政の到達水準　　　187

年末以降は、「剿匪」のための支出だけでなく、各種の経済復興・建設のための支出が強く求められるようになる。
(2)

　このような状況に対応した省財政改革は、1931年末の熊式輝の省政府就任とともに始まり、その課題は、①財政制度自体の確立、②各種財政収入の整理と増加、の2点に大別できる。

　第1の課題については、まず省・県予算制度の確立と財政収支の統一的管理が目指された。江西省の省予算は1926年下半期以降作成されなくなり（但し、28・29年度は形だけ成立）、上述のように省政府は各省税の収支状況を把握・制御できない事態に陥っていた。31年末に改組された省政府は、このような事態の打開に努め、32年度から曲がりなりにも省予算を成立させ、省財政の監査機関として江西財政委員会（34年に審核委員会と改称）を発足させた。ただし、徴税機関は複雑に分岐し、省政府による監督の貫徹は容易ではなかった。省税のうち田賦・契税（不動産登録税）は終始、省政府財政庁の直接管理下にあったが、その他の税収はそれぞれ別個の系統をもつ徴税機関が徴収していた。省政府財政庁が各省税の徴収に対して一元的な直接的管理を実現するのは、ようやく37年7月になってからである。

　次いで、省政府は、ほぼ放任状態にあった各県財政に対しても監督を開始し、33年以降から各県の県予算の編成と指導に努めた。ところが、県財政の監査業務を担当した各県財務委員会は自らの職務に対する自覚と技術面の素養に乏しく、37年以降においても県長が在地の「豪紳」とぐるになって監査業務を全く形骸化させてしまうことがあったといわれている。県レベルの財政収支の監督はまだ初歩的な段階に止まっていたといえよう。
(3)

　第2の課題については、大きく分類すると、次の5項目が実施された。すなわち、①旧債の返済、②苛捐雑税の廃止、③「剿匪」のための臨時財源の創設（清匪善後捐・一五塩附捐）、④営業税の新設、⑤田賦の整理、である。このうち省財政収入の増加に直接つながるのは③・④・⑤であるが、③は用途を特定した臨時の税収であり、省政府の正規の通常収入として位置づけられるのは、④の営業税・⑤の田賦の二つである。
(4)

　営業税は主として②の苛捐雑税廃止に代替する合理的な財源として導入された。

1935年下半期から省税として徴収されたが、商人の営業状況を把握する技術上組織上の困難が伴い、また商人の非協力・抵抗もあって、その徴収額は予定額の半分ほどにしか達しなかった（後掲の表7－2）。事実、商人層の営業税の税率に対する抗議活動は商会や同業組織などを通じて組織的に展開されており、その状況は『江西民国日報』に数多く報じられている。

　田賦収入は、一般に、1928年の第一次全国財政会議において国税から地方税に移されて以降、各省財政の主要収入であり、江西省においても田賦正税額徴数（本来徴収すべき額）934万3894元という額は、たとえば1934年度を例にとれば、省政府歳入全体の4割を越える。ところが、実際には省内におけるソビエト政権の存在、あるいは後述する国民政府統治区域内における「大戸抗糧」風潮、徴税制度の不備などから本来徴収すべき額のほぼ5～6割ないしは3分の1強程度しか徴収できなかった。田賦の減収は江西省財政を大きく圧迫していたのである。

　したがって、田賦整理にもとづく税収の改善と確保は、以上述べてきた省財政改革の展開からいっても、また田賦の財政収入全体に占める比重の大きさからいっても、基軸的な位置を占めており、極めて重要な当面の政策課題であったといえよう。

　次に、もう一つの目的である納税者の負担の軽減と公平化について、その背景を簡単に一瞥しておこう。

　残念ながら、田賦の納税主体たる土地所有者の階層的構成を正確に把握できるような、江西省全体を網羅した適切な農戸調査は見当たらない。ただ、いくつかの断片的な農戸調査があり、ここでは主に江西省北中部の10県を対象とした表7－1を参考としてあげておく。一般に、中国の中南部諸省と同じく、江西省の場合も地主－佃戸制が発達しているが、自作農（調査対象の全農戸の20％）と自小作農（同36％）とを合わせると調査対象の全農戸の56％となり、彼らもまた田賦を負担する土地所有者にほかならない。また、地主層内部の構成については、表7－1と同じ調査によると、調査対象の地主の70％が所有地のある農村に居住する在郷地主で、30％が都市あるいは所有地から比較的遠方に居住する不在地主である。前者は、自らもその所有地の経営・管理に深く関わり、大半が小地主兼自作農、あるいは小商人であり、後者はその所有地の経営には関与せず、比較的大地主が

多く、職業をもつ場合は商人および官吏が多いという。(8) なお、調査対象は異なるが、江西省内の14県にまたがる地主（在郷地主73％・不在地主27％）の職業調査によると、政界8％、教育10％、工商38％、守業（無職の地主）23％、雑業21％である。(9) 地主層のうち商業資本を兼ねる者が多いこととともに、一部の有力地主（およびその子弟）が地方の政界・官界とつながっていることを確認しておきたい。(10) さらに、個人の私有する田地以外に、同族団体や信仰集団などが所有する「族田」「寺廟田」などの共有地や官有地も多少とも存在していたことも留

表7-1　江西省10県農戸分類表（1934年）

	自作農	半自作農	小作農
九　江	32 (%)	27 (%)	41 (%)
吉　安	17	45	38
南　昌	21	29	50
臨　川	24	40	36
南　城	15	26	59
貴　渓	20	60	20
万　年	20	40	40
宜　黄	20	21	59
楽　平	18	40	42
浮　梁	13	35	52
平　均	20	36	44

註：金陵大学農学院農業経済系編『河南・湖北・安徽・江西・四省小作制度』15～16頁、第2表より作成。

意する必要があるが、その比重を判断しうる史料は見いだせない。(11)

　さて、おおよそ以上のような異なった階層にまたがる納税者が、田賦を公平に負担していたわけではなかった。土地・地税制度の近代化に取り組んだ目的の一つとして、負担の軽減と公平化が掲げられた背景には、主に以下のような事情が存在していたのである。

　まず、田賦の場合、周知のように省税である田賦正税のほかに県政府の主要な財政収入として田賦付加税が徴収されたが、上述した正税の減収傾向と財政支出の増加傾向の下で付加税額が正税の数倍にも膨れ上がっていた。このため、抗糧を行う権勢もなく、また「官」との非公式なつながりを背景に徴税を逃れるといった術もない一般の土地所有者（おそらく、多くの場合、中小地主・自作農・自小作農）は、極めて過重な負担を強いられていた。(12)

　さらにこれに加えて、田賦の徴収に当たっては、いまだに明清以来の『魚鱗図冊』・『賦役全書』に由来する実態とは遊離した土地・租税台帳によるしかなく、しかもその台帳も多くは散逸してしまい、旧来から納税戸・税額の移転登記の職務を半ば世襲的に担ってきたとされる「冊書」（「架書」・「書差」とも呼ばれるが、以下、「冊書」という名称で統一して叙述する）が私蔵している写しに頼る場合が多

かった。

　このような徴収制度の不備のために、「有田無糧」(田地を所有していても納税義務はない)「有糧無田」(納税義務はあるのに田地を所有していない)「田多糧少」(所有する田にくらべて納税すべき額が少ない)「田少糧多」(所有する田にくらべて納税すべき額が多い)といった、実際の所有地と課せられている納税額とが正確に対応しないという不合理で不公平な現象が普遍的に見られ、さらに、徴税官吏による額外徴収、中飽(税金のピンハネ)、飛灑詭寄(ある納税者の税額を減じて、他の納税者に不正に割り当てる)などの腐敗・不正が徴税過程に数多く介在することになる。[13]このような中で、地域社会に隠然たる勢力をもち、「官」の末端にも影響力を行使できる有力地主が、その税負担における伝統的慣習的既得権を存続させていたと考えられる。

　したがって、田賦整理の根本的な解決策は、何よりもまず土地の正確な測量を実施し、その結果に基づいて真の納税者と正確な納税額とを確定して、合理的で公正な土地税の徴収を実施するしかない。この徹底した方法を当時「治本策」(抜本的な改善策)と呼んだが、これには多大の時間と労力が必要なために、さしあたり実施可能な改善策も「治標策」(実施上の改善策)として各種試みられた。江西省ではこの両者は平行して実施されたが、次章においてまず「治標策」から見てみよう。

第2節　「治標策」の実施とその困難

1　田賦付加税の削減

　江西省政府の田賦整理の「治標策」として実施された諸方策は、田賦徴収上の様々な積弊に対応して多岐に亙るが、ここでは次の三つの重要な課題に分類して考察したい。それぞれの実施状況をおさえつつ、当時の田賦の実態と改革の困難を検証していく。[14]

　まず、取り上げるのは田賦付加税削減である。その提起は、1928年10月の国民政府財政部の「田賦加徴附捐限制法」にさかのぼる。このとき、田賦付加税の総額は田賦正税を越えない、田賦正付税の総額は地価の1%を越えない、という二

つの原則が示された。行政院が32年8月になって同じ原則に基づいた「整理田賦付加辦法」を発表し、各省市に33年内に実施することを指示した。江西省政府財政庁はこれをうけて、省内の田賦付加税の調査を行うとともに、33年8月4日に「この巨額の付加税を軽減しなければ、人民の苦しみを除くことができないだけではなく、正税収入にも影響を与える」として、その削減を命令している。

　1933年の省内33県を対象とした上記の調査によれば、田賦付加税の名称は90余種にも及び、1県当たり少なくとも3、4種、多い県は10余種に及んでいる。このうち、省政府の命令に基づく付加税（教育・建設・財政・自治など）は名称・税率が比較的統一されているが、各県が実施したその他の付加税は、定額や規格がなく著しく統一性を欠いていた。しかも、財政監督の弛緩のために、非合法に徴収されている付加税の方が合法的な付加税より多かったという。また、税額についていえば、1928年には正税の30％を越える県はなかったのに対して、各県ともにほぼ一様に増加傾向を示し、正税額を越える県も多く、萍郷県のように正税の4倍にもなる事例もあった。田賦付加税は県財政収入にとって平均約60％を占める主要財源であり、前述した「剿匪」に伴う地方経費の膨張や財政監督の弛緩、さらに合理的な新財源が創設されない中で膨張していったのである。

　残念ながら、省政府の上述の削減命令以降、実際にどの程度の削減が、どのように実施されたかを示す史料は見当たらない。しかし、35年半ばにも『江西民国日報』の社説においてその削減が依然として課題とされていることや、前節で触れたように県レベルでの財政収支の監督が進んでいない状況、さらには37年度の県財政収入に占める田賦付加税の比率（全省83県の合計）がなお58.49％であったという報告などを考慮すれば、この段階で田賦付加税の削減が進捗したとは考えがたい。したがって、徴税を逃れる何らかの特権や実力をもたない土地所有者は、依然として不公平で多分に恣意的な収奪にさらされていたのである。

2 「大戸抗糧」に対する取り締まり

　「大戸抗糧」とは、有力地主がその権勢を背景に田賦の支払いを拒否することをいう。もちろん、省政府はこれに対する取り締まり命令を繰り返しているが、多くの場合、地方の徴税官吏は有力地主の隠然たる勢力を恐れてこれを放置し、

また、抗糧が宗族・親族ぐるみで行われるために未納額も大きく、政府税収の減少の原因となるとともに、その他の納税者に負担が転嫁される事態を招いていた。ここで「大戸」（あるいは「富紳大戸」）と呼ばれる有力地主の土地所有の規模や経営内容を特定できないが、前節で触れた地主層の構成を踏まえていえば、彼らは一般の中小土地所有者（地主・自作農・自小作農を含む）とは異なって、多くの場合、地方の政界や「官」の末端にも影響力を行使できる階層で、宗族・親族ぐるみで様々な非公式の伝統的慣習的既得権を享受していたと考えられる。

　この「大戸抗糧」風潮については、前章でやや詳しく論及したが、そこでは政府と地主・郷紳層との矛盾・対立の局面を示す一事例として取り上げ、とくに省政府がこれを地域統治遂行の最大の障害物として位置づけていたことを明らかにした。前章は、35年までで分析を打ち切り、また旧来の通説的国民政府理解に対する問題提起に主眼をおいていたため、それ以上の検討を加えなかったが、ここでは、もう少し分析を補っておきたい。

　まず、地理的広がりについてである。軍事委員会委員長蔣介石は、1933年11月に「大戸抗糧」を厳しく取り締まる旨を各省に通電した[21]。これを受ける形で、34年2月、省政府財政庁は、「匪災」（中国共産党・ソビエト政権の統治の浸透）の影響を被っていない各県において旧田賦滞納分の徴収が規定の期限を越えても全く成果が上がらない原因は「富紳大戸」の抗糧にあると述べて、その取り締まりを改めて厳命した[22]。このとき、「大戸抗糧」による旧田賦の滞納分の徴収を名指しで求められた各県を示したのが図7－1である。ここから「大戸抗糧」風潮が省内の国民政府統治区のほぼ全域に広がっていたことをうかがうことができよう。ただし、靖安・高安の2県は、「義図」制度（後述）が機能しており、田賦徴収は滞っていないため、この命令から除外されている。

　次に、前章では十分触れられなかった各県レベルでの「大戸抗糧」の実態の一端を紹介しておく。南昌県県長曾震は、その報告で田賦徴収上の様々な困難（後述）を列挙した後、最後の結論部分において、納税戸の田賦不払いが習性となり、軍隊とともに催促に出向かないと徴収できないこと、滞納の多い者を選んでその財産を没収しその他の滞納者へのみせしめにする必要があることを述べている。新建県県長盛永発の報告では、滞納分徴収のために多数の警官を各郷へ派遣しな

図7－1　江西省における田賦滞納県（1934年2月）

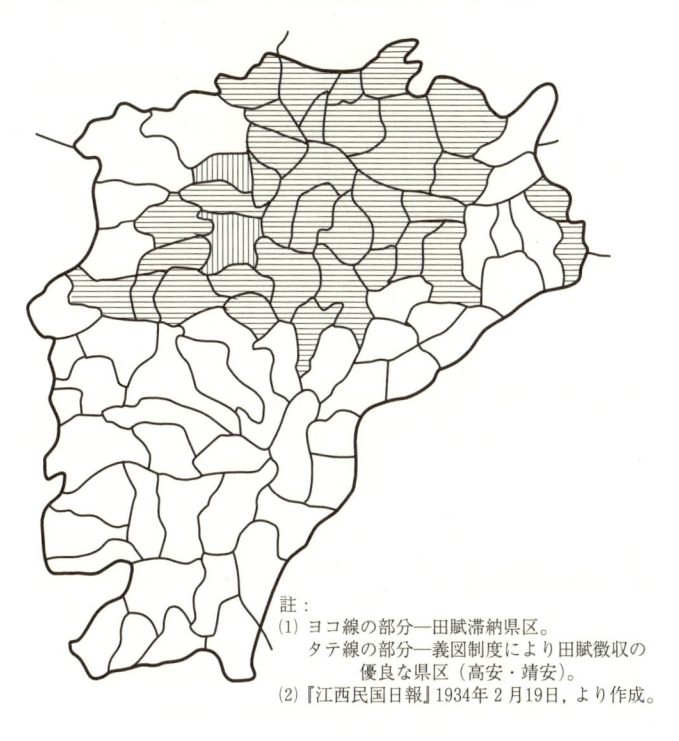

註：(1) ヨコ線の部分―田賦滞納県区。
　　　タテ線の部分―義図制度により田賦徴収の
　　　　優良な県区（高安・靖安）。
　　(2)『江西民国日報』1934年2月19日，より作成。

ければならないが、それに伴って必要になる職員数・旅費ともに不足して容易には実行できない実態に言及している。安福県の財政庁視察員王継春は、安福県の「士紳」は常々田賦を払わないことをむしろ名誉となし、その他の納税者もこれに倣って滞納が習性化している風潮が徴収額の不足の主因だと報告している。

また、具体的事例として、断片的ではあるが、抗糧を行った人物や滞納者が確認できる史料もある。財政庁視察員楊藻は、彭沢県では「富紳大戸・公務人員・公共団体」の滞納が甚だ多く、これを取り締まれない同県県長の懲戒処分を求めている。この報告によれば、県党部幹部の陶寿、区長の職にある許恕哉らが多額の田賦不払いを続けている。田賦不払いの実践者が公然と権力の末端につながっている事例である。同じく楊藻の別の報告によれば、浮梁県の戴立誠・戴含章・戴貴賢らは1万3000元にのぼる田賦の支払いを拒否し、警官を派遣して厳しく督促しても徴収に応じなかった。実は彼らは隣接の婺源県に住んでおり、同県県長の協力を得てようやく逮捕されるに至った。永豊県で田賦200余元を納めなかった魏向栄も南昌県に身を潜めており、同県県長の要請で省公安局が捜査・拘束に

協力している。地主の不在化が、取り締まりを困難にさせていることを示唆するものであろう。

さらに、1937年7月23日の省政府財政庁の命令は、農村の「大戸抗糧」を、営業税に対する悪徳商人の帳簿の偽造による脱税行為と並べて論じ、本来担税能力に富んでいるはずの農村の有力戸や経営規模の大きい商家が税負担を逃れ、善良な農民や中小商人だけが税を負担することは、政府の意志に反するとして批判している。このほかにも、37年に入ってからの省政府による「大戸抗糧」の取り締まりを求めた指示や新聞紙上の評論もあり、これらと、前述の滞納者への催促の困難な実態やその背景にもなっている徴収制度の不備（後述）などとを考え併せれば、取り締まりの効果が上がっていたとは想定しにくい。地域社会に隠然たる勢力をもった有力地主による抗糧風潮は、日中全面戦争の開始となる七・七事変前後に至るまで依然として継続していたのである。

3　徴収制度の改善

田賦徴収額の不足の一因として、すでに触れた徴収制度の欠陥がある。これは、前述の「大戸抗糧」の背景ともなっていたと思われるが、これにはどのような改善策が採られ、どのような困難が存在したのか。

1933年12月、省政府はさしあたり南昌・新建2県を対象にした三つの田賦徴収にかかわる法規を公布した。すなわち、「江西省政府整頓徴収田賦辦法」、「公務員協助催徴連議法」、「南昌新建清査田賦辦法」である。これらは、翌年1月にはその他の各県に拡大・適用された。また、1935年6月に「江西省徴収田賦章程」、同年12月に「江西省整理田賦徴収暫行辦法」と「江西省各県徴収田賦人員奨懲規則」が公布されている。

ここで注目したいのは、まず第1に各県県長に納税戸調査とそれに基づく正確な帳簿の作成を指示している点である。その方法は次のように規定されている。すなわち、まず納税戸・税額の移転登記の職務を半ば世襲的に担ってきた冊書にその私蔵している帳簿を提出させ、次いで県から委任された都図甲長（あるいは区保甲長）、義図長、甲正および冊書がこれを携えて各郷に赴き、納税戸の姓名・住所、土地の面積・位置・等級・税額を調査する。これによって、以前の帳簿の

第7章　江西省農村土地行政の到達水準　　　　　　195

杜撰さと不正とを改めて県が正確な帳簿を保持しようとしたのであった。

　では、このような納税戸調査と正確な帳簿の作成は効果的に実施されたのであろうか。すでに触れた南昌・新建両県長の報告によれば、次のような納税戸調査に伴う困難を指摘している。すなわち、南昌県でいえば、①土地の売買に伴って納税義務が移転しない場合が多く、これが長期にわたり繰り返されてきたこと（その理由として、次の2点をあげている。一つは、南昌県では旧時田賦を負担していなければ科挙の受験が許されないために、田地を売っても納税義務を移転しないという「不倒戸」「掛戸」という慣習があったことである。この慣習は、当初は読書人の家だけで行われたが、しだいに一般の郷民に広まり、当時においてはこれにより土地所有者でありながら納税しない戸が納税戸の全体の2割に達していた。もう一つは、かつて土地所有者が田地を売るとき、その価格を高くするために納税義務はないと偽り〈「売田不売糧」〉、これが繰り返されて調査も行われなかったことである）、②旧来の冊書は南昌県では1930年にすでに撤廃されていて、今では県内の納税戸や税額などの事情に通じている者がいないこと、③税額が明代以来調査されず、『魚鱗図冊』も戦乱で散逸して長期の変遷を経た農地を把握する根拠がないこと、④所有農地と居住地とが異なった行政区画に位置し、甚だしい場合は省外に居住している納税者がいて調査に手間がかかること、などの事情を指摘している。これらは、納税者、農地、税率、税額の確定が短期間で簡単にはできないことを示している。

　新建県においても、自らの正確な納税額を知らない納税者が極めて多いことが報告されており、同じような困難が存在していた。ただし、新建県の場合は旧来の冊書が健在で、調査は彼らに頼って行われている。しかし、実はこの冊書こそが農村の田賦徴収上の腐敗を生み出してきた主要勢力であり、彼らの不正を有効に統御する方法を考慮していない点に、この調査方法の不徹底さがうかがわれる。また、冊書の大部分を撤廃した南昌県の場合は各区長・保連主任・保甲長による1軒ごとの調査で補おうとしているが、保甲制度の実態は通説で想定されるほど堅固な実質をもっていたわけではない（前章、参照）。

　注目すべき第2点は、田賦の徴収・督促に関する諸規定である。すでに扱った「大戸抗糧」に対する罰則を伴う厳しい取り締まりの規定を除けば、①「義図」制度の採用、②滞納者と血縁・地縁関係にある公務人員の連帯責任制の採用、③

滞納秘匿者に対する密告の奨励、④納税者自身による直接納税の励行と督促者の立て替え納税の禁止、⑤督促者・徴収責任者に対する奨懲制度の実施などが規定されている。

まず、①の「義図」制度とは清代以来幾つかの地域で実施された納税者自身の自治的な納税組織（数個の村落から構成される「図」を基礎単位とする）であり、従来の研究では「地方権力機構の中枢から疎外され、相対的に過重な徴税負担を強要されつつあった中小土地所有者層」が、特権をもった「郷紳」による徴税過程への介入・支配から自らの利益と生活を防衛するための組織として理解されている。このような「義図」制度が江西省では靖安・高安２県で存続し、田賦徴収率９割という他県に較べて抜群の徴収率を示していた。このため、省政府は田賦整理の良法として早くからこれを高く評価し、期限付きで全省に広めることを繰り返し命令していたのである。

しかし、命令が何度も繰り返されるということは、成果を上げていない現実の反映である。とくに、「義図」制度は納税者自身による自主的な納税組織という性格をもつため、なお生きた制度として存続していた場合は別として、そうした基盤がない地域では政府が上から押し付けても有効に機能しなかったと思われる。たとえば、新建県では豊かな納税戸を図長に就任させようとしたが、多くは難を恐れて強く辞退したために実施できなかったという。

1937年７月に作られた「整理田賦計画六項」には、有名無実の「義図」制度を利用するよりも、保甲制度を納税戸調査および納税の督促に積極的に利用するように指示している。ただし、たとえば、財政庁視察員楊藻が告発しているように、各県の保甲長の中には納税の督促という職務についてその意義を理解せずに敢えて無視している者も多かった。

②の公務人員の連帯責任制については、次のような規定がある。公務人員が滞納者への督促に協力する義務を負うのは、（ａ）直系尊親属・卑親属、および傍系六親等内の尊親属・卑親属、（ｂ）同族［（ａ）以外の］、（ｃ）同村内に住む家族、である。公務人員は彼らに対して期限どおりの納税を勧告し、それでも納めなければ、立て替え払い［（ａ）の尊親属の場合］あるいは滞納者の姓名を県政府へ通報する義務を負い、なかでも（ａ）の場合にこの義務を果たさなければ、公務人員自

第7章　江西省農村土地行政の到達水準

身が処分を受けることになる。

　これは、中国社会に根強く残る伝統的な血縁・地縁の紐帯を利用して徴税の効果を高めようとしたものであり、「大戸抗糧」がしばしば「官」との私的な非公式なつながりを媒介とし、宗族・親族ぐるみで行われていたことに対応したものといえよう。

　③の滞納秘匿者の密告には賞金が付けられ、密告者の姓名については秘密の厳守を約束している。滞納秘匿者の多さとその把握が困難な実情を反映しているといえよう。

　④は、納税手続きにかかわることであるが、いま少し詳しく説明すると以下のような方法が採用されている。各県政府は田賦徴収開始前に実徴冊と一定の様式の串票（政府が発行する租税領収証書）を作り、串票には、通し番号と証明印を押し、そこに付けられた通知書を切り放して各納税戸に送る。各納税戸はこの実徴冊に基づく通知書を県政府から受け取り、その記載に従って、これを携えて自ら赴いて納税する。納税の督促者として催徴警（納税の督促人）、義図図長、甲正、保甲長が挙げられているが、彼らの職務は督促だけで立て替え納税は許されない。

　これは、徴税に彼ら納税督促者が介在することで発生する不正を防ぐ意図が込められている。徴税吏や督促者による徴税過程における不正・腐敗は多く指摘されていることであるが、(43)江西省に即していえば、たとえば、財政庁視察員王継春の安福県に関する報告（1935年5月）にその一端がみられる。安福県では納税督促者の多くは納税戸の住所・税額を知らず、たとえ知っている場合でも賄賂を差し出した納税戸には督促には行かなかった。また、同県では証明印を押しただけで納税額の記載のない串票（前出）が徴税吏に渡され、徴税吏が田賦の徴収時に納税額を記載するために不正徴収の横行を免れなかったことが報告されている。(44)

　先の納税方法はこのような不正の横行に対応したものであるが、前掲の「整理田賦計画六項」（1937年7月）は、納税督促者による不法徴収が依然として横行していたためにその厳禁を37年度の一課題として挙げており、十分な成果を上げたとは思われない。また、同文書は省政府が定めた串票の様式や使用方法が守られていない実態にも言及している。(45)

　⑤については、④で述べた納税督促者に対して県長がその成績により奨懲制度

表7-2　1935年度から1937年度までの江西省田賦・営業税収入

	1935年度	1936年度	1937年度
田　賦	542万余元	600万余元	539万余元
営業税	予算額95万3千余元の57.97%	予算額117万6千余元の57.25%	予算額187万6千余元の55.60%

註：文羣「十年来之江西財政」の叙述から作成。

を採用することを規定している。また、徴税責任者である県長、県政府第二科科長、県政府経徴処主任に対しても田賦徴収の成績に応じた奨懲制度を適用している。とくに、後者については1936年度（1936年7月～37年6月）における実施結果が報告されており、徴収額の不足で何らかの減俸処分を受けた県長は49名にのぼる。[46]

以上、田賦整理の「治標策」の内容と実施状況をたどりながら、その困難性と限界にも言及してきたが、「治標策」全体の評価を下すためには田賦の徴収状況がどの程度改善されたかという点をおさえなければならない。ところが、当時の田賦徴収額は、史料により大きく数値が異なり[47]、依拠する史料によっては全く異なった評価が与えられることになる。ただ、本節で検討してきた諸事実から類推して、当時、江西省農村合作委員会委員長であった文羣が挙げている概数をより実相に近いものと考えたい。文羣は表7-2に示した数字を挙げつつ、田賦の積弊は極めて深いために、政府が努力したにもかかわらず、「なお理想の域には達しがたい」と述べている。[48]

第3節　「治本策」の展開とその成果

1　実施状況

それでは、「治本策」は具体的にどのように推進されたのか。まず、「治本策」を中心とした土地行政を主管する地政機関の沿革を簡単に概観したのち、その業務内容および進展状況を説明していこう。[49]

江西省の地政機関の設置は、1928年3月の土地局の設置にさかのぼる。これに伴い土地測量隊も組織され始めたが、30年には経費不足のために測量隊・土地局ともに撤廃を余儀なくされた。

この後、地政機関が再建され本格的に「治本策」が再着手されるのは、熊式輝の省政府主席就任以降からである。熊式輝は従来の「人工測量」の方法では期間・経費ともにかかり過ぎることから航空測量の採用を決定した。すなわち、1932年5月に参謀本部陸地測量総局から人員の派遣を受け、航空測量江西分隊を組織し、南昌県から航空測量を開始するとともに、財政庁に熊漱冰を責任者とする田賦清査処を付設した。江西省でほかの各省とは異なった航空測量が採用されたのは、省政府主席熊式輝の強い指導力とともに、南昌に「剿匪」のための軍事拠点が存在したことと深い関係があったといえよう。

　1933年8月、田賦清査処は所管業務の拡大・複雑化に伴い土地整理処に改組し、これを省政府に直属させ、内部に調査・計積・製図・造冊の4組を設けて航空測量の結果にもとづいて各業務を分担させた。この後、土地整理処は34年6月に土地局に改組し、さらに36年7月に地政局に改組して（以下、特に必要がない限り繁雑さを避けて省地政機関の名称を地政局に便宜上統一して叙述）、航空測量が完了した各県には地政処（後に、地政科に改組）が設置された。

　「治本策」の業務内容は、①航空測量、②土地調査、③地価算定、④面積計算、⑤地図作成、⑥帳簿編纂、⑦土地登記、⑧地価税徴収、の八つの業務に分けられる。表7－3は1941年9月までの各業務の進展状況をまとめたものである。36年

表7－3　江西省における1941年9月までの土地行政進展状況

	航空測量（清丈）	土地調査	地価算定	面積計算	地図作製	帳簿編纂	土地登記	地価税徴収
南昌	○	○	○	○	○	○	○	○
新建	○	○	○	○	○	○	○	○
安義	○	○	○	○	○	○	○	○
進賢	○	○	○	○	○	○	○	○
清江	○	○	○	○	○	○	○	○
東郷	○	○	○	○	○	○	○	○
新淦	○	○	○	○	○	○	○	○
豊城	○	○	○	○	○	△	○	○
臨川	○	○	○	○	○	△	○	○
金谿	○	○	○	○	○	○	○	○
高安	○	○	○	○	○	○	○	○
峡江	○	○	○	○	○	○	○	○
吉水	○（人工補測）	○	○	△	○	○		
吉安	○（人工補測）	○	○			△		
崇仁	○（人工補測）	○	△					
泰和	○（人工補測）	○	△					
宜黄	○（人工補測）	○						
永豊	○（人工補測）	△						
楽安	△（人工補測）							
安福	△（人工測量）							
永新	△（人工測量）							
蓮花	△（人工測量）							

註：熊漱冰「十年来之江西地政」の叙述より作成。
○は全県完了、△は一部完了。人工測量とは航空撮影を使わない通常の土地測量を指す。人工補測とは航空測量を途中まで実施し、その残りを人工測量で補完したものを指す。

図7-2　江西省土地整理進行計画（1936年3月）と1941年9月までの土地測量進展状況

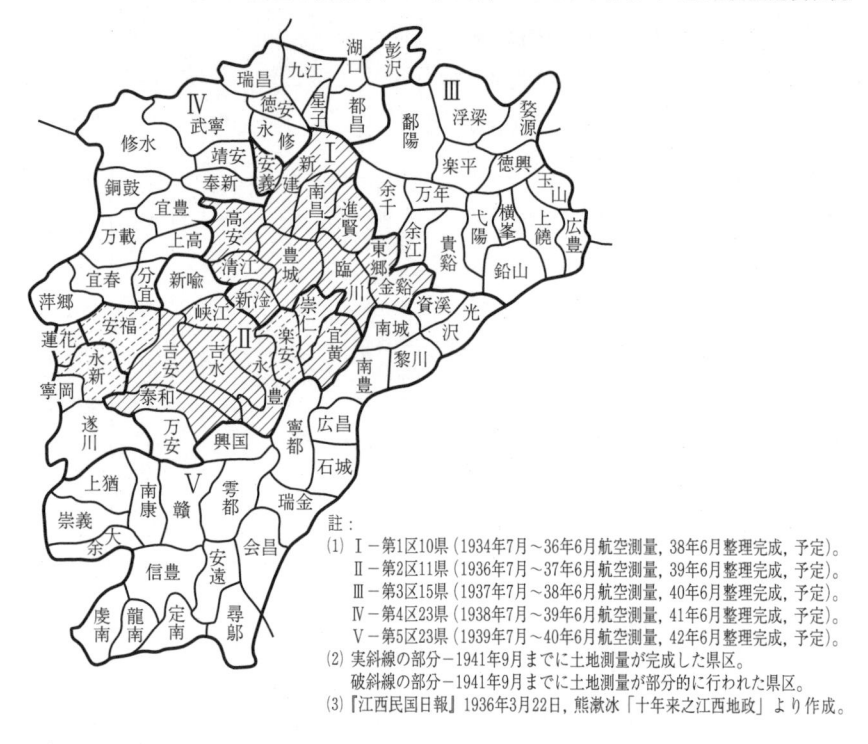

註：
(1) Ⅰ-第1区10県（1934年7月〜36年6月航空測量,38年6月整理完成,予定）。
　　Ⅱ-第2区11県（1936年7月〜37年6月航空測量,39年6月整理完成,予定）。
　　Ⅲ-第3区15県（1937年7月〜38年6月航空測量,40年6月整理完成,予定）。
　　Ⅳ-第4区23県（1938年7月〜39年6月航空測量,41年6月整理完成,予定）。
　　Ⅴ-第5区23県（1939年7月〜40年6月航空測量,42年6月整理完成,予定）。
(2) 実斜線の部分－1941年9月までに土地測量が完成した県区。
　　破斜線の部分－1941年9月までに土地測量が部分的に行われた県区。
(3) 『江西民国日報』1936年3月22日、熊漱冰「十年来之江西地政」より作成。

3月に南昌県の実績を踏まえて作成された全省実施計画によれば、図7-2のように全省を五つの区域に分け、5期に分けて8年（37年7月、この計画は6年に短縮された）ですべての事業が完了することになっていたが⁽⁵⁰⁾、後述するように日中戦争の勃発によって、計画は大幅に変更することを余儀なくされた。それぞれの業務内容と実施状況を説明していこう。

［航空測量］航空測量は南昌県で1932年5月に開始され、34年1月に終了した（所要期間21ヶ月）。実測農地面積は146万4061畝であり、原有農地面積が123万8919畝であるから、政府が把握していなかった無税農地22万5143畝（原有面積の18.2%）が検出されたことになる。所要経費は合計19万9412元で、1畝当たり約1角3分余りであった。この最初の測量は大きな成果を挙げたが、ただ期間・経費の上で当初の計画を超過したので、以後は技術上の改善を施して続行された⁽⁵¹⁾。

こうして、1934年7月、第1区の10県（新建・安義・進賢・清江・東郷・新淦・豊

城・臨川・金谿・高安）で改善された航空測量が開始され、36年9月に終了した（所要期間1県当たり平均11.8ヶ月）。第1区10県の実測農地面積は1092万8343畝であり、原有農地面積が764万3956畝であるから、政府は新たに328万4387畝の農地（原有面積の43.0％）を把握したことになる。所要経費は合計77万7836元で、1畝当たり7分1厘となる。期間・経費の点で南昌県と比べると、ともにほぼ半減したことになる。

さらに、同年6月に第2区の11県の航空測量が開始されたが、37年7月以降日中戦争が始まり、航空測量は中途で停止せざるを得なくなった。この後、吉安・吉水・泰和・崇仁・宜黄・永豊・楽安の7県の未完部分を「人工測量」（地上測量）で補って完了させ、41年1月から安福・永新・蓮花の3県で「人工測量」が開始された。

1941年9月までの進展状況と成果をまとめたのが表7－4である。このときまでに測量が完了しデータが整理されている南昌・新建・安義・進賢・清江・東郷・新淦・豊城・臨川・金谿・高安・峡江・吉水・吉安の14県の実測農地面積は合計1507万1958畝であり、政府が新たに把握した農地は合計418万9291畝であり、これは原有農地面積合計の38.5％にのぼる。[52]

［土地調査］地政局調査組は航空測量で得た原図を携えて実地に赴き、原図上に県・区・郷鎮の境界を確認し、地価算定のための調査を行った。

［地価算定］地価の算定は、1934年6月、南昌県の地価調査が終わった後、「江西省地価估計委員会暫行章程」が公布され、当初はこれにもとづいて行われたが、土地法の施行が命令されると、その原則に対応して36年10月「江西省各県地価估計規則」[53]に改定された。この規則によれば、次のような手順で地価の算定が行われた。

まず、地政局調査組が所轄区域内を「地価区」に区分し、そこから「標準地」を抽出して、最近五年内の平均市価にもとづいて標準地価を算定する。同一地価区内の特殊な土地は、「特上地」あるいは「特下地」として標準地価額に増減を加える。このように算定された地価は地政局の審査と省政府の承認を経た後、区ごとに公示される。土地所有者が、算定された地価に異議があるときは、公示の日から30日以内に当該区の過半数の署名をもって地政局に再調査を求めることが

表7-4 江西省における原有農地面積と実測農地面積との比較

(単位:畝)

県名	期間	原有農地畝数 (a)	実測農地畝数 (b)	超過畝数 (b)-(a)	超過比率 (b-a)/a×100
南 昌	32.8～34.1	1,238,918	1,464,061	225,143	18.2(%)
第一区	34.7～36.9	7,643,956	10,928,343	3,284,387	43.0
新 建	34.7～35.2	1,179,562	1,442,793	263,231	22.3
安 義	34.10～34.12	202,761	330,504	127,743	63.0
進 賢	34.10～35.6	504,143	1,110,082	605,939	120.2
清 江	35.5～36.1	692,294	948,387	256,093	37.0
東 郷	35.5～36.6	500,397	641,434	141,037	28.2
新 淦	35.11～36.6	478,360	581,961	103,601	21.7
豊 城	34.7～36.7	1,438,478	1,961,431	522,953	36.4
臨 川	35.11～36.8	1,089,451	1,406,649	317,198	29.1
金 谿	36.4～36.9	605,978	633,030 (629,030)	27,052 (23,052)	4.5 (3.8)
高 安	34.7～36.7	952,532	1,872,072 (1,712,560)	919,540 (760,028)	96.5 (79.8)
第二区	36.6～	6,793,224 (全区)	—	—	—
峡 江	36.11～38.6	415,640	436,282	20,642	5.0
吉 水	36.12～38.12	460,022	893,472	433,450	94.2
吉 安	36.8～39.4	1,124,131	1,349,800	225,669	20.1
合計 (14県)		10,882,667	15,071,958	4,189,291	38.5

註：(1)熊漱冰「十年来之江西地政」の所載の表を中心に(9)－5～8頁より作成。同表の説明によれば、原有農地畝数は『賦役全書』所載の額徴丁米畝数である。
(2)なお、高安県の実測農地畝数は、第一区全体の数字から高安県を除く9県の数字合計を引いて筆者が割り出した。また、( )の数字は、江西省政府統計編『江西統計提要』、1946年、15頁、表15、に記載されているものである。

できる。

　ただし、南昌県を事例にして検討した葉倍振によれば、各区の標準地価と特殊地価はあらかじめ公示されたが、各個別農地の地価は土地所有者が土地登記の申請書を受け取ったときに初めてその地価を知らされた。このために土地所有者たちは次々と異議を申し出たが、地政局は異議申し立て期限が過ぎているとしてこれを退けたという。これ以降に地価の算定を行った各県において、この点が改善されたかどうかは不明であるが、地価の算定はその過程で実際には在地の土地所有者の個々の意向をくみ取る姿勢に乏しく、地政局の強い主導権の下で行われたことが想定できよう。

[土地登記] 省政府地政局は、1936年6月土地登記の意義を分かり易く民衆に解説し土地登記をよびかけたが、土地登記が民衆に与える利益として、次の3点をあげている。
　①土地をめぐる争いを避けられること。従来、土地所有者は、多くの曖昧さを含む契紙（契約証書）だけしかその所有を証拠だてるものがなく、土地をめぐる訴訟が頻発し、しかも政府にも確実な土地台帳がないために訴訟は多年にわたり、多額の金銭を費やしても解決は容易ではなかった。しかし、土地登記を行い政府が発行した土地所有権状と農地図を入手すれば、所有関係は明白であり、たとえ争いが発生しても政府の土地図冊をみればすぐに解決できる。
　②土地に対する所有権が保証されること。かつては土地所有に対する確実な保障がなかったが、土地登記を行えば、土地の売買・移転は政府の発行する所有権状を根拠にして行われ、所有権状を銀行に担保として預け現金を手に入れることもできる。
　③手続きが簡便で経費の節約になること。かつては土地を入手すると県政府で納税証明を行い、法院で登記しなければならず、手続きが複雑で費用も多くかかったが、今後は法院の不動産登記は停止され、納税証明の手続きも免除され、かつての契紙は不要になり、訴訟においても所有権状だけが土地所有の唯一の根拠となる。
(55)
　以上の3点の内容は相互に重複しているが、ここから従来の土地所有権の公的保障が繁雑で多分に曖昧さを含んでいること、そして、その土地所有権の公認を確実にすることが土地登記の狙いであることを明瞭にうかがうことができる。
　土地登記は、1934年4月に「江西省土地登記暫行章程」が公布され、同年10月、これにもとづいて南昌県で土地登記が開始されたが、この章程は35年8月に内政部の審査意見と現状を参照して、「江西省各県土地登記暫行規則」に改定された。
(56)
この規則によれば、土地登記の手順は次のとおりである。
　土地登記は期間を2ヶ月とし、土地所有者あるいは代理人が証拠書類を整えて申請を行う。土地登記処は審査を行った後、農地図の各区画に所有者の姓名を書き入れて3ヶ月間これを公示する。公示期間内に異議がなければ所有権の登記を行い、申請者に所有権状と農地図を交付する。申請期限を5ヶ月越えて申請者が

いない場合は所有者のいない土地として処理する。

ところが、南昌県の場合、土地登記の過程で多くの困難が発生し、事業が完了したのは36年6月であり、開始から完了までに21ヶ月もかかり、経費も1筆当たり平均1角3分以上かかっている。葉倍振によれば、業務が停滞した原因を、土地登記の広報が不十分で政府が人民の協力を取り付けられなかったことに求めている。しかも、この事態を打開するために適切な方策を採用せずに、武装警官を各戸に派遣して登記を迫るなどの強行手段に出たという。(57)以後実施した各県では南昌県の経験を踏まえ、進行手順を改めて、期間の面では長くて8、9ヶ月、短くて6、7ヶ月に短縮され、経費も1筆当たり平均ほぼ5、6分と改善されている。しかし、残念ながら葉のいう事態がどのように改善されたかをうかがう史料は見当たらない。

また、先の「登記暫行規則」第8条には、永佃権（永代小作権）・地上権・土地使用権・抵当権などが存在するときは、申請者が登記申請書に記入することが規定されているが、南昌県の場合、このうち抵当権以外の権利は登記されなかったという。(58)この点についてもその後規定に従ったかどうかは確認できないが、申請者は土地所有者たる地主であり、政府の強い指導や小作人自身の激しい圧力がない限り彼らが小作人の永佃権を自ら登録したとは考えがたい。

［帳簿編纂］以上の土地調査と土地登記に基づいて、地政局造冊組が郷鎮を単位として土地清冊と地税戸冊を作成する。前者は、県政府地政科が保管して土地所有権移転登記に利用され、後者は、県政府経徴処が保管して地価税徴収の根拠とする。

［地価税徴収］徴収方法は、「江西省各県徴収地価税規則」(59)によって次のように規定されている。

地価税の税率は地価の1％、1年2期に分けて徴収する。県政府は徴税開始前に地税戸冊にもとづいて区・保ごとに実徴冊と串票（前出）を作る。串票には保を単位とした通し番号と証明印を押し、そこに付けられた通知書を切り放して、催徴警（前出）がこれを各保長に送り、保長が土地所有者（納税者）に渡す。通知書を受け取った土地所有者はその記載に基づきこれを携えて自ら納税に赴く。保長および催徴警は督促だけを行い立て替え納税は許されない。

第7章　江西省農村土地行政の到達水準

表7－5　江西省における旧田賦額と地価税徴収額との比較

(単位：元)

県名	原　有　田　賦			現行地価税		比　　　較	
	額徴数 （a）	派徴正附税 総額(b)	毎畝 平均額	総　額 （c）	毎畝 平均額	（c）-（a） （ ）内は(c-a)/a×100	（c）-（b） （ ）内は(c-b)/b×100
南昌	373,738	526,971	0.425	543,842	0.371	170,104（ 45.5％）	16,871（ 3.2％）
新建	178,368	232,750	0.197	305,735	0.217	127,367（ 71.4％）	72,985（ 31.4％）
安義	85,738	145,646	0.718	90,261	0.278	4,523（ 5.3％）	-55,385（-38.0％）
進賢	185,570	253,901	0.505	265,769	0.252	80,199（ 43.2％）	11,868（ 4.7％）
				[268,774]	[0.254]		[14,873]
清江	255,946	341,240	0.494	274,532	0.302	18,586（ 7.3％）	-66,708（-19.5％）
				[276,366]	[0.304]		[-64,874]
東郷	143,378	218,880	0.437	222,629	0.359	79,251（ 55.3％）	3,749（ 1.7％）
				[213,717]	[0.345]		[-5,163]
新淦	202,051	169,760	0.355	215,747	0.378	13,696（ 6.8％）	45,987（ 27.1％）
金谿	148,628	171,418	0.283	186,567	0.302	37,939（ 25.5％）	15,149（ 8.8％）
峡江	148,170	83,600	0.201	110,473	0.253	-37,697（-25.4％）	26,873（ 32.1％）
合計	1,721,587	2,144,166	0.369	2,215,555	0.299	493,968（ 28.7％）	71,389（ 3.3％）

註：○「十年来之江西地政」（前掲）(9)～14～15頁、所載の表に少し手を加えた。同表の説明によれば、(b)の数値は南昌県では額徴数にもとづき、これに付加税41％を加えて計算。新建・安義・進賢・清江・東郷・金谿の6県では1936年度田賦正税派徴数にもとづき、これに付加税90％を加えて計算。新淦県では1936年度田賦正税派徴数にもとづき、これに付加税89％を加えて計算。峡江県では1937年度田賦正税派徴数にもとづき、これに付加税90％を加えて計算。この説明にしたがって、表中（a）（b）の数字を見ると、額徴数よりも1936年度・37年度の田賦正税派徴数の方が相当少なかったことが推定できる（理由は明示されていない）。いずれにせよ、当時の徴収額の実態に近いのは（a）よりも（b）の数字であったと思われる。
　○〔　〕内の数字は江西省政府統計編『江西統計提要』、1946年、22頁、表20、にもとづく。

　この納税手続きは、すでに紹介した田賦の場合とほぼ同じであるが、政府が土地と土地所有者（納税者）を的確に把握している場合には、その効果は同列に論じることはできない。

　南昌県では、1936年7月から田賦を廃止して地価税の徴収を開始し、さらに表7－3にみるように41年9月までに9県で地価税が徴収された。表7－5は、その9県における旧田賦と地価税とを比較したものである。これを見ると、全体の税収は旧田賦正税に対して28.7％の増加、付加税を加えた額に対して3.3％の増加となっている。(60)これに対して、1畝当たりの徴収額は、微増している県も見られるが、9県全体で計算すると小幅ながら少なくなっている。

2　意義と問題点

　以上の一連の改革は、制度面からみて要約すれば、1筆ごとの正確な土地測量

と土地登記を通じて、複雑で多分に曖昧さを含んでいた土地所有権の法的保障を政府による土地所有権状の交付を通じて確実なものにして、その代わりに地価税の納入を義務づけたものである。これは、本格的で徹底した方法による土地・地税制度の近代化であった。

さらに、前述したように、従来政府が把握していなかった無税農地が従来の有税農地の38.5％も発見され、単位面積当たりの税額は少なくなったにもかかわらず、全体の税収額はかつての田賦正税に付加税を加えた額よりも更に増えている。このような改革の成果から見れば、次のことがいえよう。

まず、第1に、「治標策」では実現しなかった土地税の増収・確保に支えられた省財政基盤の確立を将来的に保障するものであった。

第2に、成果の内実は、改革以前における政府による土地および土地所有者に対する把握の杜撰さと脆弱さを映し出している。また、これによって地域社会に隠然たる勢力をもつ有力地主が保持してきた税制上の非公式の伝統的慣習的既得権の大きさ・根強さを再確認することができる。

第3に、したがって、彼らの非公式の伝統的慣習的既得権を掘り崩し、政府による地主層をはじめとする土地所有者全体の確実な掌握をある程度広域的に実現しており、両者の新たな関係の創出を将来に展望するものであった。

次に、以上のような意義をもつ政策の遂行主体およびその依拠した社会層について、これまでの検討を踏まえて論及しておきたい。まず、直接の政策遂行主体は、熊漱冰が統括する省地政局に結集したところの近代的な専門的技術教育を受けたテクノクラートであった。彼らの具体的な人的構成については明示できないが、地政学院の関係者であったことは間違いなかろう。

また、政策遂行による主な受益層は、財政基盤確立の展望を得た省政府を除けば、徴税を逃れる実力も権力の末端との非公式なつながりももたず、不利な税負担を強いられてきた一般の土地所有者（地主・自作農・自小作農も含む）であると推察される。したがって、この政策が成功裏に実施されるために依拠すべき社会的基盤もまた、とりもなおさず、この階層の中に求めなければならないだろう。彼らの階層としてのまとまった独自な対応・行動は明確には見られないとはいえ、ここでは彼ら既得権をもたない一般の土地所有者を、その社会的基盤に包摂する

方向で、国民政府（省政府）による農村社会の掌握・統合の端緒が作られつつあった。

最後に、以上のような土地・地税制度の近代化、とりわけ「治本策」が孕んでいた内在的な問題点に言及しておきたい。すでに実施過程を叙述する中で若干触れたところでもあるが、ここで主要な点を整理しておく。

第1に、南昌県の地価決定方法や土地登記の過程などに端的にみられたように、政策の実施過程において省政府は在地の土地所有者の個々の意向ないし不満を強権的に押え込んでいったことである。この点は、当然、伝統的慣習的既得権を奪い取られた有力地主の不満と相俟って、新たな政治的緊張を各地域にもたらしたと考えられる。これはその後の省政府の統治に何らかの形で（組織的抵抗、あるいは非協力）、はねかえってくることが予想されるが、残念ながら、現時点ではそれをうかがう材料は見いだすことができない。ただ、そのような事態が厳しく表面化する前に、日本軍の侵攻が江西省に及ぶことになったといってよいであろう。

第2に、今回の地価税徴収には国民政府が理念として保持していた自作農の優遇および地主的土地所有の漸進的抑制のための措置が具体化されていない。たとえば、1930年6月に国民政府が制定した土地法には、自耕地・自住地に対する課税は通常の課税額の8割とし（第297条）、他方、不在地主には課税を重くする（第331条）という規定があり、また、1935年11月の国民党第五次全国代表大会は、地価税に累進制を採用することを決議している（「積極推行本党土地政策案」[61]）。これらが全く考慮されていない点は、国民政府の本来の政策理念からは距離があり、土地税の増収・確保による省財政基盤の確立という省政府の当面の現実的要請がより優先されたためであるように思われる[62]。

第3に、土地所有権の登記を行うとき、土地所有者の所有権だけを登記し、小作人の慣習的な権利としての永佃権は登記されなかった[63]。江西省における永佃権の普及率はあまり高くはない[64]が、永佃権や土地使用権などの小作人の権利も登記すべきこと、つまりこれに公的保障が与えられるべきことは、前述した国民政府の土地法第33条、さらには「江西省土地登記暫行規則」第8条にも明記されている。ところが、おそらくは登記申請が土地所有者によって行われたこともあって、これが実施段階において実行されず放置された。

第4節 小　　括

　江西省における土地・地税制度の近代化は、さしあたり「剿匪区」統治の課題に即応した省財政改革の一環として開始され、その「治本策」において本格的な展開を見せた。すなわち、当時最新の土地測量技術であった航空測量を全国に先駆けて南昌県で実施し、その後も技術的な改善を施しながら、日中戦争前までに省北中部の11県でこれを完了させた。戦争勃発後は、航空測量は中止せざるを得なかったが、地上測量によってこれを補い、1941年9月までに土地測量を完了した県数は合計18県に及ぶ。また、土地・地税制度の近代化を実現する一連の施策の中で最終局面に位置する地価税徴収については、41年9月までに9県において実現している。その成果は、既述したように統計的にも明らかであって、有力地主が保持してきた税制上の非公式の伝統的慣習的既得権を掘り崩して不利な税負担を強いられてきた一般の土地所有者（地主・自作農・自小作農を含む）の税負担を軽減しながら進展し、大筋においては同改革を将来において全省的に実施していくうえで堅実な基礎を作りつつあったものと評価してよいであろう。農村土地行政のもう一つの先進地域である江蘇省・浙江省では日中戦争勃発の直後において改革が中断せざるを得なかったのに対して、江西省の場合は、戦禍が及ぶのがやや遅く、少なくとも日中戦争初期に至るまで曲がりなりにも改革は継続していたのである。このため、土地・地税制度の近代化の地域的広がりは、江蘇省・浙江省を凌駕し、戦後になるとその地位は突出する(65)。

　とはいえ、江西省においても土地・地税制度の近代化の進展をその初発の段階で押し止め、滞らせた決定的な要因は、やはり日本軍の中国侵攻にほかならなかった。七・七事変以降の日本軍の侵攻は、1938年7月以後、江西省北部にも及ぶようになり、39年3月には江西省政府は省都南昌を放棄し、省南部の泰和県に拠点を移して抗戦を継続した(66)。これに伴い、土地・地税制度の近代化の進展も既述したように当初の計画の大幅な遅延・変更を余儀なくされ、その初歩的成果は生かされる条件を失うとともに、改革自体に内在していた矛盾もこれ以降の展開を阻まれたのである。

註

（1）　文斐「十年来之江西財政」（『贛政十年』江西省政府、1941年）、（3）-1頁、『江西省政府施政報告』（江西省政府、1939年5月）、財政-1・2頁、「江西剿匪期中各県地方之苛捐雑派」（『経済旬刊』第1期第18号、1933年12月1日）、「江西之田賦附加税」（『経済旬刊』第1期第9号、1933年8月21日）、「江西農村経済」（『経済旬刊』第2期第1号、1934年1月1日）、参照。

（2）　江西省農村統治の中心課題は、1935年より「剿匪」から「建設」へと移行する（拙稿「『七・七』前夜国民政府の江西省農村統治——保甲制度と『地方自治』推進工作——」前掲）。

（3）　文斐・前掲論文、（3）-2・3・5〜8頁、『江西省政府施政報告』（前掲）、財政-1〜4頁。

（4）　①〜③については文斐・前掲論文、（3）-4・5頁。『江西省政府施政報告』（前掲）、財政-5・6・8・9・18・19頁。

（5）　文斐・前掲論文、（3）-9〜10頁。『江西省政府施政報告』（前掲）、財政-15・16頁、「本省開辦営業税」（『経済旬刊』第2期第15号、1934年5月21日）。

（6）　1934年度の省財政の歳入総額は、『江西年鑑』（江西省政府編、1936年10月）では1714万3974元、『江西省政府施政報告』（前掲）では、2232万7646.60元となっている。

（7）　前章、参照。実際の田賦徴収額は史料によりかなりの相違がある。試みに、1934年度についていえば、『江西年鑑』（前掲）には344万4749元（304〜305頁）と613万6129元（264〜265頁）の二通りの数字があがっており、『江西省政府施政報告』（前掲）では386万7620.70元となっている。また、省政府主席熊式輝の1935年10月の講演は510万元という概数をあげている（「整理田賦与完成保甲」『江西民国日報』1935年10月29・30日）。残念ながら、いずれが正しいかについての判断材料は見当たらない。

（8）　金陵大学農学院農業経済系編『河南・湖北・安徽・江西・四省小作制度』生活社、1940年7月、92〜103頁。

（9）　同上書、95〜98頁に所載の第30表（実業部農業実験所による1934年の調査の一部）より。

（10）　江西省南端に位置する尋烏1県を対象とした毛沢東の「尋烏調査」〔1930年5月〕（『毛沢東農村調査文集』人民出版社、1982年9月、所載）は、同県の「大地主」（収租500石以上）「中地主」（収租200〜500石）について多くの具体例を検討しているが、その子弟も含め、何らかの形で権力の末端につながり、地域社会に隠然たる勢力をもつ事例も相見いだされる。ただし、地主階級の全戸数の80％は「小地主」（収租200石以下）であるという。

（11）　天野元之助『中国農業経済論』第1巻、龍渓書舎、1978年、15〜100頁。天野があげている表（出典はJ.L.Buck）によれば、江西省4県の官公有地の割合は7.77％に過

ぎない（17頁）が、毛沢東「尋烏調査」（前掲）によれば、江西省南端の尋烏県の土地の40％が「公田」（公有地）であり、地域差が大きい。毛は「公田」を所有する様々な同族的組織（祠堂、会、社など）は成員間の平等を原則とした相互扶助組織ではなく、内部に階級対立をはらみ、村落レベルにおける地主や富農の貧農に対する搾取・支配に利用されているととらえてる（小林弘二「毛沢東の旧中国農村認識と農村変革論——土地革命戦争期を中心に——」同編『中国農村変革再考——伝統農村と変革——』アジア経済研究所、1987年12月参照）。この点、天野・前掲書のとらえ方と共通している。

(12)「江西之田賦附加税」（前掲）、天野元之助・前掲書、第2巻、14～38頁。

(13)「整理江西田賦問題」（『経済旬刊』第2期第6号、1934年2月21日）、天野元之助・前掲書、第2巻、62～126頁。

(14) たとえば、周炳文『江西旧撫州府属田賦之研究』（1935年5月、民国二十年代中国大陸土地問題資料）は「治標策」として14項目をあげているが、執筆時期が1935年5月であり、当然、実施実態に関する立ち入った検討はない（3524～3538頁）。

(15)「江西之田賦附加税」（前掲）。田賦付加税の全国的な状況については、天野・前掲書、第2巻、14～38頁。

(16)『江西民国日報』1933年8月5日。

(17)「江西之田賦附加税」（前掲）。

(18) 天野・前掲書、第2巻が掲げる表（36～37頁）によれば、1934年度の江西省における田賦付加税の削減額として315万8166元という他省に較べて相当高い数字をあげている（出典は中央統計処編「二年来廃除苛雑之統計」『社会経済月報』第3巻第9期、1936年9月）が、同書も指摘するように数字どおりに実現されたかどうかは検討の必要がある。

(19)「減軽田賦附加税問題」『江西民国日報』1935年5月16日。

(20) 文羣・前掲論文、(3)-3頁。

(21)『江西民国日報』1933年11月21日。

(22)『江西民国日報』1934年2月19日。

(23)「南昌新建二県催徴田賦困難情形及救済辦法」『経済旬刊』第2期第4・5号、1934年2月11日。

(24)『江西省政府公報』第207号、1935年6月5日。

(25)「富紳大戸」・「公務人員」とともに「公共団体」が抗糧の主体として挙げられることが多いが、ここでいう「公共団体」は前節で触れた公有地をもつ各種同族集団などを指すと思われる。

(26)『江西省政府公報』第208号、1935年6月6日。

(27)『江西省政府公報』第340号、1935年11月9日。

(28) 『江西民国日報』1936年6月27日。
(29) 『江西民国日報』1937年7月24日。
(30) 『江西民国日報』1937年2月11日、6月18日、6月29日、7月3日、「(社評)厳禁富紳大戸抗糧」『江西民国日報』1937年2月22日。
(31) 『経済旬刊』第1期第18号、1933年12月1日。
(32) 『江西民国日報』1934年1月27日。
(33) 『経済旬刊』第4期第18号、1935年6月25日。
(34) 『江西民国日報』1935年12月10日。
(35) 註(23)に同じ。
(36) 葉倍振『南昌田賦及其改辦地価税之研究』(1936年12月、民国二十年代中国大陸土地問題資料)、572～573頁。葉によれば、冊書は世襲と「頂充」(資格が売買譲渡される)の2種類あり、櫃(全県を6櫃に区分)ごとに約8、9人いた。県当局は1931年1月1日「革命的手段」を用いて彼らを撤廃したが、その際彼らが「伝家の宝」と見なして私蔵していた土地台帳は僅か37冊しか取得することができなかった(官庁が所持していた台帳は太平天国の戦乱時に既に焼失)。このため糧戸・糧額の移転登記や徴税の根拠がなく、やむなく冊書数人を適宜とどめおき、そのための弊害は免れなかったという。
(37) 天野・前掲書、第2巻、73頁。
(38) 「義図」制度の性格については、森田明「清代の『義図』制度とその背景」(『社会経済史学』第42巻第2号、1977年)、参照。なお、江西省の「義図」制度については曹乃彊『江西義図制之研究』(1936年12月、民国二十年代中国大陸土地問題資料)がある。
(39) 『江西民国日報』1934年3月15日。
(40) 註(23)に同じ。
(41) 『江西民国日報』1937年7月3日。
(42) 『江西省政府公報』第406号、1936年1月30日。
(43) 天野・前掲書、第2巻、71～84頁、95～104頁。天野は、徴税吏による各種の腐敗・不正が、「一方では官府の財政収入を少なからしめ、他方では糧戸(納税戸)の租税負担を多からしめ、特にその負担の苛重は、一般中小農の没落・階級の分化を速める有力な槓桿となっている」と述べている(104頁)。
(44) 註(24)に同じ。
(45) 註(41)に同じ。ちなみに、整理計画6項目とは、①地価税への改徴、②田賦の清査、③積弊の取締、④串票の整理、⑤免賦の監督、⑥抗糧の取締、である。
(46) 『江西省政府公報』第1073号、1938年7月16日、第1074号、同年7月18日、第1075号、同年7月20日、第1076号、同年7月22日。
(47) 江西省財政庁各該年度金庫収支清冊彙編(1933年度～36年度)および江西省会計処

各該年度会計総報告（1937年度）によれば、各年度の田賦収入は、33年度－383万0722.02元、34年度－386万7620.70元、35年度－674万8482.88元、36年度－964万9001.75元、37年度－861万7718.80元であり（『江西省政府施政報告』前掲、会計附表3、参照）、**表7－2**に示した文羣が挙げた概数とは全く異なり、田賦整理の「治標策」は36・37年度にはほぼ完全な成功を収めたことになる。しかし、既に検討してきた諸事実からすれば、この数値は信じがたく、ここでは採用しない。

(48)　文羣・前掲論文、（3）－9頁。
(49)　以下の実施状況に関する叙述は、特に注記しない限り、熊漱冰「十年来之江西地政」（『贛政十年』前掲）による。熊漱冰は当時の江西省地政機関の責任者であった。
(50)　『江西民国日報』1936年3月22日、1937年7月6日。なお、経費は36年3月の段階で、1068万1195元を見込み、土地登記図状費と将来の地価税の増収分、およびそれを担保にした整理土地公債の発行でまかなうことになっていた。また、南昌県の航空測量完了時（34年1月）にも全省実施計画が作られている。これによれば、全省を3つの区域に分け、3期に分けて8年で完成する予定になっていた（「江西省土地測丈估価及登記」『地政月刊』第2巻第8期、1934年8月）。
(51)　葉倍振・前掲書も南昌県で実施された航空測量の実施期間・経費・精度上の欠陥を批判している（971～974頁）が、同書の場合、執筆時期（1936年）からいって、南昌県以外の改善された他県の航空測量は踏まえていない。
(52)　なお、戦時下においても「人工測量」は続行され、1945年に江西省地政局がこの14県のほかに崇仁・泰和・宜黄・永豊・楽安・安福・永新・蓮花・万安・上猶・贛・南康の中南部の12県を加え、合計26県の調査データを整理している。これによれば実測農地面積が2358万9610畝で原有農地面積が1646万7809畝であるから、政府が新たに把握した農地面積が712万1801畝で原有農地面積に対して43.2％増加した（江西省政府統計編『江西統計提要』1946年、15頁、表15参照）。
(53)　『江西民国日報』1936年10月29日。
(54)　葉倍振・前掲書、929～931頁。葉によれば、個々の地主たちが挙げた地価減額請求の理由は、省政府が算定した地価が自然条件などによる各土地の生産性の相違を十分に踏まえず公平に欠けること、以前の田賦の科則（税率）より高くなったこと、実際の市価よりも高いこと、土地から得る収益から考えて割高であること、などであった。
(55)　『江西民国日報』1936年6月6日。
(56)　『江西民国日報』1936年1月10日。
(57)　葉倍振・前掲書、978頁。
(58)　江西省における永佃制の普及率は高くない。天野・前掲書、第1巻は、調査した小作農家数の2.29％という数字をあげており、調査対象16省の平均である21.08％に比べて相当低い（345頁、1935年の調査、出典は土地委員会『全国土地調査報告綱要』1937

年1月)。また、金陵大学農学院農業経済系・前掲書は9％という数字をあげている（146～148頁、第36表）。
(59) 『江西民国日報』1936年10月29日。
(60) なお、1945年に江西省地政局がこの9県のほかに吉水・高安・崇仁・泰和・宜黄・永豊・蓮花・永新・安福・楽安・万安・贛・上猶・南康・豊城・臨川・吉安の中南部の諸県を加え合計26県の調査データを整理している。これによれば、全体の税額は旧田賦正税と付加税を合わせた額に対して28.3％増加している（『江西統計提要』前掲、22頁、表20参照）。
(61) 葉倍振・前掲書、970～971頁。なお、第五回全国代表大会の積極推行本党土地政策案は、中国国民党中央委員会党史委員会『革命文献』第76輯、中国国民党歴次全国代表大会重要決議案彙編（上）、1978年、260～261頁、に所載。ただし、地価税に累進制を導入することについては曲折があって、国民政府としての最終的な意志決定はなお留保されていた（本書第5章、参照）。
(62) この点は、本書第5章で取り上げた江蘇省上海県・南匯県の地価税徴収においても同様である。
(63) 永佃権や土地使用権などの小作人の権利も登記して公的保障を与えた事例は、浙江省平湖県で見られる（本書第4章、参照）
(64) 註（58）に同じ。
(65) 本書終章、参照。
(66) 胡家鳳「十年贛政之回顧与展望」（『贛政十年』［前掲］）、（1）－2頁。なお、江西省における対日抗戦の詳細は、田和勇「江西抗戦大事記」（中国人民政治恊商会議江西省委員会文史資料研究委員会編『江西文史資料選輯』第18輯、1985年12月）、参照。

第4部 戦時行政への転換と屈折

第8章 日本占領区と重慶政府統治区

第1節 日本占領区における農村土地行政──江蘇省の事例──

1 断絶と継承

　本章の課題は、第2部・第3部で分析した抗戦前の国民政府土地行政が、日本軍の本格的侵攻に直面して、どのように変容したかをやや概括的に考察することにある。この場合、少なくとも以下の二つの方向から課題に接近することが必要であると考えられる。

　一つは、日本軍占領地域において行われた農村土地行政の内容を検討することである。そして、これが抗戦前に国民政府によって推進された農村土地行政と比較して、どのような特質をもっているかを分析しなければならない。この点について、かつて天野元之助が次のように記している。

　　今次の日支事変は、以上の如き地籍整理・田賦制度の改正を殆んど全く烏有に帰せしめた。戦禍を蒙った各省県では、田賦の文牘・簿冊を少なからず喪失し、僅かに残存する徴税吏の秘冊によって之を補ひ、新たに業主をして土地を陳報せしめ、或ひは田賦を小作料の徴収と同時に行ふ──租賦併収──等によって、漸く徴税の運びになって来たが、戦前試みられた近代的土地課税は舞台から消え去り、再び旧態依然たる、否より醜くなった臨時瀰縫的手段が行われて居るのである。(1)

この天野の概括的な指摘は、大筋において正確であると考えられるが、戦後の歴史研究においてはこれを本格的に検討する作業はなされていない。本節では、抗戦前に国民政府農村土地行政が最も進展し、しかも日中戦争の早い時期に日本軍の占領を被った江蘇省を取り上げた。この天野の指摘を江蘇省の事例に即してやや具体的に検証することになろう。

　もう一つは、四川省の重慶に拠点を移して、日本の侵攻に総力戦で立ち向かっ

た国民政府の農村土地行政を検討することである。すなわち、重慶国民政府の統治下において、抗戦前までの農村土地行政がどのように継承され、また変容したかを分析しなければならない。この点は、次節において、重慶政府の戦時体制の特質を簡単に論じた上で、取り上げることになろう。

以上の二つの方向からの概観を通じて、日中戦争が国民政府の農村土地行政にもたらした変容について、その全体的な輪郭が浮かび上がるものと思われる。

さて、江蘇省では日中戦争の緒戦において戦禍を蒙って主要都市は陥落し、省内の国民政府軍は一部を除いて後方へ撤退することを余儀なくされた。江蘇省の主要地域は、日本軍の占領下に組み込まれたのである。

その際、抗戦前において土地測量にもとづき作成された地籍原図や重要な測量機器の類いは、国民政府の手によって後方の四川省重慶および万県に運搬・保管された(2)。また、抗戦前に作成された「土地陳報」のデータについても日本側は把握しておらず、おそらく後方へ運び出されたか、あるいは戦禍の中で散逸したかしたようである(3)。

そうした中で、日本側が田賦徴収を再開させる手掛かりになったのは、田賦実徴冊であった。これは毎年作成される納税者名簿である。しかし、納税者の居住地や土地の所在地は記載されておらず、納税者名も実際の土地所有者とは一致しない場合が多かった。したがって、実際の土地所有者とその居住地、土地の所在地などはかつての冊書にしか分からず、日本側がこれらを把握するためには彼らに頼るしかなかった(4)。また、土地測量や土地登記などにかかわったテクノクラートたちも政府諸機関とともに後方へ移動した。

したがって、土地・地税制度の近代化を目指した国民政府の志向性や成果は、ほとんど継承される余地はなかった。ここに冊書の不正確で恣意的な土地把握に依存した旧来の構造が復活したわけである。日本軍の戦時農村土地行政は、清朝国家から引き継いだ旧来の農村社会把握の上に乗っからざるをえなかったといえよう。

その結果が日本占領区行政にもたらした問題点の一つは、**表8－1**に端的に示されている。表8－1は日本側が田賦徴収を再開できたと報告している地域だけを対象とした不完全な統計であるが、ここから田賦徴収の困難性とその徴収率の

第 8 章　日本占領区と重慶政府統治区　　217

表 8 – 1　日本占領時期の江蘇省における田賦徴収状況（1942年 4 月末の調査）

A　全額滞納県
　　1938年　金山、松江、溧水、句容、六合（5 県）
　　1939年　松江、句容（2 県）
　　1940年　なし

B　全額滞納県（A）を除いた各県の滞納率

	調　整　額（元）	滞　納　額（元）	滞　納　率（％）
1938年	5,314,139	4,220,241	79.41
1939年	7,703,255	5,106,838	66.29
1940年	8,029,403	5,460,207	68.00
1941年	18,691,669	11,324,448	60.58

出典：『江蘇省地方税制調査』199～200頁より。
註：数字は「江蘇省政府の威令の比較的良く行は」れて田賦徴収可能となった以下の14県の合計。
　　呉県、常熟、太倉、金壇、丹陽、金山、呉江、鎮江、松江、青浦、江浦、溧水、句容、六合
　　（下線の県は抗戦前に地籍測量を完了した県）。

低調さをうかがうことができる。国民政府が推し進めた改革に対する破壊と旧来の地税制度への後退は、日本占領区における地税収入を大きく制約する要因にほかならなかった。

2　田賦確保へ向けた模索と課題認識

　このような中で、田賦確保へ向けた様々な模索が開始される。
　その第 1 は、「土地陳報」の再開である。すなわち、1942年 4 月22日に江蘇省辦理土地査報大綱が制定された。その内容は、抗戦前国民政府が1934年 6 月30日に制定した辦理土地陳報綱要にもとづくものであった。[5]抗戦前国民政府が行った土地把握のうち、内容的には不徹底な「土地陳報」の方針を継承した点は、次節で取り上げる重慶国民政府の場合と符合している。困難な戦時状況の下では本格的な土地測量を実施する余裕はなかったわけである。
　第 2 は、戦時インフレに対応した田賦税額の改定である。次節で取り上げるように、重慶国民政府の場合は、田賦の徴収を貨幣から実物に切り替えることで、インフレの進展にかかわらず安定した税収を確保したが、日本側においても激しい戦時インフレに対処する何らかの施策が講じられねばならなかった。まず、1941年に臨時的措置として既存の「等則」（土地の等級区分に沿って定められた単位面積あたりの田賦税額）の 2 倍が徴収された。1942年になると、銀建てで表示され

た「等則」を民国初年の換算率で実穀数量に換算し、さらにこれを当該年度の実勢価格を基準にして再び貨幣に換算して徴収することになった。このような方法を採用すれば、呉県・常熟・崑山等では前年よりも約2倍の増収を見込めるとしている。ただし、実態と遊離した既存の「等則」が税額の基礎になっている点には変化はなく、田賦負担額の著しい不公平という旧来の欠陥はなんら改善されるどころか、むしろ拡大したのである。この点は、当時の日本側の調査報告でも十分に認識されていた。当時の「等則」設定の基礎となったのは、明朝の初に行われた収穫調査にまで溯り、それ以後長い年月の経過の中で土地をめぐる状況が大幅に変化してきたにもかかわらず、本格的な改定は全くなされなかったと記されている[6]。

第3は、租賦併徴を「清郷地区」において実施したことである。これは、政府と地主層との相互依存関係の強化を端的に示したものである。1941年以前は民間の小作料徴収機構（一般に「租桟」と呼ばれる）に田賦と小作料の両方を徴収させ、政府は武装団を派遣してこれを援助するという形態で行われた。1942年以後になると、民間の小作料徴収機構を政府組織（収租処・収租分処）に再編するに至る[7]。このような方法は、地主制の内在的矛盾を認識し、少なくともその廃絶に向けた計画を立案していた抗戦前国民政府の場合とは、顕著な対照を示すものとしてとらえてよいであろう。

この場合、徴税が民間の小作料徴収機構とその人員に依存にすることになり、その質の劣悪さがまず問題になる。また、政府の土地把握の不正確さが、ここでも地主側の不正が横行する温床としてあげられていることに注意したい。地主たちは、小作料徴収が容易なものについてはこれを隠して田賦を逃れ、小作料徴収が困難なものだけを政府に申請していたのである[8]。要するに、この方法による成果は限定的であって、当事者でさえ「治安不良下における一時的便法」と認識していた[9]。

最後に、日本側の当時の調査報告が今後の田賦改革の課題をどのようにとらえていたかという点に論及しておきたい。

当面の増収を目的とした改善策としていくつかの諸項目が列挙されているが、ここでとくに注目したいのは、時期を見て行うべき事項として土地測量・実地調

査にもとづく地籍整理、催徴吏（冊書）の廃止をあげている点である。日本側は、占領地行政を支えるための田賦の確保・増収という観点からであるが、抗戦前国民政府と同じ課題認識をもつに至っていたわけである。そもそも、日本は近代国家に転成する過程で地租改正を実施し、さらに台湾・朝鮮などにおいても本格的な土地調査・地租改正事業（＝土地・地税制度の近代化）をやり遂げてきたことを想起すれば、このような課題認識をもつことは当然のことであろう。ただし、日中戦争期に日本が占領した地域においては、土地・地税制度の近代化に手をつけたという形跡はなく、困難な戦時状況が継続する中ではこれを当面の課題として具体化する余裕はなかったと思われる。

第2節　重慶政府の戦時体制と農村土地行政の変容

1　重慶政府の戦時体制の特質

　1937年7月に始まった日中全面戦争は、38年10月の日本軍による広東、武漢の占領を機に対峙段階に入った。すなわち、これ以降、日本は、国民政府を短期決戦で軍事的に屈服させる見通しを失い、日中戦争は膠着状態に陥った。一方、重慶に拠点を移した国民政府は、中国の近代産業の大部分が集中する沿海・沿江地域から切り離され、もともと政権基盤が薄弱な奥地において本格的な戦時体制の構築を改めて強いられることになった。すなわち、沿海・沿江地域の民間工場の奥地への移転、軍需に対応した国家資本による重化学工業・鉱業建設、民営工場の設立や工業合作社など手工業生産に対する奨励、対外ルートの建設を含む交通体系の構築、工業・農業生産を資金的に支える金融網の整備などが、様々な困難と歪みを伴いながら急速に実施された。

　こうして、国民政府は、それまでの政策基調を転換し、長期的総力戦を戦い抜くのに相応しい体制へと自己の本来の姿を変質させていく。その歩みは、当事者の掲げた「抗戦建国」の理念が首尾よく実現していく過程として一面的に称揚するには、あまりにも苛酷で矛盾に満ちたものであった。

　一般に、総力戦に対応した戦時体制は、近代国家の通常の統治形態とは大きく異なっている。そこにおいては、国家意志の決定権を一元的に掌握する専制的な

権力中枢が作られ、国家の機能は極端に肥大化する。そして、社会経済や国民生活の全般にわたって厳しい統制が加えられ、戦争のために社会のあらゆる資源が集中・動員される。その下では、既存の社会的経済的支配者層もまた厳しい収奪にさらされることも稀ではない。

　重慶政府の場合も、このような戦時体制の一般的傾向を共有しており、その諸政策は平時の体制からの単なる延長ではあり得ず、むしろ戦前に進展していた近代的国家形成の諸過程を阻害・歪曲せずにはおかない側面をもっていた。しかも、重慶政府の戦時体制の場合には、すでに成熟した近代国家が戦時体制へと再編される場合とは異なり、資本主義経済発展による高度な生産力や実効性の高い行政能力を前提とすることはできず、そこには固有の困難が伴っていた。

　そして、さらに留意すべき点は、重慶政府の戦時体制は日本の侵攻による外部から強いられたものであったことである。かつての通説的国民政府論は、後の政敵（中国共産党）による政治的評価にひきずられ、この根本的な前提を度外視して、重慶政府の諸政策やその弊害を同政府の本来的性格の発現としてとらえる傾向が強かったといえよう。

　重慶政府の諸政策は、近代国家としては極めて脆弱で未熟な国家が、外部から長期的総力戦を強いられたことによって現出せしめた特異な戦時体制の所産にほかならなかった。本節で取り上げる農村土地行政の後退と地税・糧食の確保のための諸施策も、そのような戦時体制の特質を典型的に示している一事例である。

　すなわち、1941年6月に田賦の中央移管とその実物徴収の実施が第三次全国財政会議で決定され、同年後半から本格的に開始された。これは、対外援助ルートの封鎖を契機として奥地の経済危機が深化する中で、重慶政府の抗戦を財政的に支えるための重要な措置であった。当時の国家財政は、沿海・沿江地域の陥落によって、戦前には歳入の8割前後を占めていた関税・塩税・統税の主要財源を失い、対外援助と公債の発行・法幣の増発に頼らざるをえない状況にあった。国民政府は、すでに抗戦の開始以前から日本との戦争を近い将来に予想し、その場合には関税・塩税・統税などと比べて戦争の影響を被りにくい田賦を、戦時税収に適した優良な財源として注目していた。

　地方税に区分されていた田賦が中央に移管されたことによって、中央政府は新

たな基軸となる財源を手に入れ、中央集権を強化した。また、田賦の実物徴収は従来の貨幣による徴収額に応じて現物（稲穀・小麦・雑穀）で徴収するものであるが、その換算率を当時の市場価格に比べて極めて低く設定した。これによって、政府はインフレの進展にかかわらず安定した税収を確保できた。また、これに加えて、極めて低廉な価格による糧食の強制買い上げ（1944年からは借り上げに変更）も同時に実施された。41年度から44年度に至るまで実物徴収、強制買い上げ（借り上げ）によって実際に政府が獲得した糧食の量は、政府の定めた予定量をほぼ満たしており、以上の措置は大きな成果を収めたといってよい。さらに、これに伴い、大量の糧食の運搬やそのための交通網の整備・拡充などが新たに必要となったが、政府はそのための労働力を農村から強制的に徴発した。重慶政府は、農村からの収奪を強化することによって、その困難を極める戦時体制を支えたのである。

2　農村土地行政の後退と農村把握の実態

　上述した田賦の中央移管とその実物徴収について、近年の中国や台湾では豊富な史料が発掘され、これらを駆使した詳細な実証研究が行われるようになった。これらの研究は、田賦の中央移管とその実物徴収によって、軍糧、公糧、民食が確保されたこと、政府の財政基盤が強化され、インフレを一定程度抑制し、糧食市場を安定化せしめたことなどを事実にもとづいて検討し、その結果、様々な矛盾は避けられなかったとはいえ、重慶政府の対日抗戦の維持にとって極めて大きく貢献したと論じている[16]。これらの点については、いまではもう異論を差し挟む余地はなかろう。

　ただ、ここで注目したいのは、田賦の実物徴収の前提である重慶政府の農村把握の実態である。ここには、戦前において一部の先進地域で軌道に乗った農村土地行政との断絶が見られ、戦時体制がもたらした農村土地行政の変容とその問題点が示されている。

　まず、旧来の地税制度の性格をここで簡単に振り返っておこう。すでに論じてきたように、民国期中国における田賦徴収の基礎となるべき土地・租税台帳は、長い年月の間に実態から遊離してもそのまま放置され、散逸しているものさえ多

かった。このため、行政機構の末端における田賦の実際の徴収は胥吏によって担われ、彼らは様々な不正行為によって中間利得を得て自らの生計手段としていた。この結果、実際の土地所有と納税義務とが対応しない事態が普遍的に見られた。こうした現象は、清朝国家から引き継いだ民国期の国家による土地把握の構造的特質であり、通常の近代国家の整備された税務行政の場合と同列に論じることはできない。このような中で、地域社会に隠然たる勢力をもち、権力の末端ともつながる有力地主層は、税負担上の非公式の既得権を享受していたのである。

　このような構造を打破して土地・地税制度の近代化を実現するために、抗戦前の国民政府が試みた政策は、1筆ごとの土地測量を伴う本格的な地籍整理と土地所有者自身の土地申告（「土地陳報」）との二つに大別できる。1934年5月の第二次全国財政会議で「土地陳報」の全国的実施が決議されたが、「土地陳報」は土地所有者の不正申告を有効にチェックする制度的な保障はなく、本来的に限界をもった改革であった。このため、江浙地域や江西省のような国民政府の地方統治が比較的強力であった地域では、「土地陳報」をはじめとする各種の「治標策」の限界が実践の過程で強く自覚され、抗戦直前には本格的な地籍整理に重点をおくようになっていた（本書第2部・第3部、参照）。

　ところが、日中戦争の勃発は、このような一部地域で緒についた土地・地税制度の近代化を中断させて、その成果を無に帰せしめたばかりではなく、その後においても1筆ごとの土地測量を行う余裕を国民政府から奪うことになった。このため、改革の重点は、戦時下でも実施の容易な「土地陳報」に大きく傾斜していくことになる。とりわけ、田賦が中央に移管されて以降、「土地陳報」は財政部に設置された整理田賦籌備委員会の管轄となり、積極的に推進された。1942年5月には、行政院が「土地陳報」を土地政策の基本工作ととらえ、実施を急ぐように各省市に命令している。(17) 抗戦前、先進地域でようやく緒についた土地・地税制度の近代化の方向は、外部から強いられた戦時状況に直面して後退・歪曲を余儀なくされたのである。

　抗戦時期を中心とした「土地陳報」の進展状況とその成果を、**表8−2**、**表8−3**で示しておく。これらの公表された断片的なデータを見る限り、「土地陳報」は順調に進行し、極めて大きな成果をあげたかのような印象を受ける。とりわけ、

第8章　日本占領区と重慶政府統治区

表8−2　土地陳報・科則改定の実施状況

省	中央接管(1941年7月)前完了県数	中央接管後完了県数(1946年まで)	合計	陳報成果を実物徴収に利用した県数	科則改定を報告した県数
四川	60	53	113	108	報告なし(大部分改定)
広西	37	55	92	92	報告なし
貴州	79	0	79	不明	不明
福建	41	24	65	24	報告なし
甘粛	4	61	65	65	報告なし
河南	28	35	63	45	45
湖南	1	62	63	47	7
陝西	30	28	58	51	31
湖北	7	23	30	24	30
安徽	8	20	28	21	19
浙江	6	17	23	9	5
江西	1	16	17	16	0
広東	0	14	14	9	14
江蘇	10	0	10	不明	不明
西康	8	2	10	不明	1
合計	320	410	730		

出典：『革命文献』第116輯、1〜19頁。原載は『財政年鑑』三編、上冊、第5篇、1948年1月出版。

表8−3　土地陳報による課税面積・課税額の増加

	中央接管前		中央接管後	
課税面積	11省255県の統計	増加率 133%(a)	9省132県の統計	増加率 133%(c)
			6省101県の統計	増加率 132%(a)
課税額	11省255県の統計	増加率 65%(a)	10省255県の統計	増加率 65%(c)
	9省78県の統計	増加率 37%(b)	6省101県の統計	増加率 134%(a)

出典：(a)財政部田賦管理委員会「三年来之田賦整理與徴実」『革命文献』114、20頁。
　　　(b)「田賦整理之主要参考史料」『財政評論』5−6、1941年6月、137頁より算出。
　　　(c)「財政部整理田賦籌備委員会重要業務実施情形−1941年5月至42年6月」『革命文献』115、236〜239頁、表6・表7より算出。ただし空欄の部分は除外して計算。

表8−3に示された課税土地面積の増加率130%以上という驚くべき数字は、抗戦前の最も正確な土地測量が行われた地域の増加率（江西省南昌県等14県の航空測量で38.5％、浙江省平湖県の航空測量で約43％）をもはるかに上回る。これらの数字の信憑性を全面的に検証する手段はないが、平時においても種々の弊害の頻発が免れなかった「土地陳報」[19]が、戦時においてより大きな効果を発揮したとは考え

がたく、これをそのまま事実として受け止めるわけにはいかない。問わなければならないのは、その実施実態であろう。

抗戦時期における「土地陳報」の生々しい実施実態は、地域社会の様々なレベルから提出された請願書からうかがうことができるが、その分析は次章に回し、ここでは中国共産党の機関紙『新華日報』（重慶版）の記事によってその一端を紹介しておこう。1944年6月11日付の社論は、読者からの手紙を根拠に次のように論じている。すなわち、「土地陳報」によって申告された土地面積と土地の等級の不正確さは、局地的な現象ではなく普遍的に見られる現象である。たとえば、非課税地や課税額を不当に少なく算定された土地を、一般の「大戸」（有力者）が隠匿して実態どおり申告しなかったり、本来税を免除すべき土地を、「土地陳報」を実施した職員が旧来どおり課税地として取り扱ったり、あるいは農村における力関係によって土地の実態を意図的に無視した等級設定をしたりといったことが行われている。田賦の積弊は深いが、「土地陳報」はこれに新たな弊害を付け加えたのである。[20]

また、同紙の同年7月3日の論説では、広東省大埔県で「土地陳報」にもとづく田賦徴収を行った結果、様々な欠陥・弊害が露見し、紛争が頻発したという同県県長の報告書（1943年3月）や、四川省潼県で「土地陳報」にもとづく田賦徴収を行うと、翌年の春には土地の再調査を求める納税者の申請書が9000余件にも達したという事例（44年）を紹介している。そして、これらの事例が示すように、現行の「土地陳報」の方法では、税負担を公平化する目的は実現せず、「土地陳報」自体が有力地主による不正行為のよりどころとならざるを得ないと主張している。[21]

これらはすでに触れたように中国国民党と対抗関係にある中国共産党の機関紙における論説であり、これをもって抗戦時期の「土地陳報」の全般的傾向を判断するわけにはいかない。しかし、「土地陳報」という方法自体が本来的にもっている限界や抗戦前の実施実態等を想起すれば、かなりの程度、当時の実態を反映していると考えられる。そして、この類推に大過がないことは、次章において示すことになる。

したがって、「土地陳報」の実施されていない地域はもちろん、実施された地

域においても重慶政府による正確な土地把握は期待できず、その田賦徴収は極めて杜撰な土地把握にもとづいていたということになる。これは重慶政府による農村社会の掌握が、旧来の脆弱な構造を脱却できず、近代国家としては極めて貧弱な水準にあったことを示している。ここに、整備された近代国家が再編されて戦時体制に移行した場合とは異なった重慶政府の戦時体制の特質が見いだされるのである。

　さて、この特質から派生する、いくつかの問題点に触れておこう。正確な土地把握を前提にできないということは、先に紹介した論説が強調するように税負担の公平性の制度的な実現は初めから望めないということである。このような事情のもとで、著しい税負担の増大を意味する田賦実物徴収を実施すれば、どのような問題を生み出すかは容易に想像できよう。すなわち、土地所有者全体の税負担が著しく増大する中で、有力地主層が従来享受して来た税制上の非公式の既得権はほぼそのまま存続するわけであるから、その既得権は相対的に肥大化し、既得権をもたない一般の土地所有者（地主だけではなく自作農・自小作農を含む）の負担はより一層過重にならざるを得ない。収奪の強化に著しい不公平・不均等・不明朗が伴えば、階層間の矛盾は通常以上に先鋭化し、政府に対する不満も通常以上に高まることになろう。田賦実物徴収の実施によって頻発した各地の農民暴動の背景には、以上のような事情も作用していたものと思われる。このような農民暴動の頻発を紹介した当時の日本の調査報告は、「要するに土地整理を中軸として今迄錯雑に錯雑を重ねた農民負担を単純明確なものにし、『巨室大戸』へ負担を重くする方向へ前進しない限り田賦実物徴収、実物購入による糧食把握はもはや限界に達しているといふことができる」と結論づけている。

　また、前掲の『新華日報』の論説は、階層間の税負担の不公平の実例を紹介して、次のように論じている。すなわち、長寿県の4500市石の小作料を徴収する大地主が納める田賦は150市石であり、総収入の3％強にあたるのに対して、高県の10市石の収入を得る小規模な自作農が納める田賦は1石3斗3升6合であり、総収入の13％強にあたる。しかも後者の自作農の場合には、前者の地主には必要ではない生産費を投下しなければならないから、余計に不利であり、せいぜい1人分の生活費を確保するのが精一杯であるという。したがって、このような状況

では、有力地主への土地集中が助長されるばかりか、農業生産や税収をも阻害しかねないと論じている(26)。そして、その危惧は現実に進行しつつあった。もちろん、税負担の不公平ばかりが原因ではないが、実際に抗戦期間中に四川省では農業生産力は年々低下し、土地集中は進行したという(27)。

ところで、以上のような農村における負担の不公平が深刻な社会問題として表面化していく事態は、重慶政府にしても決して望むところではなかったはずである。そこで、負担の不公平の下で利益を享受している有力地主など農村有力者層に対して重慶政府がいかなる態度をもって臨んでいたかを、糧食管理・獲得策を中心にやや時期を遡りつつ確認しておこう。

田賦の実物徴収の実施以前に遡るが、1940年後半、糧食価格は暴騰し経済危機が深刻化した。このとき、蔣介石は糧食価格の暴騰の主要な責任は、一般の農民にあるのではなく、各地で大量の糧食を所持して市場に提供しない地主・「富戸」にあると明快に指摘して(28)、彼らによる糧食の隠匿・売り惜しみに対する激しい批判を繰り返した(29)。蔣は言う。

> 糧食を所持して供出しない地主富豪は自らの利益のみを顧慮し、国家を顧みない民族の罪人であり、その罪悪は土豪劣紳、貪官汚吏に等しい。あるいはそれ以上である。したがって、政府が彼らに寛容に対処する余地は全くない(30)。

また、蔣介石は彼らを取り締まるために各県県長を集めて、次のような指示を出している。すなわち、各県で最も多く糧食を蓄えている地主・「大戸」を、1県につき5戸あるいは10戸、蔣自身のもとに直接報告することを各県県長に求め、報告の提出期限を、各県県長がその管轄する県に戻った後10日以内とした。そして、もし彼らの糧食の隠匿・売り惜しみが確認されれば、「抗戦を破壊し革命に反対する」行為として極めて厳しい方法で処罰を与えること、また糧食を蓄え勢力のある「大戸」を避けて報告しなかった県長は処分することを約束した(31)。この後、実際に成都市長楊全宇、広東省糧食管理局長沈毅など地方行政の中枢を占める高官が、糧食の買い溜めにより巨利を得たという理由で銃殺刑に処されている(32)。蔣介石は、糧食の隠匿に対する調査や取り締まりにあたっては、三民主義青年団（蔣介石を団長とする反共的青年組織）、国民党中央調査統計局（蔣介石の独裁を支える特務工作機関）、憲兵司令部など自らの手足となる最強の陣容を動員していたので

第8章　日本占領区と重慶政府統治区

(33)
ある。

　田賦の中央移管とその実物徴収を実施した後も、当初においては以上に示した農村有力者に対する態度に変化はなかった。蔣介石は1942年6月の全国糧食会議の席上において、富紳・地主が保甲長と結託して自らの子弟の兵役逃れを行ったり、糧食の強制買い上げの数量を少なくするよう関係機関に運動したりしている行為を激しく批判した。そのうえで、余った糧食をもつ「富戸」に対しては、累進制の原則でより多く強制買い上げを行い、少なくとも強制買い上げの総額は田賦実物徴収の総額を上回るべきだと主張した。このようにして、はじめて政府の定めた平等原則に合致するのであり、前線の将兵や貧苦の同胞に顔向けができると述べている。累進制にもとづく強制買い上げの比重を高めることによって、農村における階層間の負担の不公平を一定程度是正しようとしたわけである。

　ところが、このような蔣介石の意志に反して、累進制にもとづく強制買い上げの原則は貫徹しなかった。その理由は、累進制にもとづく強制買い上げを実施するためには、その前提として各地の「大戸」に対する正確な調査・把握が必要であったのであり、当時の重慶政府の末端の行政能力の貧弱さはそのような地域社会の掌握を可能にするものではなかった。国民党第五届十中全会に対する糧食部の工作報告（1942年11月）が、この間の事情を説明している。すなわち、末端の郷鎮や保甲の長官は彼ら自身が大地主であったり、あるいは敢えて地域社会の有力者に不利なことは行わなかったために、「豪紳大戸」の負担は貧苦の「小民」に転嫁され、これによる負担の不公平はむしろますます甚だしくなった。累進制にもとづく強制買い上げを実施した政府の意図は実現しなかったわけである。このため、強制買い上げは累進制を廃止し、田賦の既存の納税額を基準にして買い上げ額の割り当てが行われた。そして、その基準となる田賦の納税額そのものが、正確な土地把握にもとづかない不合理で不公正なものであり、有力地主層の非公式の既得権を内在させていたことはすでに論じた通りである。

　さらに、1944年8月段階になると、蔣介石は田賦の実物徴収、強制買い上げ（借り上げ）以外の方法で、再び農村有力者を標的にした糧食の獲得を試みる。いわゆる「大戸献糧」の命令が、それである。しかし、「大戸」を特定した上で糧食の提供を求めるという当初の方針は貫徹されなかった。実際は「大戸」を確実

に掌握できないまま、彼らの自発性にのみ依存して実施されたのであり、さらに実施時期における戦況の悪化も重なって、さしたる成果をあげることはできなかった。
(36)

　前述したように、重慶政府は、戦前緒についた改革を中断・後退させ、農村社会を確実に掌握しないまま戦時体制に移行せざるを得なかった。そのこと自体の中に戦時体制としての限界もはらまれていた。抗戦の全期間に亙って、地域社会に勢力をもつ有力地主など農村有力者層の既得権を許し、彼らから糧食を獲得するのに、抗日の大義を説いてその自発性に待つか、一罰百戒的な摘発に頼るといった方法から完全に抜け出すことはできなかったのである。重慶政府の戦時体制は、その強権的専制的な外観にもかかわらず、戦争のために社会全体の諸資源を効率よく調達することを至上命令とする総力戦下の戦時体制としては、なお不徹底で弱体であった。

第3節　小　　括

　日中戦争の勃発によって、国民政府の農村土地行政が最も進展した江浙地域は早くから戦禍を蒙り、その主要地域は日本軍によって占領された。国民政府が後方へ撤退する際に、農村土地行政の基本資料を持ち去ったこともあり、日本側は国民政府の達成した成果を引き継ぐことはできなかった。それ故、日本占領区における地税徴収は、清朝国家から引き継いだ旧来の農村社会把握に乗っかる形で再開せざるを得なかったのである。その意味では、日本占領区における農村土地行政は、国民政府が改革の努力を開始する以前の状態への回帰・復古であった。さらに、戦時状況に規定された矛盾の極大化がこれに伴っていたことはいうまでもない。

　他方、抗戦前の農村土地行政改革の方向は、重慶国民政府統治下においても屈折・後退を余儀なくされていく。改革の進展した地域を喪失し、権力基盤の薄弱な奥地を拠点にした苛酷な総力戦は、国民政府から抗戦前の改革を継続する余裕を奪っていたのである。既存の脆弱な農村社会把握にもとづく収奪の強化や「土地陳報」の重視などは、むしろ同じ戦時状況下にある日本占領区の場合とも類似

した側面を示している。日中戦争は、抗戦前に軌道に乗りつつあった中国における土地・地税制度の近代化を大きく歪曲し、国家による農村社会掌握の新しい質を獲得する道筋を中断・後退させる役割を果たしたのであった。そして、そのこと自体が、重慶政府の戦時体制に固有の矛盾を付与していたのである。

註
(1) 天野元之助『中国農業経済論』第2巻、龍渓書舎、1978年（ただし、原出は1942年、改造社）、145～146頁。
(2) 江蘇省政府編『江蘇省政府三四・三五年政情述要』1947年、地政部分、1頁。
(3) 国民政府行政院全国経済委員会青木最高顧問補佐官福井栄治郎ほか『江蘇省地方税制調査』1942年7月、第2・田賦之部、28頁。
(4) 同上書、第2・田賦之部、101頁、135～137頁。
(5) 同上書、第2・田賦之部、27頁。
(6) 同上書、第2・田賦之部、52～56頁。
(7) 同上書、第2・田賦之部、157～158頁。
(8) 同上書、第2・田賦之部、174～176頁。
(9) 同上書、第2・田賦之部、176頁。
(10) 同上書、第2・田賦之部、235～240頁。
(11) 国民政府の戦前の政策志向と開戦後のそれとの断絶を強調し、後者の政策志向が1949年革命を越えて中国社会主義へと連続するという見方が奥村哲により提示されている（同「旧中国資本主義論の基礎概念について」中国史研究会編『中国専制国家と社会統合』文理閣，1990年、所収、同「抗日戦争と中国社会主義」『歴史学研究』第651号、1993年、同『中国の現代史——戦争と社会主義——』青木書店、1999年、など）。また、久保亨『中国経済100年のあゆみ』（創研出版、1991年）も、日中戦争期から70年代までを一括りにして、軍需工業を軸とする重化学工業化へ極端に傾斜する時期として特徴づけている。
(12) ただし、1980年代後半以降、中国の学界でも重慶政府の経済政策に対して従来の政治的色彩の強い否定的評価を改め、戦時状況という当時の現実を踏まえた肯定的評価を与える研究が登場してきた。その代表的な成果として、抗日戦争時期国民政府財政経済戦略措施研究課題組編『抗日戦争時期国民政府財政経済戦略措施研究』（西南財経大学出版社、1988年）をあげておく。
(13) 田賦の中央移管とその実物徴収について、戦後日本の学界では、これに本格的に論及し、その意義を明らかにした先駆的な実証研究として、菊地一隆「重慶政権の戦時

経済建設」(『歴史学研究別冊特集』1981年)、がある。
(14) 国民政府軍事委員会委員長行営『中国戦時体制論』(1936年、編訳彙報27、中支建設資料整備委員会)、65頁。
(15) 各年度の実際の獲得量が規定の予定量に占める割合は、以下の通り。1941年度100.39%、42年度101.75%、43年度102.55%、44年度81.89%、通年では96.22%である(『抗日戦争時期国民政府財政経済戦略措施研究』[前掲] 46頁)。なお、本書第9章で提示する**表9－3**(イーストマンの研究からの引用)における抗日戦争時期の数値とは完全に一致していないが、その違いはわずかである。抗日戦争時期においては糧食の獲得量が規定の予定量に占める割合は極めて高い水準にあった。
(16) 台湾では、陸民仁「抗戦時期田賦徴実制度：実施及評估」(中華民国歴史與文化討論集編輯委員会編『中華民国歴史與文化討論集』第4冊、1984年、所収)、蔣永敬「孔祥熙與戦時財政——法幣政策與田賦徴実——」(孫中山先生與近代中国学術討論集編輯委員会編『孫中山先生與近代中国学術討論集』第4冊、1985年、所収)、侯坤宏「抗戦時期田賦徴実的実施與成效」(『国史館館刊』復刊4、1988年)など。大陸では、『抗日戦争時期国民政府財政経済戦略措施研究』(前掲)のほか、金徳群主編『中国国民党土地政策研究』海洋出版社、1991年、崔国華『抗日戦争時期国民政府財政金融政策』西南財経大学出版社、1995年、など。なお、アメリカではこの政策について対日抗戦を支えた側面よりも、後の国共内戦期に国民政府が崩壊する一因としてとらえる傾向が強いようである(L.E.Eastman, *Seeds of Destruction: Nationalist China in War and Revolution 1937-1949,* Stanford Univ. Press, 1985など)。
(17) 金徳群主編・前掲書、260～261頁。
(18) 本書第2部・第3部、参照。
(19) 本書第3章で、浙江省で先駆的に実施された土地陳報の惨憺たる実施実態を明らかにした。
(20) 「社論・実物徴借与負担公允」『新華日報』(重慶版) 1944年6月11日。
(21) 沛然「論公平第一与得糧第一」『新華日報』(重慶版) 1944年7月3日。
(22) この点については、菊池・前掲論文は1940年3月から実施された新県制の意義を強調し、これによって中央権力が地方末端にまで及んだとしている(177頁)が、本書はこの見解とは異なった見通しに立っている。
(23) 菊池・前掲論文では、当時の物価水準から考えて、田賦の実物徴収は少なく見積もって従来の10倍以上の重税になるとしている(176頁)。
(24) このような土地所有者間の負担の不公平ばかりではなく、大地主は税負担の強化を口実に小作料を引き上げ、その負担を小作農に転嫁する傾向があり、このために土地のない貧農や小作農にも大きな打撃が及び、小作争議も頻発するようになった(菊池・前掲論文、177～178頁)。

(25)　『重慶経済戦力ニ関スル報告』第三部奥地研究室、第4編農業、1944年、23頁。
(26)　沛然・前掲論文。
(27)　石島紀之「日中全面戦争の衝撃――中国の国民統合と社会構造――」（細谷千博他編『太平洋戦争』東大出版会、1993年、476～477頁。
(28)　蔣介石「為実施糧食管理告川省同胞書」1940年9月11日（中国国民党中央委員会党史委員会『革命文献』第110輯、1987年、120頁）。
(29)　この点について、谷水真澄『重慶論』（日本青年外交協会、1944年）は、「民国16年（昭和2年）の国共の分裂以来、資本家、地主階級と手を握って来た国民党が、何故に糧食問題に関しては、かくも急激に態度を変へて嚙みつかねばならなかったか、それは苛烈な戦争の圧力に追ひつめられた重慶政権が、食ふか食はれるかの境に立って、自己保存の本能を剥き出して来たものといふ外ない」と述べている（37～38頁）。戦前における国民党と地主階級との連携という見方は、旧通説と同様にやや粗雑で一面的であるが、糧食問題に関する重慶政府の姿勢をよく伝えている。
(30)　蔣介石「建立国家財政経済的基礎及推行糧食与土地政策的決心」1941年6月16日（『革命文献』第110輯［前掲］、143～144頁）。
(31)　蔣介石「糧食管理要点与県長的重大責任」1940年11月12日（同上書、125頁）。
(32)　増田米治『重慶政府戦時経済政策史』ダイヤモンド社、1943年、416頁。
(33)　『抗日戦争時期国民政府財政経済戦略措施研究』（前掲）、65頁、谷水前掲書、36頁。
(34)　蔣介石「対於糧政的期望与感想」1942年6月1日（『革命文献』第110輯［前掲］、150～152頁）。
(35)　『抗日戦争時期国民政府財政経済戦略措施研究』（前掲）、61～62頁、「重慶の田賦」『情報』新29号、大東亜省、1944年7月、16頁。
(36)　当初の蔣介石の命令では、総額で2000万石から3000万石を集めるとされていたが、実際は1945年6月までの時点で甘粛省で20万石、綏遠省で4万4千余石、四川省で58万余石を集めたが、その他の各省では報告がなされていないという（『抗日戦争時期国民政府財政経済戦略措施研究』［前掲］、62～63頁）。ただし、このような実際の成果の乏しさを導いた要因を、「大戸献糧」の方式自体に内在する問題点のみに求めることはできない。当時の政策責任者の説明によれば、戦争末期の日本軍の攻勢（大陸打通作戦）による華中・華南での戦禍の拡大と時期的に重なった点が指摘されている（徐堪「四年来之我国糧政」『糧政季刊』第2・3期、1945年12月）。

第9章　戦時から戦後にかけての地税行政と請願活動

第1節　地域社会からの利害表出と請願

　抗日戦争期の国民政府は、本格的な地籍整理に代えて「土地陳報」(土地所有者による土地の自己申告)を重視することを余儀なくされ、田賦の中央移管とその実物徴収、糧食の強制買い［借り］上げなどの一連の地税(糧食)確保政策を実施した。これらはいずれも戦前の政策志向とは異なる戦時体制に即応した政策であった。これらが困難な抗戦を支えたのは事実であるが、そこには末端行政による農村社会掌握の脆弱さに由来する様々な問題点が内包されていた。前章においては、この点に着目し、行政側の認識を示す政府文書とともに中国共産党の批判的評論などを主な素材としてその概要を提示したが、政策を受け止める側の地域社会の動向については具体的に論及することはできなかった。本章のねらいの一つは、前章を含めて従来の抗日戦争期の政策分析においては本格的な実証が行われていない地域社会の動向を把握することにある。これによって、前述の政策を執行する行政活動が抱えていた問題点をより鮮明に示すことになろう。

　また、本章のもう一つのねらいは、対象時期を抗日戦争期に限定せずに、戦後内戦期にまで広げて検討を行うことである。戦時体制に即応した政策が、戦後内戦期においてどのような展開を見せたかという点も、従来の研究においては論及されることは極めて少なかった(1)。したがって、本章では、地域社会の動向を中心に抗日戦争期から戦後内戦期にかけての国民政府の地税行政の展開を跡づけることにしたい(2)。そうすることで、研究史上の空白を埋め、戦時から戦後に至る国民政府が直面した現実の一端を明らかにするとともに、戦後政局理解についても新たな視点と素材を提供しえるように思われる。

　なお、本章が地域社会の動向をうかがう手掛かりとして利用する主な史料は、台湾の国史館所蔵糧食部檔案である(3)。そこには地域社会の様々なレベルから提出された請願書の類いが数多く保管されている。ただ、これらの請願書は、その使用に当たって、若干の注意が必要である。その点を最初に明示しておかねばなら

ない。

　すなわち、ここで拾うことができるのは、地域社会からの多様な利害表出のうち、公式の請願という形態をとったものの一部であるということである。たとえば、私的人脈を通じた非公式の成文化されない陳情や圧力は、もちろん檔案としては残らない。また、暴動や反乱等の形態をとった利害表出の場合も、この檔案ではうかがうことはできない。田賦徴収に反対する農民暴動は、たとえばイーストマンの研究で若干の事例が紹介されており[4]、また当時の日本側の調査史料によれば、抗戦末期において重慶政府下の各地で農民暴動が頻発していることに言及し、糧食確保がすでに限界に達していると指摘している[5]。このような形態をとった利害表出についてより立ち入った検討をするためには、また異なった史料発掘が必要であろう。

　とはいえ、本章で使用する請願類が地域社会からの利害表出の重要な部分を担っていたことも確かである。したがって、以上のような史料的性格を十分に考慮し、ほかの史料などを重ね合わせれば、地域社会の実状に接近することは可能であろう。

第2節　戦時下における請願活動の特質

1　請願内容

　まず抗戦時期において地域社会からどのような利害表出が行われていたかを見てみよう。抗戦期において提出された地税徴収に関連する請願書の内容は、大きく以下の三つに分類できる。

（1）地税負担軽減要求

　まず、抗戦時期の地税負担軽減要求を取り上げよう。国史館所蔵糧食部檔案では、そうした請願案件を9件確認することができた[6]。その中では、1941年10月頃に四川省潼南・遂寧・蓬渓等各県の省都にある同郷会から提出された田賦軽減の請願がとくに注目すべき事例であろう。これら省北部の各県では、田賦実物徴収の実施に対する反発が強く、騒動が発生しつつある状況が報告されている[7]。残念

ながら、その実情や後の展開を明らかにする史料はないが、田賦実物徴収が41年下半期というその最初の段階で、しかも拠点である四川省で騒動に発展しかねない強い反発に直面していたことは注目しておかねばならない。

しかしながら、請願全体を大きく概観して気づくことは、抗戦期については地税負担の軽減要求がさしたる比重を占めていないという事実である。これは、先に述べた史料的性格とも関連していよう。つまり、一般的な収奪強化反対は、抗戦の大義に対する挑戦になりかねず、そのような要求が公式の請願の中には盛り込まれにくいという事情が考えられる。事実、四川省で実物徴収を開始するに当たって、これを妨害したり不正を働くものには軍法をもって対処することを、蒋介石自らが表明していた。したがって、ここで拾った数少ない事例についてみても、地税負担軽減を一般的に主張するものは決して多くはない。たとえば、1944年9月の陝西省臨時参議会からの請願は山林地帯においては田賦実物徴収を適用しないことを求めたものであり、1945年6月の浙江省東陽県臨時参議会からの請願や同年7月の陝西省鎮安県臨時参議会からの請願は、戦災や自然災害に対する救済のための地税負担軽減要求である。これらは地域的な特殊事情を理由としたものであって、一般的な地税負担軽減要求としてはとらえられない。

このように、抗戦時期においては一般的な負担軽減要求が請願の形態で直接に表出する頻度は少なかった。そうした傾向は、後述するように、抗戦が終了するとともに大きく変容していくことになる。

（2）地税負担の不公平に対する是正要求

他方、抗戦時期の請願の中で数量的に圧倒的多数を占めるのは、税負担の不公平をめぐる請願類であった。このような請願は、抗戦終結後も変わることなく頻発しているため、戦後の請願も含めて、ここに一括して**表9－1**に列挙した。確認し得たのは52件である。

この中で、最も注目すべき点は、「土地陳報」とそれにもとづいて改定された新しい「科則」（土地の等級を設定し、その等級ごとに決められた単位面積あたりの税額）の不備に由来するものが多いことである。

前章でも触れたとおり、戦前に先進地域で緒に就いた本格的な土地測量を伴っ

第 9 章　戦時から戦後にかけての地税行政と請願活動　　　　　　　235

表9－1　地税負担の不公平を是正することを求める請願

時期	地区	請願主体	内容	檔案番号
1943/3	四川省儀隴県	田賦管理処副処長楊大倫	土地陳報の錯誤が多すぎ、短期間で任務（成果を実物徴収に利用）を完成することは困難、指示を請う	271-2827
1943/3	四川省万県	王国棟	本年度の新科則による徴税のための建議	272-314
1943/12	四川省梁山県	土地陳報改進工作監察委員会・県臨時参議会	土地陳報不完全、その成果の利用は延期を請願	271-574-2
1944/1	広西省永福県	県臨時参議会	実態に合わせた賦額の配分を請願	271-582
1944/1	広西省陸川県	業戸代表陳宏烈等29人	田賦紊乱、負担不均等、再整理を請願	271-582
1944/2	広西省桂平県	平石・新合・聯古等郷鎮代表主席劉文澤	土地測量を請願	271-582
1944/2	広西省陸川県	大襖郷代表戴天武	土地陳報の結果、負担不公平、旧額で徴税し、測量を請願	271-582
1944/2	広西省桂平県	県民黄徳彰等	土地陳報が不正確、旧賦に比べ更に不均等、派員調査を請願	271-582
1944/2	広西省中渡県	盧春徳等	調査不明確、負担失当、再測量を請願	271-582
1944/3	広西省桂平県	弩灘郷公民駱運良等	土地陳報が不正確、旧賦に比べ更に不均等、派員調査あるいは旧額で納税を請願	271-582
1944/3	広西省横県	雲表郷郷長蒙理等	土地陳報成果不良、再調査による負担平均の実現を請願	271-582
1944/5	広西省柳城県	県参議会	新科則の利用による賦額配分統一を請願	271-582
1944/5	四川省射洪県	文星郷第2保糧民郭級三等27人	県参議会による飛加（1区糧額を減らし2・3区各郷鎮に配分）の是正を請願	271-2827
1944/5	四川省射洪県	文星郷第15保杜興周等39人	同　　上	271-2827
1944/6	四川省射洪県	文星郷第11保糧民馮治清等37人	同　　上	271-2827
1944/6	四川省射洪県	文星郷第1保糧民任諫章等40人	同　　上	271-2827
1944/6	四川省射洪県	文星郷第16保糧民杜斗臣等34人	同　　上	271-2827
1944/6	四川省射洪県	文星郷第3保糧民任玉和等27人	同　　上	271-2827
1944/7	四川省射洪県	文星郷保長謝盈倉等	同　　上	271-2827
1944/6	四川省楽山県	安谷・懐沙・古市郷公所郷民代表会〔4郷各郷長・郷民代表主席〕	土地陳報の錯誤が多すぎ、再調査を請願	271-2827
1944/6	四川省大竹県	城区鎮曁各鎮郷公所〔城区鎮鎮長・副鎮長・鎮民代表主席・鎮民代表・43郷各郷長・郷民代表等72人〕	全省賦制会議の召集により県ごとの負担の均等化を請願	271-2827
1944/6	四川省閬中県	玉台郷法団首長（農会・教育会理事長）・保長（全体）・公民（士紳）等27人	田賦負担不公平・錯誤過多の是正を請願	271-2827
1944/6	四川省隆昌県	喩従之等	土地測量の錯誤・強制借り上げの不均等の是正を請願	271-2827
1944/7	四川省射洪県	東岳郷郷民陳道源等	県春季拡大行政会議改進田賦議決案を執行して負担均等の実現を請願	271-2827

236　　　　　　　　　　第4部　戦時行政への転換と屈折

1944/7	四川省鹽亭県	金孔郷郷民代表会（主席胥竹成等26人）	各郷の負担額を任意に移し替え／旧糧額を強制／県の党部・参議会等首長各機関人員は1・2区出身者に独占され彼らの利害が優先／各郷糧額決定の会議運営の不当性→県田管処の決定撤回、糧額配分の適正化、公開の土地測量の繰り上げ実施を請願	271-2827
1944/7	四川省鹽亭県	第3区折弓郷郷民彭瑞武等60人	党部・参議会の専断による飛加の是正請願	271-2827
1944/7	四川省閬中県	石灘郷郷民代表主席王子建	県田管処の額外徴税の摘発／土地陳報の不善の是正を請願	271-2827
1944/7	四川省射洪県	東岳郷中心校	税額が土地と対応しない、是正を請願	271-2827
1944/8	四川省鹽亭県	高燈郷糧民岳潔清等206人	党部・参議会の違法私議飛加の撤回を請願	271-2827
1944/8	四川省潼南県	王家郷郷民代表会主席蒋述周・桂林等21郷郷民代表会主席	土地陳報不善・負担不公平により旧糧により徴税を請願	271-2827
1944/8	四川省江油県	新興郷郷民代表李春銑・保長・糧民	土地の等級設定が高すぎ、税率が過重になっている事態の是正を請願	271-2827
1944/8	四川省蓬溪県	鳴鳳郷第8保周年豊等13人	副保長柯興隆の罷免／税負担の均等化を請願	271-2827
1944/8	四川省広安県	県臨時参議会議長葉濟・副議長・党書記長・農会・総工会・商会理事長・救済院長・民衆教育館長・民報社長・農業推広所主任・県経収処主任・中国紅十字会分会長・県立中学校長・女中学校長・私立儲英中学校長・培文中学校長・恵育中学校長・南城鎮長・中心小学校長・北城鎮長・中心小学校長等50人	税配分の不公平、負担の過重の是正を請願	271-2827
1944/8	陝西省華陰県	県農会理事長趙立甫・三民郷等民衆代表33人	土地陳報・新科則の不公平、負担軽減を請願	271-578
1944/8	陝西省栒邑県	財務委員会主任袁錦章・県農会理事長・公鄭郷等8郷鎮代表18人	税額を減らし、田地等級を下げて実態に合わせることを請願	271-578
1944/9	陝西省韓城県	士紳楊一鶴等	田賦過重、隣県と比較して合理的で公平な科則の改定を請願	271-578
1945/11	陝西省寧陝県	紳民代表呂宗望等17人	測量錯誤によって生じた欠賦の豁免を請願	271-578
1945/7	福建省沙県	大坪村住民陸子嘉等、保長・甲長7人	土地陳報時に山林を農地と誤り、そのために重すぎる税負担の免除を請願	272-1857
1945/9	四川省忠県	永豊郷・凌雲郷・高洞郷・三匯郷小業戸代表田光文等	土地陳報不正確のため土地測量を申請、田賦実物徴収・強制借り上げの基準が不法であり小地主に不利な実態を訴える	272-850
1945/9	四川省墊江県	公民李星楼等	県臨時参議会の違法決議（強制借り上げによる貧民負担の増加）への抗議	272-199

第 9 章　戦時から戦後にかけての地税行政と請願活動　　237

1946/5	江蘇省太倉県	公民唐文治等44人	隣県に比べ田賦負担過重、軽減を請願	271-1589
1946/6	河南省横川県	県参議会	田賦実物徴収後、税額錯誤による負担増の是正を請願	271-470
1946/8	河南省舞陽県	県参議会	田賦原額を今後の徴税基準として税負担を均等化させることを請願	271-470
1946/9	河南省洛陽県	県参議会議長史梅岑	田賦税額配分の錯誤の是正を請願	271-470
1946/12	江蘇省江陰県	県臨時参議会議長呉漱英・副議長邢介文・参議員全体	隣県に比べ田賦税額超過、軽減して隣県と同じ税率にすることを請願	271-1589
1947/12	河南省中牟県	県党部執委書記長・参議会議長・青年団分団籌備処主任・地方士紳	黄河氾濫被災区域をめぐる田賦税額配分が錯誤、これによる負担過重の是正を請願	271-470
1947/3	湖南省汝城県	県参議会議長何其朗	土地測量不正確、再測量を請願	271-1248
1947/3	湖南省益陽県	濱資郷災民代表呂東園等19人	土地測量の錯誤によって無土地に課税、課税免除を請願	271-1998
1947/5	西康省会理県	江濱郷第6保保長劉書斎・保代表・参議員・紳民等19人	査丈不実、税額不正確、過酷な徴税、不正行為、負担過重、調査を請願	271-2153
1947/6	河南省方城県	県参議会議長蕭鶪郷	省の田賦配分額過重、削減を要求	271-470
1947/9	河南省許昌県	県参議会議長蕭松森	税額過重、公平で合理的な是正を請願	271-470
1947/11	江蘇省宝応県	公民呉廷鋪等10人	土地台帳は有名無実、実態に則した徴税を請願	271-1530

註：檔案番号は国史館所蔵糧食部檔案のもの。

た地籍整理は、抗戦期に入って大きく停滞するとともに、実施対象地域も都市部に重点が置かれた。これに代わって、広大な農村地域で重視されたのが、より簡便な方法である「土地陳報」であった。前章で掲げた表 8 − 2 は、抗日戦争時期に実施された「土地陳報」の地域的拡がりを示している。ここから、国民政府の抗戦期の拠点であり、糧食確保がとりわけ重視された四川省を筆頭として、国民政府統治区において「土地陳報」が広範に進展していること、そして、その成果が田賦実物徴収に利用されていたことがうかがわれる。「土地陳報」は、土地所有者にその所有地を自己申告させる制度であり、そこから得られる土地把握は多分に不正確なものに止まる。既存の土地把握の不備を根本的に改善するものではあり得なかったのである。そのため、田賦の実物徴収にその成果を利用するに当たっては、常に「土地陳報」の実態を再点検する課題に直面せざるをえなかった。[12] しかし、その効果的な実施は本来的に容易ではなかった。多くの請願は、「土地陳報」の不正確さ、それにもとづいて改定された科則の不適切さを訴え、その再点検・再調査を求めるものである。

　その代表的な事例の一つを紹介しておこう。以下に引用するのは、1944年6月

8日に四川省楽山県の安谷・懐沙・古市郷公所郷民代表会から糧食部部長宛てに提出された請願書である。

> 民国32年（1943年）に土地陳報を再点検したが、その結果はなお錯誤があまりに多くて実施が困難であった。改善する時間がなく、しばらく旧来の科則にもとづき徴税を行ったが、人民は巨額の費用を浪費した。本年度は土地陳報の再点検を早期に実施することをただ願っているが、その実施は遅れて今に至っており、徴税の期日が迫っているのに、なお何の消息もない。人民は失望し、続々と実施するように頼みにやってくる。調べによると、四川省各県の糧額の負担の重さは一様ではなく、ただ楽山県がやや重く、楽山県の中でも、また懐・符・古・安などの郷がとりわけ重い。土地陳報を実施して、県と県との負担を公平にし、郷と郷との負担を公平にし、負担の格差を無くし、規定額どおり徴収すれば、人民は自ら喜んで納税し、徴収は順調に行われる。これが最良であって実にこれに過ぎるものはない。しかしながら、楽山県では土地陳報を行って、巨費を使い果たし、2度ともついに［よい—引用者］結果はなかった。郷の中には、土地があっても納税しない者があり、悠々と難を免れている。他方、土地がなくて納税する者があり、実にその苦しみは言うに堪えない。土地が少なく納税額の多い者も、負担の不均衡を憂えている。(13)

この請願書は、1944年度に「土地陳報」の内容を再度点検することを要求しているが、前年度の再点検が巨費を投じながら所期の成果を上げなかったこと、そのため暫定的に旧来の科則にもとづき徴税を行ったこと、そして、44年度においても県政府の対応が緩慢であったため地域社会の不満を呼び起こしていることを示している。このような「土地陳報」の錯誤是正が滞っている事態は、ほかの多くの請願書からも窺われる。

さらに、このような問題に対して徴税当局がより明確な回答を示した事例もある。すなわち、1944年2月16日に広西省陸川県大禝郷民代表戴天武は、「土地陳報」の成果を利用することによって税負担が不公平となったとして、暫定的に旧来の税額で徴税を行い、後に土地の測量を実施することを請願した。ところが、同年3月13日、省田賦管理処の回答は、あくまで「土地陳報」にもとづく新しい

税額で納税することを指示し、口実を設けて徴税を妨害する行為はこれを禁止するという強硬な内容であった。(14)このような請願にきめ細かく対応することは、極めて困難であったと推定できる。

　また、土地把握の不備に由来する税負担配分における不公平という問題は、個別の納税者ごとの不公平として提起されるだけではない。先の引用文にも示されている通り、県、区、郷などを単位とした地域ごとの負担格差として問題化する場合も多い。この場合には地域間の利害対立といった様相を呈し、これを背景にした紛糾も生じている。このような地域ごとの負担格差を解決するためには、それぞれの地域を超えた、より広域的な規模で負担配分の調整が必要となるが、たとえば四川省では省内全域で「土地陳報」が完了した後に全省賦制会議を召集して県ごとの負担均等を実現することになっていた。この方針を受けて、1944年6月、四川省大竹県下の各郷鎮公所・各郷鎮代表は、雍正7年（1729年）に実施された清丈の誤りにまで遡りつつ大竹県の地税負担額が近隣諸県と較べて相対的に過重負担となった経緯と実状を説明し、その是正を図るために全省賦制会議を迅速に召集することを請願した。この請願書は、同会議が早急に召集できなければ、さしあたり大竹県を対象とした特別な救済措置を実施することも提案している。(15)このような全省賦制会議の開催によって県ごとの負担格差を是正する方針に期待を寄せる議論は、同年8月の広安県の諸団体から提出された請願書においても見られるが、全省賦制会議はついに開催されることはなかった。(16)

　なお、「土地陳報」の成果にもとづいて新たに設定された科則を撤回し、旧来の科則に戻して徴税を行うことを求めた請願が散見されることにも留意しておきたい。このような請願は、一見すると、旧来の土地把握の不備に由来する税負担上の既得権を維持しようとする動きであるかのように見える。旧来の土地把握が実態から遊離し税負担の不公平を生み出していたのは事実であって、上述のような意図をもった請願があった可能性も全くは排除できない。しかし、「土地陳報」は納税者の虚偽申告や一部の有力な納税者と結託した職員の不正行為や技術上の拙劣さのために、納税者間に新たな税負担上の不公平をもたらしていたことは事実である。しかも、前章で紹介したように（表8－3、参照）、このような欠陥を含んだ「土地陳報」によって全体の課税額が大幅に増加したことを考えれば、旧

科則から新科則に切り替えることによって不公平をより一層拡大させた事例が多かったことは十分に類推できる[17]。そうであるとするなら、旧科則にもとづく徴税を求める請願は、「土地陳報」の適切な再点検や本格的な土地測量がすぐには望めないという状況のもとで、不公平の程度がより小さい現実的な方法として暫定的に提案されたものと考えてよかろう。

(3) 地税行政にかかわる不正行為に対する抗議や告発

このほか、地税行政にかかわる不正行為に対する抗議や告発の類いも、抗戦時期から戦後にかけて多発していた。抗戦時期についていえば、国史館所蔵糧食部檔案では15件を確認できた[18]。糧食行政の不正や腐敗は、地税＝糧食の徴収、その保管、運搬などの各局面で頻発したが[19]、この15件は主に徴税過程における事件に限定して抽出したものである。したがって、ここで主に告発の対象となっているのは、納税者と直接かかわる県以下の行政末端の徴税機関とその職員である。戦後になると、糧食部が自らの業務を批判的に回顧するようになるが、その場合、こうした諸機関や職員の汚職事件が横行し、これを防ぐことができなかったことに再三論及している[20]。したがって、ここで拾った事件はほんの氷山の一角であったと考えてよかろう[21]。また、このような不正行為は、地方行政の中枢に位置する高官レベルにまで及んでいた。成都市長楊全宇、広東省糧食管理局長沈毅が糧食の買いだめで巨利を得たため銃殺刑に処せられた事件は有名である[22]。

また、こうした地税行政を監督する権限が与えられた地方党部や参議会も抗議・弾劾の対象になっていることにも注目しておきたい。たとえば、1944年5、6月に四川省射洪県文星郷の納税者たちが国防最高委員会に提出した一連の請願書には、県参議会が同県第1区の税額を第2区・第3区各郷鎮に不正に配分した事実を暴露している[23]。同年7、8月には四川省鹽亭県でも同じような問題が発生し、県の党部・参議会などの首長や各機関職員が特定の区の出身者に独占され、彼らの出身地に有利なように負担配分がなされている実情を訴えている[25]。後述するように、請願主体の重要な一翼を担った地方レベルの民意機関が、地域社会から逆に告発を受ける事例も珍しくなかったのである。

さらに、納税者自身の不正に対する告発も行われている。それらは9件確認で

きる。地域住民から告発の対象となった行為は、地方有力者(史料では「劣紳」・「土豪」という用語で登場)による税負担の他者への転嫁、所有地の過小申告、その他各種手段を駆使した税逃れ、糧食の隠匿などである。前章で紹介したように、このような行為は、蒋介石によって早くからその摘発が強く呼びかけられていたものである。

　以上、地税徴収に関連する地域社会からの請願内容を見てきた。全体としていえば、これらは国民政府の戦時体制の枠を越えたり、その打破に直接つながるような性格のものではない。むしろ、戦時体制維持に必要な負担配分の適正化という課題に沿った要求が大半である。その意味では、戦時負担の公正で合理的な配分を効率的にきちんと行いえない末端行政の脆弱さを反映したものであった。このような請願活動の中に、戦時体制下における矛盾の蓄積とその表れの一端が確認できるのである。

2　請願主体

　次に、請願主体について見てみよう。請願案件の中から請願主体をその性格ごとに大きく分類・整理してみると、以下の4種類になる。

①下級行政機関とその人員…田賦管理処、財務委員会、土地陳報改進工作監察委員会、県経収処、土地陳報編査隊、郷鎮公所、郷長、保長、甲長

②各級民意機関とその人員…省・県(臨時)参議会、郷(鎮)民代表会、保民大会

③各種団体とその首長………法団－農会、教育会、工会、商会、律師公会
　　　　　　　　　　　　　教育機関－公・私立学校、民衆教育館
　　　　　　　　　　　　　国民党下級党部－省・県党部
　　　　　　　　　　　　　その他－同郷会、新聞社、農業推広所、中国紅十字会分会、銀行、衛生院、糧商、糧民請願団、糧民借穀債権団、人民自由保障委員会

④住民個人(自称)……………士紳(代表)、紳民、公民(代表)、糧民(代表)、農民、郷民(代表)、民衆代表、業戸代表、小業戸代

表、災民代表

　以上のように、請願主体は、下級行政機関を含め地域社会の様々なレベルの有力団体や住民個人に及んでいた。住民個人については、その政治的背景や階層分布などを探る手掛かりはないが、自らをどのように位置づけているかという点も重要であり、各請願者の自称をそのまま列挙した。しかし、これらの請願主体の中でとりわけ請願の頻度が多く、大きな役割を果たしていると思われるのが、地方レベルの各級民意機関である。これらの民意機関は、本来、法制上においてこのような権限を職務として与えられていた。また、第1部・第2部で論じた戦前の農村土地行政と比較すれば、戦前においても行政に対する異議申し立てや請願活動が見られたが、その場合の主体はあくまで有力な任意団体や個人であったのであり、かかる公的な民意機関が地域社会の利害表出に介在し、重要な役割を果たす点は、戦前には見られないこの時期の特徴として注目しなければならない。

　省（臨時）参議会、県（臨時）参議会、郷（鎮）民代表会、保民大会などの各級民意機関は、戦時体制の支柱として地域社会から合意を調達するととも、行政活動をチェックしてその円滑化や効率化を図るために設置された。このうち、省・県の臨時参議会の場合は、各レベルの行政府・党部が有資格者の中から候補者を推薦し、その名簿の中からメンバーが任命された[27]。これが正式の省・県参議会になると、選挙によってメンバーが選出されることになる。すなわち、省参議会の場合は、省内各県の県参議会からそれぞれ代表者が選出され、県参議会の場合は、県内各郷鎮の郷（鎮）民代表会および職業団体からそれぞれ代表者が選出された。また、郷（鎮）民代表会は、所轄各保の保民大会からそれぞれ代表者が選出され、保民大会は保内の全戸によって構成された（各戸1名）[28]。省・県の臨時参議会を除けば、これらの各級民意機関のメンバーは、保民大会を起点にしてそれぞれ1ランク下の行政単位に設置された民意機関から選挙で選ばれる仕組みになっていたのである。

　このような地方レベルの各級民意機関が積極的に請願活動を展開していた事実は、これらの機関が地域社会からの合意調達だけではなく、地域社会からの利害表出においてもリーダーシップを発揮していたことを示している。すなわち、これら各級民意機関は戦時行政と地域住民の中間に位置し、利害表出と合意調達と

いう二重の役割を担っていたのである。

　ここでもう一つ注意すべき点は、これらが地域住民の利害を代表して戦時行政とその弊害に対峙する場合ばかりではなかったことである。ときには、その逆の場合も有り得た。すなわち、戦時行政への加担が行き過ぎたり、自らの保身や私利を追求して地域住民の意向を蹂躙した場合であり、その場合には、当然、地域住民から恨みを買い、「不良分子」、「劣紳」などと呼ばれて糾弾された。先に紹介した四川省鹽亭県や射洪県などの事例はその典型であり、ほかにも同様な事例は散見される。

　このような抗戦時期の地方レベルの各級民意機関は、その制度的構成が紹介されることはあっても、現実に果たした役割については、従来、十分に検討されることはなかった。また、中国（大陸）側の研究では、十分な実証をしないまま、これらのほとんどが「有名無実」であるとして一蹴したり、官僚・豪紳・地主・国民党員・ごろつきなどに支配され、民意とは全く無縁であって独裁政治を覆い隠す装飾品に過ぎないとする見解もある。それ故、本書では地域社会の利害表出機関として積極的に活動していた事実を特に強調しておきたい。地方レベルの各級民意機関は、一方で苛酷な戦時行政の要請に応えつつ、他方で地域住民の利益にも一定の配慮をしなければならず、その両者の狭間に立って複雑で相矛盾する二面性を帯びていたのである。

第3節　戦後における地税行政の変容と地域社会の動向

1　行政側の対応と認識

　さて、1945年8月の日本の降伏による戦争の終結は、苛酷な戦時体制を継続する現実の根拠が喪失することを意味した。戦時行政は当然、解体に向けて変容し、平時の体制への復帰が重要な課題として浮上していく。ここで扱う地税行政も、その例外ではなかった。そうした動向を、行政側と地域社会側に分けてたどることにしたい。

　まず、行政側から見ていこう。国民政府は、抗日戦争が勝利した直後の1945年9月3日に、「民に休息を与える」ことを理由に、田賦の豁免を一年間に限って

実施することを表明した。すなわち、日本軍の占領を受けた各省は45年度の田賦を豁免し、その他の奥地の各省は1年遅れの46年度の田賦を豁免するというものであった。これを受けて、行政院は45年9月11日に田賦豁免の具体的な実施方法を指示した。それによると、45年度田賦を豁免されたのは、江蘇、浙江、安徽、江西、湖北、湖南、広東、広西、山東、河南、河北、山西、綏遠、チャハル、熱河、台湾、東北9省の25省、南京、上海、北平、天津、青島の5市であり、46年度田賦の豁免が予定されたのは、四川、貴州、雲南、福建、西康、青海、陝西、甘粛、寧夏、新疆の10省、及び重慶の1市であった。

次いで、1945年12月30日、糧食部長徐堪は戦時糧食政策を担った糧食部そのものの撤廃を行政院に向けて提案した。そして、糧食部は、田賦の豁免が実施された各省において省・県レベルの実物徴収の実施機関を撤廃するなど、自らの廃止に向けた所轄機関の整理・縮小、人員の削減を徐々に推し進めていたのである。

ところが、戦争終結直後において中南部を中心に飢餓が広がるなど経済状況が極度に悪化し、日本占領地区への軍隊の移動や内戦準備に伴って軍糧不足が深刻化するという事態が進行した。そのような中で、1946年3月、国民党第六届二中全会は経済状況が回復するまでは田賦実物徴収を暫定的に継続・実施することを決議した。この決議にもとづき、同年6月6日から10日にかけて財政部と糧食部が主催する実施改訂財政収支系統会議が開かれ、実物徴収再開の具体的方法が決定された。それによると、46年度は前年度田賦を豁免した各省で実物徴収を復活するとともに、46年度に豁免が予定されていた各省も、豁免の実施は新疆を除いて46・47年の両年度に跨がって半額ずつに変更すること、すなわち46年度については規定の半額分を実物徴収することに変更された。ただし、徴収の方法については、いくつかの重要な緩和措置が盛り込まれている。その主な内容を列挙しておく。①交通が不便で糧食生産が豊かでない地区、あるいは政府の糧食需要が比較的少ない地区においては法幣での徴税が許可された。②省・県・市など地方への配分比率が増加した。すなわち、抗戦中は大部分が中央に集められていた実物徴収の配分は、省においては中央が3割、省が2割、県市が5割に、直轄市においては中央が4割、市が6割にそれぞれ改められた。なお、糧食の強制借り上げは、従来と同じくすべて中央に配分された。③田賦の実物への換算基準が抗戦時

第9章　戦時から戦後にかけての地税行政と請願活動　　245

期に比べて低くなり、糧食の強制借り上げの割り当て額も大幅に減額された。すなわち、かつての強制借り上げは実物徴収と同額あるいは2倍であったのに対して、実物徴収の2分の1あるいは3分の1とされた。⁽³⁷⁾

他方、共産党軍の活動によって田賦徴収は困難が予想されたため、決定された税額の徴収については以前よりも強力な督促体制がとられた。すなわち、糧食部が「督徴人員」を各省に派遣し徴税機関に協力して田賦の督促を行うとともに、国民参政員、監察委員、財政部・糧食部の高級官僚によって「徴糧督導団」を結成し、税額の比較的多い各省に派遣して田賦の督促と不正の防止・改善に当たらせた。⁽³⁸⁾

さらに、1947年3月の国民党第六届三中全会では、47年度からは糧食の強制借り上げを一律に停止することや、法幣で徴収する県・市については既存の田賦徴収機関を一律に撤廃し、その業務を県・市政府に移管することなどが決定された。⁽³⁹⁾

以上のように、1947年前半までは、戦時地税行政は戦後の厳しい現実の中で存続を余儀なくされていたとはいえ、大筋において緩和の方向を確実にたどっていたわけである。

ここでとくに注目しておきたいことは、糧食部が自ら実施してきた戦時行政に対する自己認識である。前述したように、1945年12月30日に糧食部は自らの廃止を提起したが、その文面には、困難な抗戦を自分たちが後方において支えてきたという自負とともに、その過程で深刻な弊害を生み出し地域住民の「恨みの的」になった事実を強烈に意識していることがうかがえる。糧食部長徐堪は、抗戦時期に十分な条件を欠く中で困難な業務を辛うじて遂行してきたことを回顧した後、次のようにその心情を述べている。

　　伏して思うに、[糧食部が業務を開始してから―引用者] 4年半、数億石の食糧の統制と分配は、努力して成功したといえるが、……力を労し、費用を費やし、民の恨みはそこここに満ちあふれている。今でも当時を思い出すと、たちまち動悸が高まり胸が苦しくなる。いま、幸いにして日本は降伏し、……あらゆる戦時の措置は、当然、平時の状態に戻すべきである。⁽⁴⁰⁾

糧食部が自らの解体を提起するにあたって、自らが担ってきた戦時行政について、以上のような苦い自己認識を率直に表明していたことは重視しておきたい。

さらに、糧食部撤廃の提案は、一度拒絶されて先送りされた後、もう一度繰り返される。すなわち、徐堪の後を継いで糧食部部長となった谷正倫は、1947年6月30日、再び糧食部の撤廃と他の機関への権限の移管を行政院に向けて提起した。その際、戦時中の糧食部の活動が民生に有利な側面をもっていたにもかかわらず、その点について一般の人民の理解を得ていないこと、戦後の状況は糧食部の存続を必要としているにもかかわらず、糧食部が社会一般の批判の矢面に立たされ、その風潮は少数者の努力ではとうてい挽回できないことに言及している。ここには戦時行政をなお継続しなければならない現実の要請と、これに対する世論の厳しい批判との狭間にたった糧食部の苦渋が滲み出ている。

次に、糧食部とその業務に対する厳しい批判の世論を創出した地域社会側の動向に目を転じてみよう。

2　地域社会側の動向

地域社会側の請願は、抗日戦争の終結を受けて、その内容に新た要素が付け加わる。もちろん、税負担の公正化を求める請願や徴税機関の不正告発などは戦時中と変わることなく継続していた。本格的な地籍整理や行政能力の向上が戦後において急速に進展したわけではないので、以上のような請願が頻発する基本的な状況に変化はなかったのである。ただ、ここではこの時期に新たに付け加わった請願内容に注目しておきたい。それは、以下の3点である。

一つめは、田賦蠲免命令への違反追求および各種違法徴税に対する抗議であり、戦後に日本から接収した江蘇省各県を中心に9件を確認できる。これらは中央政府の蠲免命令を擁護して、各級地方政府によるその違反、および各種の違法徴税を取り締まるように求めたものである。このような要求の背景には、次のような事情があった。すなわち、田賦の蠲免によって政府の財政収入が大きく制約されたにもかかわらず、各級地方政府や軍隊の糧食需要は増大することはあっても減少することはなかった。したがって、各級地方政府や軍隊は、その需要を満たすため、違法な徴税に頼らざるを得なかった。このような制御されない恣意的で違法な収奪の拡がりは、戦争直後の疲弊した経済をさらに悪化させる一因となり、政府への不満を呼び起こしていた。国民政府による田賦蠲免の命令は、農民の負

第9章　戦時から戦後にかけての地税行政と請願活動　　　247

担軽減と支持基盤の強化をねらったにもかかわらず、その意図は貫徹しなかったのである。[43]

　二つめは、戦時中の糧食の強制借り上げに対する返還要求であり、四川省において5件を確認できる。[44] 糧食の強制借り上げは本来、将来の返済を予定して実施されたのであり、糧食の供出者には糧食庫券なる債券が交付されていた。[45] したがって、この返還要求は、債権者として当然の権利を国家に対して提起しているということになる。とりわけ、興味深いのは、四川省の納税者が「四川糧民借穀債権団」という組織を結成して、1947年4月に行政院と立法院に提出した請願書である。それによると、抗戦中に強制借り上げで政府に供出した糧食は本来なら個々の供出者に返還すべきであるにもかかわらず、四川省臨時参議会は1944年秋、72県の県参議会の反対を無視して、これをすべて四川経済建設基金に充てることを決議した。次いで、46年冬に正式に成立した省参議会もこの決議を踏襲して、この基金によって「四川経済建設特種股分有限公司」なる企業の設立を決めた。「四川糧民借穀債権団」はこの決議を民意を踏みにじる法律上の越権行為として、その撤回を要求したのである。その請願に付された宣言書には、四川省内の99県1市にわたる389名の発起人の名前が列挙され、請願書では債権団への参加者を数千名と述べている。[46] 国民政府は、戦後も深刻化する糧食不足に苦慮しながらも、このような戦時に蓄積された債務を返済する課題にも直面していたのである。

　そして、三つめは、戦時地税行政の中核である田賦実物徴収の廃止にかかわる要求であり、確認し得た25件を**表9－2**に列挙した。この三つめの要求が、頻度からしても内容からしても最も重要であろう。前述したように一般的な地税負担軽減要求は大きな比重を占めてはいなかったが、戦後になると、この要求が田賦実物徴収の廃止という形をとって噴出したのである。たとえば、1946年1月15日、浙江省臨時参議会は田賦実物徴収を取りやめて法幣による徴税を求める決議を行ったが、その理由として次のように述べている。

　　抗戦がはじまり、政府は軍糧を供給し民食を調整するため実物徴収に改めたが、この方法は、戦時のやむを得ない措置であった。ここに抗戦は勝利を収めて終結し、中央は各種の戦時法規を相次いで廃止しており、田賦実物徴収も例外ではありえない。況んや、1941年田賦実物徴収を開始して以後、制度

表9-2 田賦実物徴収の廃止にかかわる請願

時期	地区	請願主体	内容	檔案番号
1945/8	浙江省	省臨時参議会議長朱献文・副議長余紹宋	多年に亘って日本軍の占領を受けた各県は44年度以前の田賦積欠を免除し、45年度は法幣で納税することを請願	272-1777
1945/12	浙江省建徳県	県参議会	山糧は法幣で、地糧は雑穀で納税することを請願	272-1777
1945/12	浙江省永嘉県	羅浮区羅渓郷郷民代表会主席高寿昌・黄田郷・仁渓郷・羅浮郷・礁華郷・象浦郷等各代表	各郷の山雑生産地は税負担軽減、或いは法幣で納税することを請願	272-1777
1946/1	浙江省	省臨時参議会	田賦実物徴収の廃止、46年度より法幣での納税を建議	272-1777
1946/2	四川省	省参議会（第1届第1次大会提案）	本年度の強制借り上げ免除を請願	272-199
1946/2	浙江省縉雲県	県参議会	田賦実物徴収の廃止、法幣での納税を請願	272-1777
1946/3	浙江省蘭谿県	県参議会議長呉志道	田賦実物徴収の廃止、法幣での納税を請願	272-1777
1946/3	浙江省東陽県	県臨時参議会議長陳大訓・副議長	田賦実物徴収の廃止、法幣での納税を請願	272-1777
1946/4	浙江省永康県	県参議会議長徐達夫	田賦実物徴収の廃止、法幣での納税を請願	272-1777
1946/4	浙江省龍泉県	県参議会	田賦実物徴収の廃止、法幣での納税を請願	272-1777
1946/5	浙江省臨安県	県参議会	田賦実物徴収の廃止、法幣での納税を請願	272-1777
1946/5	江西省	省参議会議長王枕心・副議長	全国の田賦を本年度より一律に法幣での納税に変更、糧政機構を撤廃する建議を議決	271-2563
1946/5	江蘇省嘉定県	県臨時参議会	田賦実物徴収の廃止を請願	272-199
1946/6	浙江省麗水県	県参議会議長周鼎・全体参議員	田賦実物徴収の廃止、法幣での納税を請願	272-1777
1946/6	四川省	各県旅蓉同郷会聯誼会	本年度強制借り上げの免除を請願	272-199
1946/7	四川省永川県	県参議会議長・副議長・党部書記長・青年団幹事長・教育会理事長・農会理事長・工会理事長・商会理事長・中学校長・女中校長・経収処処長・民教館館長・県銀行董事長・経理・衛生院院長	本年度強制借り上げの撤廃を請願	272-199
1946/7	四川省綿竹県	糧民代表徐梓喬等	本年度強制借り上げの停止を請願	272-199
1946/7	四川省資中県	県農会理事長何衡丸	田賦実物徴収の廃止を請願	272-199
1946/7	江蘇省武進県	県臨時参議会	田賦実物徴収、強制借り上げの減免、戦前の実徴数相当まで減額することを請願	271-1589
1946/7	江蘇省江寧県	県臨時参議会	田賦実物徴収の税額軽減、強制借り上げの免除を請願	271-1589

第9章　戦時から戦後にかけての地税行政と請願活動　　249

1946/9	四川省崇慶県	県臨時参議会	田賦実物徴収の廃止を請願	272-199
1946/11	浙江省	省参議会在籍参議員葉向陽	孝豊県「山」「地」「蕩」の田賦は法幣での納税を請願	272-1777
1946/12	浙江省嘉興県	県参議会議長張本舟	「地」「蕩」「灘」の田賦は時価で法幣に換算して納税することを請願	272-1777
1946/12	四川省井研県	県参議会	災害厳重、実物徴収全部の免除を請求	272-199
1947/3	浙江省	省参議会・省政府	「地」「山」「蕩」および沿海未成熟泥地の田賦は法幣での納税を請願	272-1777

註：檔案番号は国史館所蔵糧食部檔案のもの。

は度々変更され、税額もまた次々に増加した。人民は勝利を期すること切実で、負担の痛みを忍んだが、これはただ一時的に維持できるのみである。（中略）そのうえ、実物徴収を実施して以来、その期間は短かったが弊害は多発し、汚職事件は次々と起こって尽きることはなかった。（中略）たしかに実物徴収制度そのものが弊害を招きやすいのであり、そうである以上、各級徴収人員の潔白さを求めようとしても自ずから実現しがたいのである。‥‥田賦がもし法幣による徴収に戻れば、民が納税しやすいばかりではなく、手続きが簡単で、徴収人員・機構も大きく削減できる。さらに国庫の支出を節約でき、軍糧・公糧の供給については代金を払って調達すべきである。もとより鈍重で不経済な方法は踏襲すべきではない。(47)

ここに見られるような、田賦実物徴収は戦時においてのみ耐え忍ぶことができる、やむを得ない一時的な措置であって、平時においては即刻廃止すべしという言説は、このほかの表9−2に掲げた多くの請願の中で何度も繰り返されている。これが多くの請願者たちの共通認識になっていたわけである。また、実物徴収に伴って様々な弊害が多発するのは、制度そのものに構造的な欠陥があるからであり、制度を変えない限り根絶しがたいという認識にも注目しておきたい。こうした認識は、長期にわたる戦時地税行政と向き合う中で培われたものであって、戦時地税行政に対して地域社会の側から示された明確な総括であったと考えてよいであろう。このような請願が各地で頻発したことを受けて、国民参政会においても田賦実物徴収は「戦時の一種のやむを得ない方法であって」「新時代の要求に合わない」として、その廃止が提案されるに至った。(48)

先に紹介した糧食部の苦い自己認識が生み出された背景には、このような地域社会の側からの請願の噴出があったわけである。

第4節　国共内戦の本格化と全国糧食会議の開催

　以上のような地域社会の動向とも歩調を合わせながら、戦時地税行政は戦後しばらくは次第に緩和の方向に向かっていた。ところが、国共内戦が本格化すると、その動きは中断を余儀なくされる。すなわち、内戦の拡大に伴う軍糧需要の更なる増大やインフレの深刻化に対処するために戦時地税行政は再び強化されることになった。

　1947年7月4日、国民政府は共産党への軍事攻勢を一層強化して全国総動員を命じた[49]。これに伴って、7月18日、国民政府は実物徴収の継続を改めて確認するとともに、一時は取りやめを決めていた糧食の強制借り上げを復活することを決定した。そして、その決定への合意を取り付け、協力を要請するために開催されたのが全国糧食会議であった。この会議は1947年7月27日から31日にかけて開催され、全国各省の省政府主席と田賦徴税機関の長官とともに、省参議会の議長が招集された[50]。会議の席上、行政院院長張羣は、糧食の強制借り上げの継続がやむを得ない措置であることを次のように訴えた。

> 現在の軍事行動は、少しの間で停止することは難しく、軍糧の需要は減少することはない。本年、中央が徴糧によって得た実物は、省・県で徴収・購入したものを併せても、なお必要な軍糧の半分にも及ばないため、もしすべてを購入で補うとすれば、このような大量の実物を購入しえるか否かが実に問題となる。且つ、大量の貨幣を発行して大量の糧食を購入すれば、物価に与える刺激、民生に及ぼす影響、その他の不良の結果は、どれもこれも顧慮するに堪えない。国務会議はこの問題に対して幾度も詳細に検討して、利害を計り比べた後、糧食の強制借り上げを継続し、その後の不足分は、別に国内外でなんとか購入して補うことを決定した。これは政府のやむを得ない措置であり、また目前の軍糧不足を補う唯一の方法である[51]。

また、同時に、次のように各級民意機関の協力の重要性を強調している。

> 戦時の徴糧が順調に実施できた最大の要因は、各級民意機関が協力したことにある。戦争が勝利した後、民意機関は政府の徴糧政策に対して改善を求め

る建議を度々行った。このような貢献には、さらに敬服する。現在の内戦工作は対外抗戦と同様に重要であり、省の民意機関は政府の政策を全力で宣伝すべきであって、人民に内戦への動員がやむを得ない措置であることを了解させねばならない。ともに時局の困難を思い、かつて抗戦に熱烈に協力した精神をもって、一致奮闘し勇躍して納付しよう。[52]

国民政府が各級民意機関の協力をこのように重視したのは、田賦実物徴収、糧食の強制借り上げに対する地域社会の強い反発を十分に意識していたからである。

この会議が開催された前後、国民党中央の機関紙『中央日報』は、戦時中に実施されたこれらの政策が生み出した弊害を厳しく批判し、弊害の除去を訴える記事をいくつか掲載している。その中で、監察委員（前節で触れたように、彼らは田賦徴収の督促・監視に協力していた）の向乃祺・何漢文・王述曾・白瑞・李正榮・馬耀南たちによる実物徴収の改善を求めた建議案が注目される。この建議案は、実物徴収の現状に対して極めて厳しく明解な批判を展開しており、その一節を以下に紹介しておこう。

　実際の考察で得たところにもとづけば、田賦実物徴収［の欠陥－引用者］は、税率の過重にあるのではなく、負担の不均等にある。とりわけ土地陳報の実施以後、人事の不備と技術の拙劣さによって、人民の負担の軽い者はますます軽くなり、重い者はますます重くなるに至っている。そのうえ、軽い者の多くは豪門巨室の大地主であり、重い者の多くは小地主・自作農・半自作農の中下階層である。故に、近年来、土地はますます集中し、本業を失う者は日々増えており、本党の平均地権および扶植自作農の政策と逆行している。……いま、以前のやり方を踏襲して、実物徴収と強制買い上げを並び行えば、政府が「匪」を平定する手段として恃むものが、「匪」を作り出す間接的な原因となるであろう。[53]

また、7月30日付けの社説においても、「豪紳巨富」の大土地所有者は税負担が軽く、貧しい農民は過大な負担を負っているという同様の認識を示している。そして、田賦実物徴収の実行が政府に反対する者にその口実を与えることを強く警戒し、税負担の公正化に努めるとともに、実物徴収に対する監視を強化・徹底することを改めて呼びかけている。[54] 国民政府にとっても、戦時地税行政への逆行が

表9-3　1941-1948年の田賦実物徴収・糧食の強制買い上げ・借り上げ

(単位：100万石)

年a	稲麦総生産量 (1)	実際の徴収額 (2)	予定徴収額 (3)	(2)／(3) %	(2)／(1) %
1941年	808.6	24.1	22.9	105[97.8]c	2.98
1942年	845.0	67.7	65.0	104[101.6]c	8.01
1943年	808.7	65.2	64.2	102[93.3]c	8.06
1944年	923.0	57.9	64.6	90	6.27
1945年	807.6	30.1	35.3	85	3.73
1946年	1,347.5	42.5	54.4	78[43]d	3.13
1947年	1,402.8	38.3	58.8	65[48]d	2.73
1948年	1,356.0	20-25b			

出典：Lloyd E. Eastman, *Seeds of Destruction*, p.60, TABLE 3.
註：a 1941-1945年の統計数字は15省、1946-1948年の統計数字は22省。
　　b この数字は1948年11月までに徴収した糧食を示している。糧食部長関吉玉によって提示された。彼は政府は実際上7500万市石が必要であると述べている。
　　c 括弧内の数字は陳友三・陳思徳が作成した表（『田賦徴実制度』、82～85頁）。
　　d 本文参照。

社会的反発を招くことは十分に予想でき、これに対して政権内部においても強い危惧が存在していたわけである。

　それでは、全国糧食会議を通じて取り付けた地域社会の合意は、実質を伴っていたのであろうか。表9－3は、イーストマンの研究からの抜粋である。ここでは、政府が設定した予定量に占める実際に獲得し得た糧食の割合に注目したい。実物徴収が開始された41年度から見ていくと、抗戦末期から低下しはじめ、47年度にいたって最低点を記録している。47年度の65％、数字の取り方によっては48％という数字（政府が予定した徴収量は当初の額から後に減額されたため、当初の額を基準にすれば48％となる）は、イーストマンも注目しているように、抗日戦争期の100％前後の高い数字と著しい対照を示している。また、この年に獲得し得た糧食の数量3830万市石は、実効統治地域が奥地の諸省に限定されていた42年の獲得量6770万市石と較べてみると、わずか57％弱に過ぎない。ただし、イーストマンは触れていないが、47年は戦後国民政府が実効統治しえた領域が表面的には最大に達した時期であったとはいえ、その統治地域内部において共産党の勢力が農村を中心に浸透していた事実も考慮しなければならず、そうした外的要因も糧食の徴収率を押し下げていたと考えられる。いずれにせよ、全国糧食会議を通じた合

意調達の努力にもかかわらず、その合意は空洞化し、末端行政における地域社会掌握力は限界近くまで損なわれていたのである。

そして、戦場で追い詰められた国民政府は、1949年1月から4月にかけて共産党との最後の和平交渉に臨むことになるが、その最中の2月24日、田賦の実物徴収と糧食の強制借り上げの停止を発表するに至った。そのとき、行政院長の孫科は、これらの政策が施行以来現在に至っても弊害が百出し、農村の負担が重すぎて民の生活を苦しめ続けたことに言及し、農村はこれ以上その負担に耐えることはできないことを強調した。(56)国民政府は内戦が終了する時期まで田賦の実物徴収と糧食の強制借り上げを存続させることはできなかったのである。

第5節　小　括

以上、本章では、抗日戦争期から戦後内戦期にかけての地税負担をめぐる請願活動を中心に検討してきた。従来、取り上げられることのなかったこれらの請願活動は、抗戦時期においては税負担の公正化や不正の摘発を中心とするものであって、戦時体制の枠を超えるようなものではなかった。しかし、それらは戦時下における地域社会の側からの利害表出の一形態にほかならず、戦時体制下における矛盾の蓄積とその有り様を示すものであった。これらの請願活動を担っていたのは、下級行政機関も含む地域社会の様々な有力団体や住民個人に及ぶが、その中軸は戦時下で設置された地方レベルの各級民意機関であった。地税負担をめぐる地域社会の利害表出において、こうした民意機関が介在し、重要な役割を果たしていた点は、戦前とは異なったこの時期の特徴としてとらえることができる。かかる民意機関は、地域住民から批判される場合もあったが、戦時行政の要請と地域住民の利害の狭間に立って、相矛盾する二面性をもっていたのである。

戦後においては、このような請願活動を通じて、地域社会の側から戦時行政脱却が繰り返し提起されるに至った。それは長期にわたる戦時地税行政とその弊害にさらされた経験を踏まえた、地域社会の側からの戦時地税行政に対する総括にほかならなかった。そして、戦後しばらくの間は、国民政府もこのような地域社会の動向を強く意識し、大筋においてその動向に沿って戦時行政の解除に向けた

方向を曲がりなりにもたどっていた。

　ところが、内戦の本格化は事態を一変させることになった。内戦の本格化による戦時行政への復帰は、このような地域社会の動向に全く逆行したものであり、その結果、末端における行政執行能力は著しく損なわれた。地税徴収率が抗戦時期に比べて大きく低下したのは、その端的な現れである。共産党との内戦に臨んだ国民政府は、すでにその足元で空洞化が進んでいたのである。

　一般に、戦後の政局は国共両党や民主諸党派による政争の次元に還元してとらえられることが多いが、以上のような地域社会の動向もまた、その政局を基底において規定する一要素として重視すべきであろう。国民党が和平交渉の場に臨む場合においても、戦場に赴く場合においても、その背後には、戦時行政の脱却を具体的に求める地域社会の動向が、無視し得ぬ圧力として働いていた。そして、1949年1月から4月にかけて戦場で追い詰められた国民政府が共産党との最後の和平交渉に入ると同時に、田賦実物徴収、糧食の強制借り上げの廃止を早々と決定せざるを得なかったのは、そのような圧力の大きさを物語っている。戦後政局を政治党派間の政争という表層の次元を越えて再構成していくためには、以上のような地域社会の動向をも視野にいれる必要があろう。

註
（1）　その点で、イーストマンの研究（Lloyd E.Eastman, *Seeds of Destruction: Nationalist China in War and Revolution 1937-1949*, Stanford Univ. Press, 1985. 特に第3章）はなお貴重であり、本章では多くの示唆を得た。
（2）　本章で使用する「地税行政」という用語について若干の説明を補っておきたい。一般に当時の糧食部が主管した糧食行政は、地税＝糧食の徴収、保管、運搬、分配等の広範な諸領域が含まれるが、本論ではその全領域を扱うわけではなく、その中の地税＝糧食の徴収という領域に焦点を絞っている。しかも、この領域は抗戦末期までは財政部田賦管理委員会の所轄事項でもあった。ここでいう「地税行政」とは、そうした地税＝糧食の徴収（田賦の実物徴収、糧食の強制買い上げ・借り上げ等）に関わる行政活動を指している。
（3）　同檔案は、1941年7月に田賦の中央移管・実物徴収の開始と同時に設置された糧食管理機関である糧食部の文書と、同時期財政部に設置された田賦管理委員会（1941年6月成立、1945年3月糧食部田賦署に統合）の文書とを合わせたものであり、戦時期

第9章　戦時から戦後にかけての地税行政と請願活動　　255

　　から戦後内戦期にかけての土地税関連の政府文書が集成されている。合計で7960巻に
　　のぼる（『国史館現蔵国家檔案概述』1997年12月二版、57～64頁）。ただし、文書の破
　　損状況がひどく、使用に耐えないものも多い。
（4）　イーストマン・前掲書、68～69頁。
（5）　『重慶経済戦力ニ関スル報告』（第三部奥地研究室）第4編・農業、1944年、23頁。
（6）　これらの請願書の概要については、本章とほぼ同趣旨の中国語の拙稿「戦後国民政
　　府的地税行政和地域社会——囲繞地税負担展開的請願活動——」（『1949年：中国的関
　　鍵年代学術討論会論文集』国史館、2000年）に表1として掲載した。なお、同論文は、
　　本章では煩雑さを避けて省略した請願書の概要も分類して掲載しているので、参照さ
　　れたい。
（7）　「為据報川北各県徴収実物将起騒動□請査照由（民国30年10月4日）」（国史館所蔵糧
　　食部檔案272－3464、川北各県徴収実物将起騒動巻）。なお、□は判読不能文字。
（8）　同時期の『中央日報』や『大公報』でも関連記事は見いだせない。国民政府が報道
　　管制をしていたように思われる。
（9）　『大公報』1941年9月16日。
（10）　「陝西省政府呈為該省参議会函以林山徴実農民賠累不堪請変通辦法以蘇民困案（民国
　　33年9月12日）」（同檔案271－578、陝西陳報訴願）。
（11）　浙江省東陽県臨時参議会の請願は「快郵代電・東陽県臨時参議会（民国34年6月9日）」
　　（国史館所蔵糧食部檔案272－1777、浙江各県請将田賦改徴法幣）。陝西省鎮安県臨時参
　　議会の請願は「為本県旱災厳重秋収無望謹電衛據実縷陳懇請頒振免賦恵予救済由（民
　　国34年7月）」（同檔案271－457、陝西省各県民衆団体請更正及減軽田賦）。
（12）　たとえば、1943年2月に四川省田賦管理処長石体元らが財政部に提出した報告は以
　　下のような事実に言及している。すなわち、この時期までに四川省において「土地陳
　　報」がほぼ完了した県はすでに113県にのぼり、そのうち、8県で「土地陳報」の成果
　　が実物徴収に利用されたが、実施後に土地所有者から再点検による訂正が申請されて
　　いる。また、残りの105県についてはいずれも業務の改善が必要であるとされている
　　（「為擬具四川省各県市局土地陳報改進辦法四川省邊遠各県市局土地陳報実施辦法曁経
　　費概算呈請核示由（民国32年2月10日）」［国史館所蔵糧食部檔案271－1272、四川省土
　　地陳報巻］）。
（13）　「為土地陳報延不実行糧額無従平均協懇轉飭従速覆査以抒民困而符功令由（民国33年
　　6月8日）」（国史館所蔵糧食部檔案271－2827、四川省陳報訴願）。
（14）　「呈復擬陸川県大襖郷民代表戴天武呈報徴糧負担不平請照旧額完納並再査丈畝積一案
　　辦理情形請察核由（民国33年3月13日）」（国史館所蔵糧食部檔案271－582、広西陳報
　　訴願巻）。
（15）　「為新科則已行配賦額仍旧負担失平懇轉四川省政府迅開全省賦制会議按各県産糧実際

分等課税用達県與県平目的以符法令而利推行由（民国33年6月16日）」（国史館所蔵糧食部檔案271－2827、四川省陳報訴願）。
(16) 「為配賦失平忍痛□斃懇予立飭更正以釈重累而甦民命事（民国33年8月）」（国史館所蔵糧食部檔案271－2827、四川省陳報訴願）。あるいは「広安県各機関法団士紳籲懇減軽徴糧配額文稿」『広安民報』1944年7月25～26日。
(17) このような見方は、同時代の中国共産党の機関誌における論説（「社論・実物徴借与負担公充」『新華日報』［重慶版］1944年6月11日、概要は本書第8章で紹介）や戦後国民政府の監察委員の意見書（「改善田賦徴実」『中央日報』1947年7月29日、内容の一部は次節で紹介）などで提示されている。
(18) 拙稿「戦後国民政府的地税行政和地域社会」（前掲）に掲載した表4、参照。
(19) 侯坤宏・前掲論文、162～168頁、参照。
(20) 「糧食部紀念週、徐堪検討糧政」『中央日報』1946年10月21日、「糧食部長谷正倫呈報糧政機関裁併方案－民国36年6月30日」（行政院檔）『糧政史料』第6冊、317～321頁、など。
(21) たとえば、このことを裏付ける以下のような数字が公表されている。すなわち、1944年1月から8月までのわずか8ヶ月間に糧食部が汚職や政令違反で摘発した事件で、軍法機関で有罪とされた者は、合計167人であった。その内訳は、死刑4人、無期懲役7人、10年以上の懲役24人、5年以上10年未満の懲役36人、1年以上5年未満の懲役14人、軽微な処分82人である。ただし、本章で問題としている徴税過程における犯罪よりも、糧食の運搬と保管にかかわる事件が多く、両者で67件以上にのぼる（「社論・糧政的整飭」『中央日報』1944年9月4日）。また、糧食部の内部文書によれば、1941年9月初から44年5月15日までにおいて、糧食部が受理した汚職や政令違反の案件は3,270件、そのうち法律にもとづいて処罰を行った案件は172件（212人）と報告されている（「本室歴年経辦貪汚及違反糧管政令案件統計表」中国第二歴史檔案館所蔵糧食部檔案83－1546『督導処（室）編擬経糧政貪汚及違反糧管政令案件統計表稿与有関文書』）。さらに、1944年度末までの統計によれば、処罰を受けた職員数は291人（内訳は死刑5人、懲役刑122人、免職92人、記過72人）という数字が示されており、44年度がとりわけ多い（「本部歴年辦結貪汚及違反糧管政令案件」同上）。ただし、これらの数字は相互に矛盾する点も見られ、一つの目安として考えるべきであろう。
(22) 前章、参照。
(23) 「四川省各県市局土地陳報改進辦法草案」第9項によれば、土地陳報の改善業務には、県参議会、県党部、地方機関、法団が協力し、実地に監督する責任が与えられている（「為擬具四川省各県市局土地陳報改進辦法四川省邊遠各県市局土地陳報実施辦法曁経費概算呈請核示由（民国32年2月10日）」前掲）。
(24) 「為破壊糧政搗乱後方請予厳懲以維治安由（民国33年5月31日）」、「為非法累糧協懇

厳電制止以維成令由（民国33年6月）」、「為違法妄議搗乱政策聯名協懇令飭撤銷議案以昭平允而符法令由（民国33年6月）」、「為藐視法令袒護累糧協請制止以維成令由（民国33年6月）」など（いずれも国史館所蔵糧食部檔案271-2827、四川省陳報訴願）。

(25) 「為会議違法賦額失平協請令飭県田管処依法実行改進以均負担而維地政由（民国33年7月）」（国史館所蔵糧食部檔案271-2827、四川省陳報訴願）。

(26) 拙稿「戦後国民政府的地税行政和請願活動」（前掲）に掲載した表5、参照。

(27) 省臨時参議会の場合でいえば、有資格者は満25歳以上で中等教育を受けた男女の中で、以下のいずれかの資格をもつ者である。①本省の籍貫をもち、省内県市公私機関あるいは団体で2年以上服務し信望著しい者、②省内の重要文化団体あるいは経済団体で2年以上服務し信望著しい者。ただし、現任官吏は除かれていた（馬起華『抗戦時期的政治建設』近代中国出版社、1986年、366～367頁）。

(28) 抗戦時期における地方レベルの各級民意機関について、制度史的側面から概説的に言及した研究は数多い。台湾では、馬起華・前掲書、張俊顕『新県制度之研究』正中書局、1988年、など。大陸では、陳瑞雲『現代中国政府』吉林文史出版社、1988年、李進修『中国近代政治制度史綱』求実出版社、1988年、袁継成・李進修・呉徳華主編『中華民国政治制度史』湖北人民出版社、1991年、など。

(29) 同上。

(30) 朱玉湘『中国近代農民問題與農村社会』山東大学出版社、1997年、420頁。

(31) 李進修・前掲書、346頁。

(32) 『中央日報』1945年9月3日・4日。

(33) 「行政院呈送豁免田賦実施辦法－民国34年9月11日」（国民政府檔）『糧政史料』第6冊、213～215頁、谷正倫「一年来的糧政－自35年3月起至36年4月止」（原掲は『糧政季刊』第5・6期合刊、1947年9月）同上、409頁。

(34) 「糧食部長徐堪呈請裁撤糧食部－民国34年12月30日」（行政院檔）『糧政史料』第6冊、219～222頁。なお、徐堪（1888-1969年、四川省三台県）の糧食部長在任期間は1941年5月から46年10月までである。徐は、清末光緒年間に秀才となり、1907年に中国同盟会に加入して政治活動を開始し、国民革命期には国共合作に反対するなど国民党右派の立場にあった。南京国民政府成立後は、財政部内の要職（金融管理局副局長、銭幣司司長、常務次長、政務次長）を歴任し、35年には国民党第五届中央執行委員に選出された。糧食部長辞職後も、主計部主計長、財政部長、中央銀行総裁などを歴任した後、49年10月に米国に逃れ、その後、台湾で病死した（劉寿林ほか編『民国職官年表』中華書局、1995年、李盛平主編『中国近現代人名大辞典』中国国際広播出版社、1989年、参照）。

(35) 「二中全会一一次大会徐部長糧食問題報告」『中央日報』1946年3月10日。

(36) 「対於糧食問題報告之決議案－民国35年3月14日」『革命文献』［中国国民党歴届歴次

中全会重要決議案彙編（二）』第80輯、中国国民党中央委員会党史委員会、1979年9月、423～425頁。
(37) 谷正倫「一年来的糧政－自35年3月起至36年4月止」（前掲）、409～411頁。
(38) 同上、410頁。
(39) 「経済改革方案－民国36年3月24日通過」『革命文献』第80輯（前掲）、472～485頁。
(40) 「糧食部長徐堪呈請裁撤糧食部－民国34年12月30日」（前掲）、220頁。
(41) 「糧食部長谷正倫呈報糧政機関裁併方案－民国36年6月30日」（前掲）、318頁。なお、谷正倫（1890－1953年、貴州省安順県）の糧食部長在任期間は1946年10月から47年7月までの1年足らずに過ぎない。谷は、民初に日本の陸軍士官学校に留学しており、財政金融関係の要職を歴任してきた前任者の徐堪とは異なって、国民党の軍人としての経歴を重ねた政治家である。その後の糧食部長の職は、兪飛鵬（48年5月まで）、関吉玉（49年3月まで）に引き継がれた（劉寿林ほか編『民国職官年表』前掲、李盛平主編『中国近現代人名大辞典』前掲、参照）。
(42) 拙稿「戦後国民政府的地税行政和地域社会」（前掲）に掲載した表6、および次章を参照。
(43) イーストマン・前掲書、73頁。
(44) 拙稿「戦後国民政府的地税行政和地域社会」（前掲）に掲載した表7、参照。
(45) たとえば、「民国三〇年糧食庫券条例」によれば、1941年の糧食庫券と交換で借り上げた糧食は、1943年から5カ年に分けて償還される予定であった（侯坤宏・前掲論文、158頁）。
(46) 「四川糧民借穀債権団呈送請願書－民国35年4月」（行政院檔）、「四川糧民借穀債権団為催討還穀本息向立法院陳情－民国35年4月」（行政院檔）『糧政史料』第6冊、249～266頁。
(47) 「浙江省臨時参議会第二届四次大会第一一次会議決議（民国35年1月15日）」（国史館所蔵糧食部檔案272－1777、浙江各界請将田賦改徴法幣）。
(48) 「関於物価工潮工業敵偽物資財政金融黄金外匯及田賦徴実案（審4第95号、汪参政員實瑄等12人提、1946年8月21日）」（国史館所蔵糧食部檔案272－924、国民参政会有関田賦徴実案）。また、これ以前に「擬請建議国民政府廃止田賦徴実制度、以減軽公私耗費案（冷参政員□等提）」も国民参政会第四届二〇次会議（1946年4月2日）で通過している（『中央日報』1946年4月4日）。
(49) 『中央日報』1947年7月5日。
(50) 「糧食会議明開幕」『中央日報』1947年7月25日、「糧食会議延明日挙行」同上1947年7月26日、「糧食会議開幕」同上1947年7月28日。なお、糧食の強制借り上げの復活が決定される前日の7月17日、谷正倫が糧食部長を辞職し、代わって兪飛鵬がその職に就任した（『中央日報』1947年7月19日）。

(51) 「徴実徴借要点」『中央日報』1947年7月28日。
(52) 同上。
(53) 「改善田賦徴実」『中央日報』1947年7月29日。
(54) 「社論・向糧食会議進一言」『中央日報』1947年7月30日。
(55) イーストマン・前掲書、85～86頁。イーストマンはこの数字を紹介した際、政府の糧食資源に対する動員能力の減退は、その政治的衰退の兆候にほかならず、政府の財政破綻に重要な作用を発揮したのであり、そして、その財政破綻が最終的に政府を崩壊させる決定的な原因となったであろうと述べている。
(56) 「財経改革方案公布」『中央日報』1949年2月25日、「徴兵徴糧制度政府決定取消」同上、1949年3月4日。

第10章　戦後江蘇省の農村土地行政

第1節　江蘇省における戦前と戦後

　繰り返し指摘してきたように、江蘇省は日中戦争前において国民政府の農村土地行政が最も進展した地域であったが、戦争の勃発とともにその進展は中断を余儀なくされた。江蘇省は日中戦争の緒戦において戦禍を被り、省内のほぼ全域が国民政府の統治を離れて日本の占領下に置かれたのである。戦争が終結すると、国民政府はほぼ8年間という長い歳月を隔てて日本およびその傀儡政権の支配から江蘇省を回収し、農村土地行政も再開されることになる。そこでは、いったん地域社会から切り離された国家が改めて地域社会と向かい合い、権力の浸透を図ろうと努力する姿を見出すことができる。

　しかし、戦争がもたらした負の遺産を背負いながら8年間の統治の断絶を埋めることは、けっして容易なことではなかった。問題は、数字に還元可能な直接の人的物的被害に止まるものではない。長期にわたる戦争は、国民政府と江蘇省社会の双方に少なからぬ変容をもたらし、戦前において国民政府が蓄積してきた地域統治のための重要な諸資源を大きく損なっていたのである。

　本章の課題は、この点を念頭に置きながら、戦後江蘇省に復帰した国民政府がいかなる形で農村土地行政を再開したのか、そして江蘇省社会がこれをいかに受け止めたのか、という点を明らかにし、戦後江蘇省における農村土地行政再建の努力とそれが直面した問題を検討することにある。この作業は、前述したような日中戦争がもたらした亀裂の大きさの一端を浮き彫りにすることになろう。

　さて、上述した検討に入る前に、戦前における江蘇省農村土地行政が到達した水準について、本書第5章の関連部分を要約する形で簡単に振り返っておく必要があろう。

　江蘇省を含め、中華民国時期における国家による土地把握は形骸化しており、土地税（田賦）の徴収は胥吏が実質的に担っていた。これは清朝国家から引き継いだルーズな地域社会把握に対応した徴税機構の特質であったが、同時期にはこ

の特質が税収の停滞・減少傾向や税負担の極端な不公平などをもたらす旧弊として意識されるようになっていた。こうした旧弊を克服するために、国民政府は早くから土地・地税制度の近代化を政策課題として提起していた。すなわち、1筆ごとの土地測量、土地登記、土地所有権の確認・保障、地価の算定、そしてそれにもとづく合理的で公正な地税徴収という一連の抜本的な改革である。ところが、この課題の実現は、多大の経費と労力を必要とするため様々な紆余曲折を経た後、日中戦争の直前になってようやく一部地域で緒に就いた。江蘇省はその先進地域の一つにほかならなかった。江蘇省の場合、1936年末の段階で、1筆ごとの土地測量を完了した県は22県（上海・奉賢・嘉定・青浦・南匯・松江・武進・常熟・呉県・鎮江・無錫・川沙・金山・宝山・丹陽・呉江・崇明・太倉・啓東・南通・如皋・崑山）、実施中の県が8県（海門・宜興・金壇・高淳・溧水・揚中・靖江・江陰）にのぼり、1筆ごとの土地測量は江南地域のほぼ全域に広がりつつあった。また、1筆ごとの土地測量を完了した県の内、土地登記の完了ないし実施中の県は19県であり、さらに、上海・南匯の2県ではこの一連の改革を締めくくる地価税の徴収にまで行き着いていた。1937年度には、南通・嘉定・奉賢・青浦・呉県の各県でも地価税の徴収を開始する予定になっていたという。都市を基盤に成立した国民政府は、このような土地・地税制度の近代化を通じて農村地域においてもその権力を浸透させつつあったのである。

　ところが、日中戦争の勃発は、このような改革の進展を断ち切ることになった。江蘇省の改革が進展した地域はその緒戦において戦禍を蒙り、日本軍によって占領された。本書第8章で触れたように、このとき、土地測量によって作成された地籍原図や重要な測量機器の大部分は、国民政府の手によって後方の四川省重慶及び万県に運搬・保管された。したがって、戦前に達成された改革の成果は日本側において把握・継承されることはなかったのである。その後、この地域は日本の傀儡である汪精衛政権の統治下に組み込まれるが、汪政権が土地税を徴収する際には、かつての胥吏を捜しだし、彼らに頼るしかなかった。こうして、日中戦争中は清朝国家から引き継いだ旧来の構造を再現・復活させようとしていたのである。

第2節　戦後国民政府の復帰と地税行政の再開

1　地籍整理の断絶と再開

　日中戦争終結後、再び国民政府の統治下に入った江蘇省では、1945年12月15日、省内の土地行政を統括する省地政局が再建された。その後、それぞれの地域の業務の必要性や財政・治安状況を斟酌しながら、県・市レベルの地政機構（常設機関としては地政科、民政科地政股、臨時機関としては地籍整理辦事処）が整えられていく。これに伴い、土地行政のテクノクラートの招聘・選抜・育成が行われるとともに、各種の測量機器の確保や戦前に作成された地籍原図の回収など、業務再開に向けた準備作業が推進された。[1]

　戦前の土地測量によって作成された地籍原図の大部分は、前述したように、抗戦初期において四川省に運び出されていた。省政府は省地政局の再建を準備する際、職員を四川省に派遣して8年間放置されていたこれらの地籍原図の整理に当たらせ、1946年6月に至ってようやくこれを回収した。これらは合計300余箱、28県の地籍原図4万6000余幅にのぼり、一部を除けば、大部分が利用可能な状態であったという。また、省内各地に分散的に残された地籍原図の調査・回収も同時に行われた。こうして、戦前の地籍整理の成果の大部分がほぼ復元されることになった。[2] 表10－1は、このとき、江蘇省政府が確保した地籍原図の一覧表である。

　ところが、戦前の地籍を復元することができても、8年間の戦乱と占領の時期に生じた地籍の変動を把握する必要があった。そして、より重要な点は、戦前に作成した土地登記簿が戦時中にすべて失われていたことであった。したがって、戦前の成果をすぐさま地税徴収など各種土地行政に利用することはできなかった。再建された省地政局は、8年間の間に起こった地籍の変動を追跡するとともに、土地所有者の確定については最初から業務をやり直さなければならなかったのである。

　しかも、戦後の経済・財政状況は厳しく、中央政府から配分された事業経費は極めて限定されていた。このような状況の中で、省地政局は1946年度のすべての

表10－1　戦後江蘇省各県地籍原図一覧

県	原図幅数					戦前の地籍測量状況
	1:500	1:1000	1:2000	1:4000	合計	（1936年末）※
奉賢					1656	完了
松江	187	311	1215		1713	完了
南匯	104	144	964		1212	完了
上海	1315	759			2074	完了
呉江	164	267	1654		2085	完了
川沙	27	45	192		264	完了
嘉定	141	598	670		1409	完了
崑山	4	43			47	完了
呉県	552	435	1864		2848	完了
宜興	119	510	1671		2300	未完
太倉	135	57	1478		1770	完了
無錫	513	893	1450		2856	完了
溧水	2	17	1645		1664	未完
常熟					2381	完了
金壇	25	123	1005		1153	未完
武進	129	424	2284		2837	完了
江陰	9	253	305		567	未完
句容	4	80	456		540	未完
江寧		66			66	未完
鎮江	40	1591	918	6	2806	完了
崇明	110	120	1013	3	1246	完了
啓東		43	935	12	990	完了
海門	83	67	1400		1550	未完
靖江	12	21	564		597	未完
揚中					363	未完
儀徴	47	73	632	7	759	未完
溧陽	22	29	312		363	未完

註：江蘇省政府編『江蘇省政府三四・三五年政情述要』、地政部分、4～6頁。なお、※は本論第5章より。

　地籍整理業務を、都市部に集中することを決定し、農村部については後回しにした。都市部を優先したのは、農地に比べて土地をめぐる紛糾事件が多く、土地売買や投機も盛んで地価が高いためであった。都市部の地籍整理の方がより緊急性が高く、成果もより多く期待できたのである。また、都市部優先という方針は、抗日戦争時期に制定された土地政策戦時実施綱要の原則の継承であった。

1947年度以降は、中央政府からの配分額に加えて省・県財政からの支出も可能となり、都市部優先の方針を継続しつつも、農村部においてようやく地籍整理業務が一部で開始された。47年度でいえば、鎮江、上海、武進、無錫、呉県、松江、呉江の7県で土地測量と土地登記が再開された。しかし、それは戦前に到達した水準と比較すれば、なお初歩的なレベルに過ぎなかった。[3]

　以上のように、農村部においては戦前から蓄積された地籍整理の成果を地税徴収に本格的に利用できるようになるには、なおしばらくの時間と手間を必要としていたのである。戦後国民政府は1946年度から江蘇省農村地域において地税徴収を再開するが、それは戦前の成果を踏まえたものではなく、したがって、正確な土地把握を基礎にしたものではなかったのである。後述するように、地税徴収をめぐる様々な紛糾の基底には、この問題が横たわっていた。

2　戦時地税行政の移植

　戦後江蘇省農村地域における地税徴収は、前節で述べたように本格的な地籍整理の完了を待たずして再開された。しかも、田賦実物徴収や糧食の強制借り上げなど国民政府が奥地で実施した戦時地税行政が戦後になって持ち込まれることになった。その経緯と内容を概観しておこう。[4]

　抗戦時期国民政府は、1942年に田賦実物徴収を実施する機関として田賦管理処をその統治下の各省・県に設置したが、そのとき江蘇省の大部分は日本の占領下に置かれていた。国民政府の統治が及んだ地域は、わずかに江南では溧陽県と宜興・高淳両県の一部、江北では東台県、泰県、興化県の3県に過ぎなかった。ここで徴発された穀物は、游撃区の軍糧、公務人員の食料に提供されたが、その数量は正規に把握されることはなかった。

　したがって、国民政府の戦時地税行政が本格的に江蘇省に移植されるのは、日中戦争の終結以降になる。すなわち、1945年10月1日に省内の田賦実物徴収を統括する省田賦糧食管理処が設置されたことがその始まりである。江蘇省を含む旧日本占領地域の各省は中央政府の方針で1945年度の田賦徴収は免除されたため、省田賦糧食管理処の業務は46年度から本格化する。次いで、各県に田賦実物徴収の実施機関（県田賦糧科、県田糧処）が設置され、さらに各県をいくつかの糧区に区

分し、それぞれに郷鎮辦事処と穀物保管のための収納倉庫が設置された。

　地税徴収の基準となる租税台帳(田賦冊籍)については、その損壊・残存状況が調査された。37県についての調査結果によれば、租税台帳が比較的完備していた県は、上海、靖江など11県に過ぎず、全く失われていた県は松江、金山など12県、部分的に失われていた県は宜興、江寧など14県にのぼった。表10－2にはその概況が示されている。これは省田賦糧食管理処が糧食部の指示に従って各県に調査表を配布し、その回答を取りまとめたものである。(5)そして、1946年度の地税徴収の開始前までに、関連資料の収集・調査が行われ、租税台帳の整備が完了したとされている。その37県のデータを合計すれば、納税戸数694万8727戸、課税面積2994万8990畝余り、課税額2358万5418元余りとなる。

　しかし、前述の地籍整理の進展状況から考えれば、こうして作成された租税台帳の数字は、正確な地籍を踏まえたものではもちろんありえない。表10－2の調査項目から推察できるように、地税徴収の根拠となったのは、地籍整理実施以前の戦前の徴収額、およびそれを踏襲して汪精衛傀儡政権が採用した徴収額である。

　当初、省政府は財政収入を確保するために戦前の徴収額より低下させないことを各県に厳命していた。しかし、行政機構が完備し徴収可能な地域が江南各県と江北の一部に限定されている当時の実情からすれば、この命令の貫徹は望むべくもなかった。また、その徴収可能な地域についても、省政府の再三の要請により中央政府が当初設定した徴収額の4割に減額するとともに、表10－3に示したように、実物(米、小麦、トウモロコシ)への換算率も当初よりも大幅に緩和することを余儀なくされた。江蘇省は日本占領期間がとりわけ長く、その間に戦禍と収奪にさらされ、農村が疲弊して担税能力が損なわれているという省政府の主張に譲歩せざるを得なかったのである。

　こうして徴収予定額は当初よりも極めて低く設定されたが、これを確保するために、強力な宣伝・督促が行われるようになる。江蘇省の場合は、戦時中に国民政府の統治下にあった各省とは異なって、田賦実物徴収はほぼ初めての経験であり、その意義や方法を様々な手段を通じて納税者に広く周知させる必要があった。また、省政府の高官によって督徴団を組織し各県の徴税状況を巡回視察させ、税額が比較的多い各県には職員を常駐させて督促・監視を行わせた。さらに、各県

表10-2　戦後江蘇省各県田賦徴冊残存概況

県	徴冊損失数	歴年旧徴冊の獲得数	傀儡政権作成徴冊の接収数	歴年旧徴冊の利用可能数	傀儡政権作成徴冊の利用可能数	戸別調査で作成すべき徴冊数
呉江	損失なし	503図	無	503図	無	必要なし
崑山	損失なし	圻領戸冊・戸領圻冊合計1462本	無	1462本	無	必要なし
太倉	損失なし	全部	無	全部	無	必要なし
東海	損失なし	全部	無	全部	無	必要なし
青浦	35・36年全部、37年第1期全部	34年分全部	42・44年全部	損壊著しく参考になるのみ	利用可能	歴年徴冊を突き合わせれば、作成の必要なし
無錫	損失なし	全部	416本	全部	416本	必要なし
靖江	匪区に埋蔵損失不明	35年度40本	16本	無	78本	
上海	全失	37年地価税冊225本	29本	37年地価税冊全部	徴冊記載面積不確か、利用不可能	地価税冊は補充必要、戸ごとの徴冊と所有権状索引冊は戸ごとに作成必要
呉県	37年以前全部損失	35年度徴冊合計2312冊のうち1097冊獲得	38年から44年まで各1246冊	欠落ないのは1083冊、残りの14冊は欠落あり	約80%	約10%
常熟	44年分徴冊損失なし	617本	38年全部	全部	全部	42年44年の完全な徴冊が参考になる
宝山	全失	100冊	115冊	91冊	215冊	19冊
高淳	135本	36年度副冊45本	43年徴冊45本	36年度副冊45本	43年徴冊45本	全徴冊の6割
鎮江	全失	35・37年度草冊262本	布面徴冊76本	262本	41年度草冊と布面徴冊、合計342本	37図が欠落、補充が必要
江寧	全失	無	44年度徴冊246本	無	44年度徴冊246本の内、5分の1が利用可能	約10,000戸
溧水	全失	37年度戸領圻冊と徴冊合計106本	田賦印収と通知単、23本	100図のみが利用可能	糧単号数の多くが欠落、利用不可能	9図は田地面積の登記が必要
溧陽	査報単2本清冊13本	査報単1178本、清冊814本	無	査報単1178本、清冊814本	無	査報単□本、清冊3本、新たに作成必要
丹陽	損失53図			獲得した徴冊と37年度徴冊が一致しない		
句容	損失11図		第5区を除いてすべて接収		208図中、全部欠落6図、部分的欠落5図以外はすべて利用可能	

第10章　戦後江蘇省の農村土地行政

県							
武進	損失38図2	無		427図		38図2	
江陰	損失20%	80%	85%	無	5 %	20%必要	
宜興	損失16図	380図	無	380図	無	16図	
嘉定	損失41図	341図	349図	341図	349図中、部分的誤り有り	無	
奉賢	損失9冊	201冊					
川沙		1・2・3・4区徴冊すべて獲得、5区は傀儡政権が宝山県に編入し、未だ移管せず					
儀徴	損失24本	24本	250本	24本	利用不可能	17,240戸	
六合	損失44冊	113冊					
江浦	損失6本	36年度62本	徴冊42本、沙田2本				
江都	37年度損失139本	36年度底冊244本、37年度105本	38年から43年まで各244本、44年度241本	36年度244本 37年度105本	38年から43年まで各244本、44年度241冊	198,000戸	
松江	全失		不全				
揚中	全失	無	52冊	無	無	保ごとに1冊 合計355冊	
崇明	戦前徴冊損失2図	34年度徴冊245本	257本	34年度245本	257本が参考にしうる	全部作成	
南匯	全失	無	無	無	無	267本	
金山	全失	無	124本	無	利用不可能	全部作成	
金壇	全失	141図	無	利用に堪えない	無	全県223図作成	
銅山	損失3割	138本	149本	利用不能	利用しがたい	全県糧戸の戸別調査	
南通	全失	無	42年度徴冊206本	無	利用不可能	全部調査	
泰県	損失193冊	316冊	26冊	戸領坵冊716冊	79冊	94郷鎮	

註：「江蘇省設置田糧科各県整編田賦徴糧底冊概況表（民国35年5月25日、江蘇田賦糧食管理処第1科編製）」（国史館所蔵糧食部档案272－346、各省整編田賦徴糧底冊概況巻）より作成。□は判読不能文字。

の公正士紳、党・団によって県・郷鎮レベルで監察委員会を組織し、弊害の防止に当たらせた。

　以上のような戦時地税行政のほかに、これを補完するための様々な諸施策も実施された。ここでは軍糧の買い上げについてのみ言及しておこう。前述したように、江蘇省は1945年度の田賦徴収を免除されたが、省内に駐屯する軍隊の糧食需要を満たす必要があった。省政府は各県に軍糧の買い上げ量を強制的に割り当て、

表10-3 戦後江蘇省田賦実物徴収換算率（賦額1元当たりの実物量）

		実物徴収	強制借り上げ	公 糧	合 計
46年度(a)	当初の規定	4 市斗	4 市斗	1.2 市斗	9.2 市斗
	改定後の規定				
	徴収稲穀県	3 市斗	1 市斗	0.9 市斗	4.9 市斗
	徴収小麦県	2.1 市斗	0.7 市斗	0.63市斗	3.43市斗
	徴収法幣県	6000元	2000元	1800元	9800元
47年度(b)	徴収稲穀県	1.2 市斗	0.6 市斗	0.48市斗	2.28市斗
	徴収小麦県	0.84市斗	0.42市斗	0.34市斗	1.6 市斗
	徴収法幣県 甲				41040元
	徴収法幣県 乙				27360元
	徴収法幣県 丙				22800元

註：(a)江蘇省政府編『江蘇省政府三四・三五年政情述要』1947年、田糧部分、3頁。
　　(b)「納糧須加」『江蘇建報』1947年9月12日より。
　　甲－淞滬区：太倉、南匯、嘉定、宝山、奉賢、崇明、川沙、上海
　　乙－淮揚区：靖江、南通、泰興、如皋、海門、啓東
　　丙－徐海区

厳しく督促した。ところが、46年に入ると、糧食価格が高騰して買い上げ量はしだいに減少するとともに、6月には省臨時参議会や各県の民意機関の多くが軍糧買い上げの停止を請願するに至った。このような事態に対処するために、省政府は田糧業務検討会議を召集し、税額が多く米の生産量の豊かな各県を対象として46年度の田賦徴収の期日まで繰り上げ徴収（預徴）を行って軍糧需要に対処することを決定し、実施に移した。ところが、繰り上げ徴収は予定額のわずか58％程度を実際に確保したに過ぎなかった。省政府はこの現実に合わせて、当初の軍糧買い上げの割り当て分を減額することを糧食部に要求していく。このように軍糧の買い上げは、限られた財源（糧食）をめぐる中央（糧食部）－地方（省・県）政府間の対立を顕在化させたのであり、その後もこの問題は絶えず紛糾を招く懸案事項となっていた。(6)

第3節　地域社会の反応と地税徴収の実態

1　請願活動とそれへの対処

　それでは、以上のような地税行政に対して江蘇省地域社会はいかなる反応を示

したのであろうか。地域社会の反応を明らかにできれば、前述した地税行政の性格や問題点をより鮮明に浮かび上がらせることができるはずである。ここでは、前章と同様に、江蘇省の各級民意機関や地域住民などによる請願活動をその素材として取り上げる。

　こうした請願活動のうち最初に注目したいのは、各種の違法徴税や額外徴税に対する抗議の頻発である。前述したように、江蘇省は1945年度の田賦徴収を免除されたが、駐留軍隊や各級地方政府の切迫した財政需要には何らかの形で対処せざるを得なかった。軍糧については強制買い付けや田賦の繰り上げ徴収などが実施されたが、各級地方政府の財政需要については特別の措置は講じられず、ここに各種の違法徴税が拡がる根拠があった。たとえば、1945年12月から翌年1月にかけて常熟県の第4区・第7区の納税者から請願書が行政院および糧食部に相次いで提出された。その請願書には、同県県長が田賦豁免命令に背いて違法徴税を実施したこと、さらにその取りやめを県政府に請願したが相手にされず、逆に「漢奸」を利用して強硬な取り立てが行われたことが述べられている[7]。また、同様な田賦豁免命令への違反に対する異議申し立ては、江都県からも糧食部に提出されている。その請願書によれば、同県の第8区・第9区は抗戦終結後、10月中旬まで共産党軍の支配を受けたため、田賦豁免は46年度に実施される予定であったが、県政府はこれを無視して田賦徴収を実施したという[8]。

　田賦実物徴収は1946年度から本格的に実施され、その際には、地方政府の財政需要の逼迫に配慮して田賦収入の地方政府への配分率が明確に規定された。しかも、その規定は、戦時中の田賦実物徴収の場合にくらべれば、地方政府への配分比率は大幅に拡大されていた[9]。ところが、この規定額を越えた各種の額外徴税が行われ、これへの抗議は止まることはなかった。たとえば、1947年秋の田賦徴収時期に松江県の在京同郷会や武進県の納税者から糧食部に提出された請願書は、それぞれの県政府が地方自治経費の名目で多額の額外徴収を行っていることに抗議し、これをやめさせるように求めている[10]。戦後において江蘇省の土地所有者が直面した税収奪は、中央政府が正規に規定した額に止まるものではなく、そのような税収奪が地域社会との軋轢を拡大させていたことがうかがえよう。

　それでは、中央政府が正規に規定した徴収額については、地域社会においてど

のように受け止められていたのであろうか。次に取り上げるのは、田賦徴収額の合理性や公正性をめぐる請願である。

　地税徴収の再開がけっして正確な地籍にもとづいたものではなく、戦前および汪精衛政権時期の租税台帳を参照して行われたことはすでに述べたが、この点についての問題点を明確に認識し、その改善を求める請願が提出されていた。1947年11月の宝応県公民10人によって糧食部に提出された請願書がそれである。その請願書は、同県の旧来の租税台帳が清末以来有名無実となって弊害が百出し、胥吏の暗躍によって田賦徴収率は5割に過ぎなかったこと、その状況が汪精衛政権下でさらに悪化し、徴収率は1、2割にまで低下したことに論及している。その上で、汪精衛政権時期の租税台帳を利用することに疑問を提起し、旧来の田賦徴収制度を改変することを提起した。この請願書は、当時の田賦徴収がかかえる問題点の核心を的確に突いていたのである。[11]

　このほか、実態から遊離した旧来の田賦徴収額をそのまま踏襲することに異議を申し立てた請願が、1946年5月に太倉県の「公民」44名から提出されている。その請願書の内容は、同県の旧来の徴収額が隣県に比べて不当な過剰負担になっているため、徴収額の適正な調整を求めるというものであった。省田賦糧食管理処は、これに対して調整の必要性を認めながらも、調整は一挙にできるものではなく、本格的な地籍整理の完了を待って行うと回答するほかなかったのである。[12] また、同年12月に江陰県臨時参議会が提出した請願書も同様な趣旨であり、隣県の徴収額より超過している徴収分は地方事業経費に充てるべきだという提案を含んでいた。省田賦糧食管理処は、過剰負担が事実であれば次年度に調整すると回答し、この件についても問題の解決を先送りした。[13] 本格的な地籍整理を行わない限り、このような請願にきちんと対処する術はなかったと思われる。

　第3に取り上げるのは、戦後において実物徴収を江蘇省に適用することをめぐる請願である。田賦実物徴収が旧日本占領地域にも1946年度から適用されることが決定された後、江蘇省でこれに最も早く反応したのは、農業の中心が糧食生産ではない地域であった。すなわち、1946年5月に嘉定県臨時参議会からの請願書は、同県の農業は綿花生産が中心で県内の糧食需要は隣県から供給されている事情を述べ、一時的にやむなく採用した戦時の方式は一律に各地に適用できないこ

第10章　戦後江蘇省の農村土地行政　　　271

とを訴えている。このような事情を考慮し、国民政府は同年6月に開催された実施改訂財政収支系統会議において、各地の糧食生産状況や交通事情、および糧食需要によっては法幣による徴税も許可することを明示した。江蘇省で法幣による徴税が許可されたのは、1946年度では徴税可能な38県のうち7県（南通、太倉、嘉定、南匯、奉賢、上海、宝山）であり、1947年度では44県のうち15県（上述の7県のほかに、崇明、川沙、泰興、海門、如皋、東台、啓東、靖江が追加）であった。

　また、実物徴収がもたらす負担の重さを問題にして、その軽減を要求する請願は、1946年7月に武進県臨時参議会、江寧県臨時参議会、丹陽県第四区民衆代表16名などから相次いで提出された。しかし、糧食部の回答は、すでに税額の削減は行っていること（前節を参照）などを理由として、いずれについても改めて規定額どおりの納税を促すものであった。

　以上、地税徴収をめぐって地域社会から提起された主な請願内容を三つに分けて紹介してきた。このうち、前二者が問題としている事態は、各種違法徴税・額外徴税の広がりと正規の徴税額における合理性・公正性の欠如である。これらは、戦後に再建された地税徴収機構そのものが抱えていた脆弱さに由来するものであり、したがって、さしあたり政府にはこれらに適正かつ有効に対処する術を持ち合わせてはいなかった。そして、ここではこうした問題が地域社会に絶えざる紛糾をもたらしていたことを確認することができた。三つめは、戦時に即応して考案された実物徴収の継続に対する反発である。抗戦時期に比較すれば、戦後の方式は地域社会からの反発にも配慮してかなり緩和されていたとはいえ、その負担の重さに対する反発はなお根強かったのである。

2　小作料徴収への介入

　次に注目したいのは、政府による小作料徴収への介入をめぐる問題である。田賦を確保するという課題を強力に追求していくと、政府が地主による小作料徴収を円滑化する措置を講じるべきだという訴えを引き出したからである。

　1947年初め、呉県県長沈乗龍は同県の士紳や地主から批判を受け、上級機関の取り調べをうける事件が発生した。批判の理由は、沈が赴任以来田賦の督促は行うが、小作料を確保するという課題についてはこれを軽視しているということで

あった。江蘇省田賦糧食管理処は糧食部の指示に従ってこの件を調査し、小作料確保を軽視した事実はないという回答を行って沈を擁護した[18]。結果はどうであれ、この事件では、江南地域のような地主制が発達した地域においては、地主による小作料徴収に協力することが田賦の確保につながるという周知の構造が姿を現している。このような問題に対して、国民政府はどのような対応を取ったのであろうか。

　ここで想起すべき点は、国民政府は既存の地主制の維持を目指した政権では決してなかったことである。すでに論じてきたように、国民政府は戦前から地主制を漸進的に廃絶する方向を模索しており、戦後においても「二五減租」の実施を全国に命令し、政権内部では本格的な土地改革を目指す動きが見られた。江蘇省でいえば、共産党の統治から奪回した蘇北地域において、淮陰、宿遷、東台、興化4県を実験県に指定し、綏靖区施政綱領や綏靖区土地処理辦法にもとづいて佃農の保護や限定的な自作農創出の実験に着手しつつあった[19]。また、江南地域においても、呉江県八折鎮を「創辦自耕農示範区」として地主制を廃絶する計画を作成し、中国農民銀行にそのための融資を申請していた[20]。

　以上のような政権の内在的な志向性からすれば、田賦・糧食の確保という当面の切迫した政策課題を優先してあからさまな地主制擁護の姿勢を示すことは、自己矛盾に陥りかねない可能性があった。1947年9月、江蘇省田賦糧食管理処の一科長（毛君白）は、46年度の田賦の徴収率がとりわけ低調な呉県、常熟、呉江等の各県を視察した後、次のような談話を発表している。

> 地主側と討論した結果、佃戸が小作料を払わなければ、彼らは田賦を収めることができないことがわかった。……（これらの各県では）8年間の戦乱を経て、地主－佃戸間の紛糾がしばしば起こり、佃戸が集団で抗租する状況も見られた。しかし、県の徴税担当者は、もし地主に代わって小作料徴収を行って田賦を確保すれば、地主に利用されることになるばかりか、民衆の反感を引き起こしやすく、法的な根拠もないと考えた。また政府が自作農の保護を提唱しているときにあたり、この問題はすこぶる対処しにくいものであった。したがって、去年の田賦の徴収成績はやや劣っていたのである[21]。

この談話には、政府の直面した矛盾が率直に語られている。そして、この談話は、

その解決策として二つの原則を確定したと述べ、当該各県でこの原則を具体化することを求めている。一つは、田賦の督促を行うときに、各地主からも人を派遣させ、督促人員とともに小作料徴収を行わせることであり、もう一つは、こうした各県では現行の小作料が高すぎるため、「二五減租」の原則よりも小作料をなお低く抑えることである。(22)後者の原則が実際にどの程度実施されたかは疑わしく、これを確認する史料は見当たらないが、前者の原則については、各県でこれに関わる様々な措置が取られたようである。

たとえば、常熟県では次のような方策が講じられた。すなわち、同県田賦糧食管理処は、県内の地主に自主的な「聯合収租処」という小作料徴収機構を作らせ、ここに「督導員」を1人常駐させて小作料の徴収を督促・監督した。(23)松江県では、「本年度（1947年度）協助追租辦法」を制定して県政府が県田賦糧食管理処とともに小作料の徴収に協力することを明記した。それによれば、地主が佃戸の抗租によって小作料を徴収できない場合には、書類を整えて県政府に申請すれば、県政府によるその佃戸への追及が開始されることになっている。(24)県政府が小作料徴収に協力することを規定した類似の法規は、常熟県でも制定されていることが確認できる。(25)

このように、田賦を確保するための努力は、地主による小作料徴収に政府が加担する道を開くことになった。その方法は、日中戦争中に日本側が田賦確保のために「治安不良下における一時的便法」として採用した方式に極めて類似している。(26)ここには、先に引用した省田賦糧食管理処の一科長の談話において危惧された事態、すなわち、地主に利用され民衆の反感を招く事態が現実化しかねない可能性が常に伴っていたといわねばならない。そのような事例の一つが、無錫県蕩口区の旧碩住、大牆門、塔西、金娥、観泗等の郷鎮で発生した事件である。これらの地域では、地主－佃戸間の紛糾が絶えず、1947年10月以降、政府は「聯合収租処」を設立して両者の調停を図りつつ、武装した部隊を派遣して小作料支払いを厳しく督促した。その督促が佃戸への殴打事件に発展して紛糾はさらに悪化し、県政府は翌年1月30日に、これら郷鎮の農会が佃戸の抗租を扇動しているとして農会の活動を停止する命令を発した。そして、2月4日、こうした対応に反発した佃戸150人余りは、県政府に対して集団的抗議行動を行うに至ったのである。

報道によれば、県長の代理で接見した秘書周祖徳が紛糾事件について職員を派遣して実地調査することを約束し、佃戸たちは満足して自ら散会したという。[27]

残念ながら、事件のその後の展開をたどる史料は見出せないが、地主による小作料徴収への政府の加担は、政府の本来的な志向性とはうらはらに、佃戸の地主への敵意を反政府行動に転位させかねない様相がうかがわれる。そして、政府による個々の土地の実態や権利関係の把握がなお未完であり、そのため行政執行能力が著しく制約されていたことを、ここでも想起しなければならない。そのような政府が地域社会の既存秩序を越えた独自な立場から地主－佃戸間の対立を有効に調整することは極めて困難であったと考えられる。[28]

3 地税徴収率の停滞

それでは、以上のような地域社会からの反応や反発を招きつつ実施された地税徴収は、実際においてどの程度徴収しえたのであろうか。

表10－4は、1946年度の徴収予定額と実際に徴収し得た額、およびその割合（徴収率）を示している。ただし、当初の徴収期間は、9月15日から3ヶ月とされていたが、徴収率が芳しくなかったために、1946年12月末まで延期され、さらに実物徴収の各県は47年1月末まで延期された。表10－4の実際の徴収額は、46年12月末までの数字であって、延期された47年1月分の数字は加算されていない。したがって、やや割り引いて判断しなければいけないが、それでも徴収率が5割前後という数字は極めて低調であるといわねばならない。この後、47年1月以降も46年度未納分の督促が厳しく行われ、3月初めの段階でようやく徴収率が全体で7割程度に至ったと報道されている。それでも、崇明、嘉定、松江、常熟、呉県、江都、儀徴、宝山、東海、靖江など10県では、徴収率は5割未満に止まっていたという。[29]

47年度以降については、具体的な統計を挙げることはできないが、各年度の田賦徴収時期には各県の徴収率の低さを憂慮する記事が地方新聞で再三報道されており、46年度の状況が改善されたとは考えられない。1948年1月16日の田糧業務検討会議において江蘇省田賦糧食管理処処長何玉書は47年度の徴収率を約40.5％と述べており、これは前年度の数値をもやや下回っている。[30]極めて強力な督促が

第10章　戦後江蘇省の農村土地行政　　275

表10－4　1946年度江蘇省地税徴収状況

	徴収予定額（積穀※を含む）	実際の徴収額（46年末まで）	徴収率
穀　物（31県）	4,476,297市石	2,263,243市石	50.6%
稲　穀（27県）	4,365,072市石	2,199,615市石	50.4%
小　麦（3県）	47,173市石	33,428市石	70.9%
トウモロコシ（1県）	64,052市石	30,200市石	47.1%
法　幣（7県）	15,317,150,648元	6,414,320,944元	41.9%

註：江蘇省政府編『江蘇省政府三四・三五年政情述要』田糧部分、21～24頁、より作成。
※の積穀とは非常時の備蓄であり、省臨時参議会の同意を経て正規の徴収額の1割が付加徴収されていた。

行われたにもかかわらず、地税徴収の実態はこの程度のものであった。

　もちろん、このような田賦徴収率の低さには、戦後における農村経済の疲弊が影を落としていることは間違いない。また、47年度の田賦徴収については、一部の地域で天候不順のために交通が阻害されたことや、内戦の激化によって緊急に実施された徴兵工作と重なったことも、田賦徴収率の低下を招いたと指摘されている。[31]しかしながら、ここには末端行政による地域社会の把握能力の空洞化が端的に示されていることも事実であろう。このような事態をもたらした淵源を溯れば、本章の叙述で明らかなように、日中戦争にたどりつく。末端行政による地域社会把握能力の向上は、本格的な地籍整理の急速な進展を通じて、戦前において軌道に乗りつつあった。その過程は、日中戦争によって中断されたのであり、戦前の成果を改めて利用可能な状態に整備・復元するには、戦後の平和はあまりに短かったといわねばならない。

第4節　小　　括

　以上、本章では、戦後国民政府による江蘇省農村土地行政が直面した困難を検討してきた。ここから浮かび上がってくるのは、末端行政による地域社会の把握力を質的に向上させる努力を中途で台なしにし、極めて低い水準に押し戻した日中戦争の負の遺産の大きさである。戦後国民政府はこの負の遺産を克服するための困難な努力に踏み出してはいたが、十分な成果を上げるにはなお至っていなかった。戦後に頻発した江蘇省地域社会からの国民政府に対する様々な異議申し立て

の基底にも、この負の遺産が色濃く横たわっていた。そして、国民政府はこのような状態のまま、換言すれば、末端行政の空洞化を抱えたまま、重慶で考案された戦時地税行政を江蘇省に持ち込んだのであり、さらにそれを解消する前に中国共産党との内戦に踏み切り、やがて大陸における政権の座を失う道程をたどったのである。

　冒頭でも触れたように、日中戦争が中国に与えた影響は直接的な物的人的被害にのみ還元させることはできない。日中戦争の影響は、戦後中国の政治変動の基底にいかなる条件を付与していたかという視点からも考察されねばならない。そのような視点にたった場合、江蘇省農村土地行政が戦後に直面した問題は一つの具体的素材を提供している。

註
（１）　江蘇省地政局編『江蘇省地政概況』1947年９月、３～11頁。江蘇省政府編『江蘇省政府三四・三五年政情述要』1947年、地政部分、１～８頁。
（２）　江蘇省地政局編『江蘇省地政概況』（前掲）、８～11頁。江蘇省政府編『江蘇省政府三四・三五年政情述要』（前掲）、地政部分、４～６頁。
（３）　江蘇省地政局編『江蘇省地政概況』（前掲）、11～19頁。なお、戦後における全国的な地籍整理の一定の進展については、山本真「日中戦争期から国共内戦期にかけての国民政府の土地行政――地籍整理・人員・機構――」（『アジア経済』第39巻第12号、1998年）を参照。
（４）　本節の以下の叙述は、注記しない限り、江蘇省政府編『江蘇省政府三四・三五年政情述要』（前掲）、田糧部分、１～27頁、にもとづいている。
（５）　「令発整編田賦徴糧底冊概況表式仰依照査報備核（民国35年２月５日、糧食部→江蘇等14省田糧処）」、「奉電□部送本省設置田糧科各県整編田賦徴糧底冊概況表祈鑒核由（民国35年７月30日、江蘇田糧処→糧食部）」（国史館所蔵糧食部檔案272－346、各省整編田賦徴糧底冊概況巻）。なお、□は判読不能文字。以下、同じ。
（６）　たとえば、「中央収購本邑賦穀、参議会決通電力争」『江蘇民報』（無錫）1947年12月９日、「糧部低価購穀、八県議会呼籲」同上1948年１月11日、など。
（７）　「呈為常熟安県長違抗法令徴賦徴借迅予制止以蘇民困事（民国35年１月10日）」、「呈為江蘇省常熟県県長違令徴賦加租利用漢奸暴行勒逼環請究弁制止由（民国35年１月）」（国史館所蔵糧食部檔案271－1530、禁止違法徴収田賦巻）。
（８）　「為電請迅令省田糧処轉飭県政府制止免徴三十五年田賦以符法令由（民国36年１月）」

第10章　戦後江蘇省の農村土地行政　　　　　　　　　　　　　　　277

　　　同上。
（9）　この点については、前章、参照。
（10）「松江県政府以確定地方自治経費求源為詞於額外随賦帯徴毎元八升迅賜訓令制止以救
　　　民命（民国36年10月）」、「為江蘇省武進県田糧処横徴賦額請求厳令制止以蘇民困由（民
　　　国36年11月22日）」（国史館所蔵糧食部檔案271-1530、禁止違法徴収田賦巻）。
（11）「為徴借限迫敬献芻蕘請求就田徴収以謀実在而利進行由（民国36年11月）」同上。
（12）「江蘇省太倉県唐文治等代電請減軽田賦賦額由（民国35年5月24日）」、「奉飭為據太
　　　倉県公民唐文治等電呈為賦額過重懇予平均賦率等情飭査明核辦逕復並将辦理情形具報
　　　等因理合備文呈復仰祈鑒核由（民国35年6月15日、江蘇省田賦糧食管理処→糧食部）」
　　　（国史館所蔵糧食部檔案271-1589、江蘇各県請減軽田賦及附加巻）。
（13）「本県賦額超過隣県電請画一税制以軽人民負担併将本年逾額賦収画帰地方由（民国35
　　　年12月28日、江陰県臨時参議会→糧食部）」、「為江陰県賦率過重一案電請鑒核由（民国
　　　36年3月16日、江蘇省田賦糧食管理処→糧食部）」同上。
（14）「呈為本県地非産米本年田賦懇請俯念情形特殊免予徴収実物以資蘇息而保民生由（民
　　　国35年5月、嘉定県臨時参議会→糧食部）」（国史館所蔵糧食部檔案272-199、四川省
　　　参議会団体民衆請緩徴収田賦巻）。この檔案はその巻名に全くそぐわないファイルに収
　　　められている。檔案を整理する際に起こった誤りであろう。
（15）　前章、参照。
（16）　1946年度については、「江蘇省各県市三十五年度田賦原賦額及応徴実物與法幣数暨積
　　　穀簡表」（江蘇省政府編『江蘇省政府三四・三五年政情述要』[前掲]、田糧部分、19～
　　　21頁、所載）。1947年度については、「為蘇省因挙辦田賦坿加影響徴期情形請核示祇遵
　　　（民国36年11月）」（国史館所蔵糧食部檔案271-1530、禁止違法徴収田賦巻）の付表
　　　（江蘇省三十六年度田賦開徴県分統計表）を参照。
（17）「電懇関於借徴部分迅予轄免徴実部分低量核減至戦前実徴数相等以副民望由（民国35
　　　年7月、武進県臨時参議会→糧食部）」、「為奉令以據武進県臨時参会請減免徴実徴借飭
　　　核辦逕復等因遵将辦理情形報請鑒核由（民国35年9月26日、江蘇省田賦糧食管理処→
　　　糧食部）」、「為呈請減低田賦徴実科率暨免預借由（民国35年7月、江寧県臨時参議会→
　　　糧食部）」、「為奉令以據江寧県臨参会請減低徴率暨免預借飭核辦逕復等因遵将辦理情形
　　　報請鑒核由（民国35年9月26日、江蘇省田賦糧食管理処→糧食部）」、「丹陽県第四区民
　　　衆代表呈（民国35年7月12日）」、「□□査核丹陽県第四区民衆代表袁玉堂等所陳各節為
　　　復員各県普遍現象并無特殊災歉情事□請鑒核由（民国35年11月、江蘇省田賦糧食管理
　　　処→糧食部）」（国史館所蔵糧食部檔案271-1589、江蘇各県請減軽田賦及附加巻）。
（18）「据報呉県県長沈乗龍催徴田賦忽視田租一案同原件電請核辦由（民国36年1月、国防
　　　部→糧食部）」、「奉電飭査呉県県長沈乗龍催徴田賦忽視田租一案遵将査明情形報請鑒核
　　　由（民国36年3月、江蘇田賦糧食管理処→糧食部）」（国史館所蔵糧食部檔案271-1530、

禁止違法徴収田賦巻」)。
(19) 江蘇省地政局編『江蘇省地政概況』(前掲)、33～44頁。江蘇省政府編『江蘇省政府三四・三五年政情述要』(前掲)、地政部分、12～13頁。
(20) 「江蘇省呉江県創辦自耕農示範区計画書(民国36年9月)」(中国第二歴史檔案館所蔵地政部檔案36-467)。この計画書によれば、呉江県の地主の多くは「租桟制度」によって中間搾取を被るとともに、自らの所有地の実状に関心を持たず、その所有権は空洞化していること、また多くの農地で田底権と田面権が成立し、同一の土地におけるその重層的な搾取によってそれぞれの権利保持者の収益を引き下げ、実際の耕作者をも圧迫していることが述べられている。そのうえで、佃農に完全な所有権を与えて自作させれば、「中間搾取を排除し佃農を救済するだけでなく、耕作者は農地を改良してその土地収益を増加させ、『耕者有其田』の国策に沿うことができる」と主張している。ここで指摘されている地主制の弊害は、江南地域の多くに共通したものであり、この計画が実現すれば、江南地域の自作農創出において文字通り「示範区」(モデル地区)の役割を果たし得たように思われる。これを戦前における啓東県の自作農創出計画(本書第5章第3節)の場合と比較すると、啓東県の場合は県外在住地主の田底権のみの廃絶を目指していた点、同県の地主制が江南地域において呉江県のような典型性を具えていなかった点で、両者の意味合いは異なっている。なお、本書終章で提示する**表11-3**によれば、江南の別の地域において自作農創出の若干の実績があったことがうかがわれる。
(21) 「解決業佃糾紛両原則、配合収租減低租率」『江蘇建報』(鎮江)1947年9月20日。談話は同紙の記者に語ったものである。
(22) 同上。
(23) 「虞業主組聯合収租処、県田糧処派駐督導員」『江蘇建報』(鎮江)1947年9月28日、「虞田糧処解釈、収租劃賦手続」同上、1947年11月18日。
(24) 「松県府協助収租」『江蘇建報』(鎮江)1947年12月16日。
(25) 「常熟実施指佃完糧」『江蘇建報』(鎮江)1948年3月7日。
(26) 本書第8章、参照。
(27) 「塔西等五郷鎮佃農昨晨冒雪来城請願」『江蘇民報』(無錫)1948年2月5日。
(28) たとえば、国民政府成立直後における浙江省の「二五減租」政策がたどった経緯と結果を想起すべきであろう(本書第3章)。
(29) 「現已入追繳階段」『江蘇建報』(鎮江)1947年3月4日。
(30) 「田糧業務検討会議」『江蘇建報』(鎮江)1948年1月18日。なお、47年度田賦未納分の督促はその後も継続しており、48年2月初めになると、徴収率は58%であると報道されている(同上、1948年2月3日)。
(31) 「徴糧徴兵両大要政、兼籌并顧不能偏廃」『江蘇建報』(鎮江)1948年2月3日。

終章 結　語

第1節　全般的趨勢と進展過程の特徴

　まず、国民政府の農村土地行政の全般的通時的趨勢を、若干の統計データを補いながら確認しておこう。

　ここでは、国民政府農村土地行政の基軸である土地・地税制度の近代化の進展状況を判断する指標の一つとして、1筆ごとの土地測量の進展を取り上げる。1筆ごとの土地測量は、土地・地税制度の近代化を実現する一連の事業内容を構成する基軸の一つであり、また最初に乗り越えるべき重要な難関でもあった。**表11－1**は、その全国的進展を年次ごとに表示している。ここから、土地・地税制度の近代化の量的な進展を通時的に辿ることができる。すなわち、1930年代半ばから急速な進展がみられ、日中戦争直前の1936年がピークであった。37年7月から本格的に開始された日中戦争は、その進展を大きく損ない、これより後は一定の進展が見られるとはいえ、戦前の水準に戻ることはついになかった。また、日中戦争中の進展は、重慶国民政府の統治が及ぶ地域に限定され、しかも、この時期以降は農村部よりも都市部を優先する政策的志向を強めていた。したがって、国民政府が実施した土地・地税制度の近代化を、農村地域に焦点をあてて、その実践的到達点において検証しようとすれば、本書第2部・第3部で取り上げた日中戦争直前が、最もふさわしい時期にほかならなかった。(1)

　また、表11－2は、同じく1筆ごとの土地測量の進展を、各省ごとに表示したものである。国民政府の農村土地行政には地域的に大きなばらつきが見られることは、本書で繰り返し指摘してきたが、ここでは、国民政府が政権の座にあった最末期の数字で、その様相を確認することができる。もう一度、日中戦争直前に観察された特徴を想起しておきたい。そこでは、江蘇・浙江両省と江西省が全国的に見て突出した位置を占めていた。前者は、早くから国民政府の権力基盤となる経済的先進地域であり、後者は、「剿匪区」、すなわち中国共産党のソビエト政

終 章 結 語

表11−1 全国歴年土地測量進展表

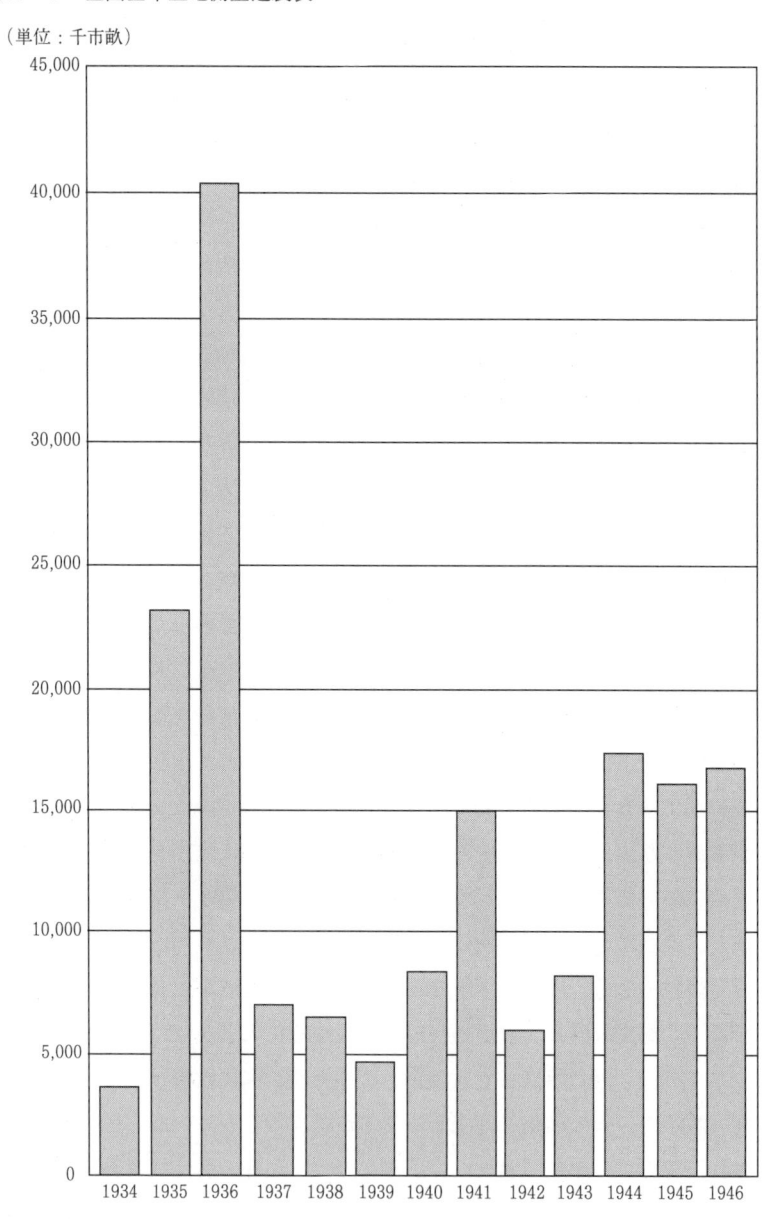

（単位：千市畝）

年	1934	1935	1936	1937	1938	1939	1940	1941	1942	1943	1944	1945	1946
面積	3,600	23,200	40,400	7,000	6,500	4,600	8,300	14,900	5,900	8,100	17,300	16,000	16,700

註：出典は地政部統計室編『地政統計堤要』1947年6月。

終章 結　語　　　　　　　　　　281

表11−2　全国各省市別土地測量進展表

省　市	測 量 面 積（市畝）	耕地面積に占める測量面積の比率(%)
江 西 省	28,204,164	65.1
浙 江 省	25,447,268	61.1
江 蘇 省	18,707,037	21.9
安 徽 省	16,585,496	22.7
陝 西 省	14,902,767	32.7
綏 遠 省	14,314,109	83.8
広 東 省	11,194,884	27.3
湖 北 省	8,776,243	13.6
湖 南 省	8,444,791	16.8
甘 粛 省	7,480,548	18.6
四 川 省	6,591,154	4.4
河 南 省	2,825,628	2.9
福 建 省	1,377,992	6.5
貴 州 省	766,169	3.3
広 西 省	426,664	1.6
西 康 省	221,091	5.5
雲 南 省	195,339	7.5
以上合計	166,461,344	19.8
重 慶 市	441,464	−
上 海 市	396,808	−
南 京 市	121,750	−
天 津 市	81,613	−
青 島 市	42,941	−
北 平 市	34,105	−

出典：地政部統計室編『地政統計提要』1947年6月、表8・表23より。

註：(1)寧夏省の測量面積も掲載されているが、上記表23の説明に疑義有りとの指摘があるので除外した。
　　(2)耕地面積は主計処の統計（1945年）にもとづくが、正規の土地測量を行う前の数字であるので実態よりかなり小さいと思われること、各省の測量面積の数字は市街地も含まれている可能性があることから、耕地面積に占める測量面積の比率は、実際より過大評価されていると考えられる。
　　(3)表中における綏遠省の「耕地面積に占める測量面積の比率」（83.8％）は極端に高いが、これは当時の同省の産業構成からいって耕地面積の絶対量が小さかったためであると考えられる。

権との対抗および内戦後の統治体制の再建という政治的要因が強く作用した地域であった。このような日中戦争直前において形成された地域的偏りの特徴は、国民政府の最末期においても大きな変化を被ることなく、ほぼ保持されていたのである。

　ただし、細かく見れば、若干の変化は観察することができる。まず、戦前において最も土地測量が進展していた江蘇省がそのトップの地位を譲り（第3位）、これに代わって、戦前では江蘇省に次ぐ地位にあった江西省と浙江省がそれぞれ第1位、第2位に浮上している。これは、江蘇省が日中戦争の緒戦において戦禍を被り、省のほぼ全域が日本の占領下に置かれていたために測量の続行が完全にストップしたのに対して、江西省と浙江省の場合には、戦禍や日本の占領の影響が全省を覆うことはなく、僅かながらも測量を継続し得たからであろう。この3省に次ぐ省を順に列挙すれば、安徽省、陝西省、綏遠省、広東省、湖北省、湖南省、甘粛省、四川省などが続いている。重慶政府の統治下にあった奥地の諸省が比較的上位に並んでいることが確認できる。

　さらに、**表11-2**からは、1946年末段階において全国の耕地面積に占める測量面積の比率が、やや割り引かなければならないが（表中の注、参照）、2割弱程度であったことがわかる。ただし、省ごとに見ていくと、綏遠省、江西省、浙江省の三つの省では全省耕地面積の半分以上において測量を終えていた。また、各省測量面積の約1億6646万市畝という数字は、明治日本の地租改正における耕宅地の全国測量面積（約485万町歩）の約2.3倍強にあたる。こうした点から見れば、達成し得た事業規模は決して微細なものではなかった。

　次に、土地・地税制度の近代化が顕著な進展を示した戦前の二つの地域に即して、事業の進展過程に見られる留意すべき特徴を、3点ばかり指摘しておきたい。

　第1点は、1筆ごとの土地測量は、それぞれの省内部において平野部が広がる農業生産力の高い地域が優先的に実施されていたことである。すなわち、江蘇省では江南のほぼ全域、浙江省では江南に隣接する銭塘江下流域、江西省では省都南昌を中心とした北中部を網羅しつつあった。この点からすれば、測量が完了した面積や県数が中国の広大な国土全体の中では極めて低い比率であっても、その比率のみで進展状況を機械的に判断すれば、過小評価に陥ることになろう。[2]

第2点は、土地・地税制度の近代化の方法が次第に改善され、整理されていったことである。当初は、「土地陳報」をはじめとして様々な「治標策」、すなわち、本格的な土地測量を伴わないより簡便な方法も併用されて錯綜した様相を呈していたが、実施の過程でこれらの「治標策」の不備がしだいに強く意識され、日中戦争直前には淘汰されていく傾向を強めていた。このような傾向は、若干の濃淡はあれ、本書で検討した各省（江蘇省・浙江省・江西省）においてはほぼ共通して観察することができる。日中戦争の直前には、これらの省ではすでに試行錯誤の段階を終えており、既往の成果を踏まえて数年程度で事業を完成する全省的な実施計画が作成されていた。また、測量技術についても、一部地域では航空測量を採用して優れた成果をあげ、経費や所要日数の面における前進も確認されていた。このような方法および技術上の改善には、土地行政のブレイン集団としての中国地政学会、その統轄下にあるテクノクラートの養成機関としての地政学院の精力的な活動が大きく作用していたのである(3)。

　第3点は、事業の最終局面である地価税の徴収にまで行き着いた各県のほとんどにおいては、旧課税額を確保できたばかりではなく、その増額を実現していたことである。課税額の増加率は、数％の県もあれば数十％にのぼる県も見られた。しかも、従来、極めて低調であった徴収率（規定の課税額に占める実際の徴収額の割合）が大幅に向上したことも多くの地域で報告されており、実際の増収の程度はこれらの数字を上回っていたと考えられる。戦前において土地税は地方税に区分され、省政府財政の基軸であったことからすれば、省政府の財政基盤を強化する方向で事業は進展していた。そもそも北京政府においても国民政府においても土地・地税制度の近代化に乗り出す直接の主要な動機は、財源の確保にあったのであり、その意味では、当初の狙いは実現しつつあったと考えてよかろう。

　ただし、上述のように先進地域では実績をあげたとはいえ、農地価格の全般的な低落傾向によって現行土地法が規定する税率（農地の場合、地価の1％）では旧税額確保・増加を他地域でも常に実現し得るかはなお不確実であり、こうした危惧に対応して国民党内部では土地法を修正して税率を引き上げ、弾力化すること（地価の1〜2％）をすでに決定し、その法制化を実現する一歩手前まできていた。

第2節　成果と意義

　それでは、このような進展を見せていた土地・地税制度の近代化がいかなる意義をもっていたかという点について、もう少し立ち入って改めて整理しておきたい。この点については、すでに本書の序章において、4点にわたって見通しを述べた。このうち、事業完了後における中長期的な検証が必要な論点については除外せざるを得ないが、少なくとも本書の分析によって、以下のような点は具体的に確認できたように思われる。

　まず、序章で述べた第1点、すなわち、国家－農村社会間関係の変容に関する論点である。国民政府による1筆ごとの土地測量、土地登記などが進展した先進地域においては、これによって国家が個々の土地所有を直接に把握・管理する体制が整ったといえよう。従来の「胥吏依存型」ないしは「胥吏請負型」の土地把握にもとづく脆弱な末端行政は廃絶されたのであり、かつてのように胥吏が暗躍して地域社会の力関係が徴税過程を非公式に左右する余地は少なくとも制度的にはなくなった。その成果は、かつての脆弱な末端行政の下では捕捉されていなかった広大な土地が新たに検出された事実に象徴されている。課税面積の増加率は、数％の県から100％を超える県まで地域によって幅があるが、本書で確認し得たデータを合計して計算すると、35％を超えている。ここから、政府による旧来の土地把握がいかに脆弱で不確実であったかという点が逆にうかがえるのである。それが克服されたことは、清朝から引き継いだ民国期国家の緩やかな地域社会把握に代わって、国家による地域社会のより直接的で確実な掌握という新たな構造が形成される端緒にほかならなかった。都市を基盤に成立した国民政府は、この事業を通じて農村地域においてもその権力を隙間なく浸透させつつあった状況をうかがうことができる。

　では、この変容は、農村における諸階層のそれぞれにとって、いかなる意味をもったのか。序章で提示した第2の論点は、本書で明らかになった事実で確認することができる。まず、不利益を被ったのは、旧来の構造の中で様々な手段を講じて自らの土地所有を把握させず課税を免れていた階層であった。こうした非公

終章　結　語　　285

式の既得権を享受していたのは、地域社会に隠然たる勢力をもち、権力の末端や胥吏層にも影響力を及ぼし得る有力地主が中心であったと考えられる。彼らは税制上の非公式の既得権を奪われ、そのような既得権をもたない一般の土地所有者（地主、自作農、自小作農を含む）と同列に置いて把握されたのである。また、この事業が推進された地域では、ほぼ例外なく、これと同時並行する形で「大戸抗糧」の摘発が積極的に展開されていたことを想起したい。一方は非公式の税逃れを許す構造を掘り崩すものであり、他方は公然たる納税拒否を摘発するものであって、方法は異なるとはいえ、いずれも有力地主を主な標的としている点では共通していた。国民政府による農村の掌握は、こうした有力地主が慣習的に享受してきた利益を大きく損なう方向で進んでいたのである。なお、旧来の通説的国民政府論に立ち返るならば、少なくとも国民政府による農村の掌握が進んだ地域においては、その階級的基盤を農村の有力者たる地主層に求める議論は当てはまらない。

　さらに、地籍整理から地価の算定、地価税の徴収にまで行き着いた地域のデータを見れば、課税面積が大幅に増加し、課税総額が増額したにもかかわらず、単位面積当たりの税負担額は逆に小幅ながら減少していた。ここから、この事業の受益者は、前述の既得権をもたず不利な税負担を強いられてきた一般の土地所有者（地主、自作農、自小作農を含む）であったことが確認できる。かつて北京政府は経界局の事業計画を「上は国計に有益であり、下は民生に有利であって、不利なのは少数の劣紳・土豪だけである」と自賛した（本書第1章、参照）が、その理念がここに至ってようやく実現しつつあったのである。ただし、この事業には借地農民の権利についても公的に保障することになっていたが、事業の進展した地域においても、これを実行した事例はごく僅かであった。

　これに対して、序章で提示した第3と第4の意義は、あくまで論理的な見通しにとどまった。すなわち、資本主義発展を促進させる作用にしても、さらなる政策展開の基盤となる点にしても、その効果が顕在化するための充分な時間は与えられてはいなかった。日中戦争が、こうした政策効果を検証しうる条件を奪い去ってしまったからである。また、戦後の困難な状況の中で事業は再開されたが、これについても数年を経ずして国共内戦が勃発し、国民政府は台湾への移転を余儀なくされた。

もちろん、日中戦争期から戦後内戦期という困難な時期において、ごく局地的ではあるが、土地・地税制度の近代化を踏まえたさらなる政策展開として、自作農創出が進展していた事実を無視するわけにはいかない。第2章で論じたように、国民政府が実施した自作農創出は、中国共産党の土地改革とは異なった性格を持ち、後の台湾土地改革につながるという意味で重要だからである。しかし、このとき大陸において新たに創設された自作農地は、1948年10月の地政部の報告によれば、合計約100万3572畝であり（表11－3、参照）、これは、先に示した1筆ごとの土地測量面積と比較すれば、そのわずか1％にも満たない規模であった。(5)

第3節　推進要因と阻害要因

次に、土地・地税制度の近代化を推進した要因とこれを阻害した要因についてまとめておきたい。まず、政府内部に目を向けてみよう。

いうまでもなく、土地・地税制度の近代化を推し進めた中心勢力は、国民党の外郭団体として組織された中国地政学会であり、実際の実務を担ったのは、彼らの下で育成され、各省・県の地政機関に配属された土地行政のテクノクラートたちであった。こうした政府の政策決定に強い影響力をもった専門家集団と、その手足となるテクノクラートたちの存在は、北京政府時期においては見出すことはできない。彼らが政権内で一定の力を発揮し得たのは、その事業理念が政権の正当性に関わる孫文思想に則して提起されていたというだけではなく、蕭錚と陳果夫との関係を介して、国民党の有力派閥であるＣＣ派の支持を得ていたからである。ＣＣ派からすれば、土地行政に関する専門家集団とテクノクラートを自派に抱き込むことは、自らの勢力拡張に有利に働くのであり、両者は相互に利用しあう関係にあったと考えられる。(6)

ただし、彼らの政府内部における位置は複雑であって、彼らの意向が常に実現したわけではなく、土地・地税制度の近代化においても、政府内部の意見対立と非協力に直面せざるを得なかった。政府内部において彼らの前に立ちはだかった諸勢力は多様であるが、土地・地税制度の近代化に限定していえば、主として財政部であった。財政部は、中国地政学会が目指していた本格的な土地・地税制度

終章 結 語

表11-3 全国自作農創出概況表（1948年10月20日）

種別	省	県市地区	開始時期	自作農創出面積(畝)	自作農創出農家数(戸)	単位農地面積(畝)
甲種	四川	北碚朝陽鎮19保	1943/5/1	1,428.41	80	16-30
	広西	全県四□郷	1943/12/20	1,242	172	6-12
		全県白沙郷	1944/6/1	1,664	323	5-12
		鬱林大塘郷	1944/4/14	2,113	377	5-12
		桂平油麻郷	1944/5/1	1,100	110	7-15
	甘粛	湟恵渠灌漑区	1942/2/5 1945/4/10	41,850	1,263	30-50
	湖南	長沙勤耕垸	1943/5/8	1,995	65	15-40
		衡陽鄱湖町	1944/3/8	4,000	200	15-25
		衡陽鄱湖町	1948/4/	12,000	940	10-20
	江西	贛県・信豊 南康・上猶	1943/1/3 1944/6/5	45,000	2,500	15-25
		贛県白雲郷	1948/2/	1,495	176	7-16
	福建	龍岩	1943/4/ 1944/3/ 1945/7/ 1947/3/	278,244.64	27,189	8-25
	小計			392,132.05	33,395	
乙種	江蘇	南京・鎮江・無錫 蘇州・丹陽・揚州 江寧	1946/3/	189,588.41	9,576	15-20
	浙江	杭県	1946/6/	6	1	6
	安徽	蕪湖・合肥・蚌埠	1946/2/	34,111	1,965	10-20
	江西	南昌・贛県・九江 浮梁・信豊・南康	1942/8/	16,877	1,489	8-15
	湖北	漢口・武昌	1942/6/	39,904	4,471	8-15
	湖南	衡陽・長沙・岳陽	1942/2/	27,894	3,120	6-12
	四川	巴県・北碚・合川 瀘県・成都・遂寧 自貢市・綿陽	1942/10/	49,694	5,410	5-15
	福建	福州・龍岩・寧注 林森	1942/10/	25,040	4,611	4-10
	広東	□□・楽昌・広州 江門・汕頭	1942/10/	47,388	5,140	5-10
	広西	桂林・柳州・梧州 全県・荔浦・南寧	1942/4/	18,332	1,084	15-20
	雲南	昆明	1948/5/	647	82	5-12

貴州	貴筑・清鎮	1943/6/	12,789	1,076	8-15
河南	鄭州・開封	1947/5/	746	41	10-25
陝西	西安・宝鶏・咸陽扶風・武功・高陵三原	1943/4/	57,720	4,090	10-20
甘粛	蘭州・皋蘭・瀧沙永登・武威・天水靖遠	1942/2/	68,134	3,551	15-20
寧夏	賀蘭・永寧	1944/10/	11,000	319	20-40
山東	歴城	1948/5/	11,570	519	15-25
小計			611,440.41	46,545	
総計			1,003,572.46	79,940	

出典:「各省市直接創設自耕農及間接扶植自耕農統計表」(中国第二歴史檔案所蔵地政部檔案36-475) より項目を簡略化して作成。

註:甲種:政府が土地を買い上げ農民に有償で分配する方法(「直接扶植自耕農放款」)。
　　乙種:農民が自ら土地を購入する資金を融資する方法(「間接扶植自耕農放款」)。
　　□は判読不能文字。

の近代化には冷淡であり、手間や経費のかからない「土地陳報」を積極的に推し進め、事業の展開を阻害していた。また、浙江省の平湖地政実験県の場合のように、地価税徴収に踏み切る直前に、これを許可しなかったという事例もある。中国地政学会の中心人物である蕭錚の回想録には、こうした財政部の消極的姿勢に対する反感や憤りが色濃く示されている。財政部がかかる行動をとった主な理由は、本格的な土地・地税制度の近代化には多大な事業経費がかかり財政上の負担が大きいという点にあり、このため、財政部は事業完成後における財政上の充分な見返りを慎重に見極めようとしていた。財政部の職責からして、このような財政上の得失に対する現実主義的な配慮が何よりも優先されるのは当然であろう。[7]この点は、北京政府時期の財政部が経界局の事業を即座に全国規模で展開することに反対した理由でもあった。したがって、政府内部の合意を取り付け、土地・地税制度の近代化を軌道に乗せるためには、まずは財政上の利益を事実において示す必要があった。具体的には、事業完成後における地税の確保、できれば大幅な増収を事実において示すことが事業を軌道に乗せるか否かの試金石の一つであり、事業の実施過程においても、技術革新によるコスト面における効率化が強く求められていたのである。

他方、事業を受け止める側の地域社会に目を転じよう。本書で明らかにしたように、土地行政をめぐって地域社会の様々なレベルからの利害表出は頻発していた。ただし、そこには性格の異なる二つの動向が含まれていたことを観察することができる。一つは、土地・地税制度の近代化の実現によって旧来の非公式の既得権を喪失することになる有力地主層によって展開された妨害活動である。彼らは地域社会に隠然たる勢力をもち、権力の末端にも影響力を行使できる存在であり、その政治力を駆使して、陳情、訴訟、あるいは非公式の圧力行使など様々な妨害活動を繰り広げていた。したがって、土地・地税制度の近代化を目指す事業を軌道に乗せるためには、彼らによる各種妨害活動を強力に押さえ込むことが必要であり、彼らが農村を牛耳っている状況においては、事業の推進は行政の主導性を前面に押し出した強権的・専制的な手法に傾斜するのは避けられなかったといえよう。

　しかし、地域社会からの利害表出は、以上のような性格のものばかりではなく、もう一つの動向があった。前述したように、土地・地税制度の近代化における農村内部の受益者は、非公式の慣習的既得権をもたない一般の土地所有者（地主・自作農・自小作農）であった。彼らが農村土地行政の立案過程を主導したり、あるいはこれに直接関与したりした事実は見出せないが、その実施過程を子細に観察すれば、前述の妨害活動と混在・混淆しながらも、それとは異質であった彼らの動向をとらえることができる。その動向がとりわけ顕在化するのは、政府が不徹底で杜撰な方式（「土地陳報」をはじめ各種の「治標策」）で地籍整理を実施した場合である。この場合には、実態から遊離した事業結果に対する個々の異議申し立てやより正確で本格的な土地測量を求める要求が地域社会から頻発していた。こうした動向は、事業の遂行によって旧来の既得権を奪われまいとする有力地主層による各種妨害活動とは同列に考えることはできない。そこには、適正な地税負担配分を自覚的に求め、政府に向けて公的に働きかけていく納税者としての権利意識の表出がうかがわれる。これは、前述の妨害活動とは正反対のベクトルを持ち、土地・地税制度の近代化におけるより本格的で適正な方式（「治本策」）を政府に採用させる上で一つの圧力として作用していたと思われる。戦前の先進地域において「治標策」から「治本策」に政策の比重が移っていく事実や、そこでの航空

測量の採用に見られる測量の精度に対する強い執着などは、このような地域社会の圧力と全く無縁であったとは言い切れないように思われる。その意味では、土地・地税制度の近代化を目指す事業は、外見的には行政側の主導性が貫徹し、テクノクラートの独壇場であるかのように見えるが、この事業を軌道に乗せる上で地域社会の側の動向が一定の役割を果たしていたと考えられる。

なお、地域社会からの利害表出の形態について付言すれば、日中戦争の開始前とその後とでは大きく変容している。戦前においては地域社会からの利害表出の主体は、個々の土地所有者（＝納税者）や有力な任意団体であった。これに対して、日中戦争時期以降、とりわけその後半から戦後にかけては国民政府の戦時体制構築の一環として各地に各級民意機関が設置されるようになり、これが農村土地行政をめぐる利害表出においても重要な役割を果たすことになる。もちろん、個々の土地所有者や有力な任意団体による利害表出も継続するが、多くの場合、彼らの意向は各級民意機関において公的な決議を経て国民政府に伝達されることになる。ただし、この時期の国民政府は本格的な土地・地税制度の近代化を中断し、それにもとづかない戦時地税収奪を優先した時期であって、かかる地域社会からの利害表出に対して適切に対処できる主体的条件は戦前よりも後退していた。

第4節　日中戦争の影響

さて、日中戦争直前に先進地域でようやく軌道に乗った土地・地税制度の近代化が、日中戦争によってどのような影響を受けたかという点を、次にまとめておきたい。

まず、土地・地税制度の近代化が最も進展した長江下流デルタ地域や江西省からみていこう。長江下流デルタ地域は、日中戦争の緒戦において相次いで戦禍を受け、日本軍の占領下に入ることになった。次いで江西省も、やや遅れて1939年3月には日本軍の侵攻によって、改革の進展した省北中部の多くを失った。

このとき、国民政府はこれらの地域の地籍図や機器類を奥地に運び込み、土地行政を担ったテクノクラートたちも流出していった。これによって事業は未完のまま中断するとともに、以前に達成された成果も日本側において把握・継承され

ることはなかった。日本側が土地税を確保する際には、かつての胥吏を捜しだし、彼らに頼るほかなかった。まさに清朝から引き継いだ旧来の構造が再現したのであって、その結果、土地税の徴収率は比較的安定した占領区においても極めて低いレベルに止まった。日本側はこのような事態を改善するために、「土地陳報」や「租賦併徴」などの一時的な取り繕い策を講じていたが、その限界についても明確に認識していた。すなわち、将来における抜本的な課題として、土地測量、実地調査にもとづく地籍整理、胥吏の廃止などを提起していたのである。しかし、困難な戦時状況の中でこれを当面の課題として具体化する余裕はなかった。日本は植民地行政の一環として台湾、朝鮮において土地・地税制度の近代化を完了させ、さらに「満州国」の一部でもこれに着手してきたが、華中、華南の占領区ではこれを実施した形跡は見当たらない。

　他方、重慶に拠点を移して抗戦を継続した国民政府も、土地・地税制度の近代化をそのまま継続する余裕を失っていた。そこでは経費と手間のかかる土地測量は敬遠され、市街地を優先しつつごく一部の地域に限定して実施されたに過ぎなかった。これに代わって、広範な実施を強く求められたのが、より不徹底な方式である「土地陳報」であった。「土地陳報」は土地所有者自身による土地の自己申告であって、その成果を誇示する政府側文献も見られるが、本来、不正申告を厳格にチェックする制度的枠組みがなく、各地で様々な紛糾を引き起こしていた。したがって、重慶政府の戦時体制に伴う収奪の強化（田賦実物徴収、糧食の強制買い上げ・借り上げ）は、基本的には極めて杜撰な土地把握を根本的に改めないまま行われていたのであった。その点では、日本占領区の場合と類似した側面を有していたといえよう。

　序章でも触れたように、これでは農村社会の潜在的な担税能力を無理なく最大限に引き出すのは困難であり、旧来の税務行政上の矛盾を際限なく先鋭化させることになる。重慶政府は辛うじて抗戦を最後まで維持し得たが、農村では切迫した矛盾が蓄積されていったのである。その状況は、請願という形をとった地域社会からの利害表出の中に鮮明に見出されるのであり、行政担当者もこの矛盾を充分に認識していた。ところが、戦後において国民政府は抜き差しならない国共対立に直面し、かかる戦時地税行政を継続させた。その選択は、戦時地税行政を即

刻廃止するべきであるという、戦後に噴出した地域社会の要求とは逆行するものであり、その結果、国民政府の末端行政は足下において空洞化が進んでいく。戦時と比較して戦後の地税徴収率が極端に低下したのは、その端的な表れである。こうして、戦後の国民政府は末端行政の空洞化を抱えたまま、中国共産党との内戦に突入し、大陸において政権の座を追われることになったのである。

　以上のように、日中戦争は、戦前に軌道に乗りつつあった土地・地税制度の近代化を大きく歪曲し、国家による農村社会掌握の新しい質を獲得する道筋を中断・後退させる役割を果たしたといえよう。そして、戦後の国民政府は、その負の遺産をかかえて出発し、これを解消することなく崩壊の途を辿ったのである。

第5節　まとめと展望

　中華民国期の農村土地行政において土地・地税制度の近代化は当初から実施すべき課題として認識されてきたが、国民政府下でようやく本格的な展開を見せ始めた。それは、歴史的に見れば、行政の末端による農村社会の掌握が極めて粗放・脆弱であるという、清朝から引き継いだ民国期国家の構造的特質からの脱却の努力であった。このような努力は、近代国家としての肥大化する諸機能を支えるに足る行財政機構を構築する上で必要な営みの一つにほかならない。国民政府に即していえば、都市を基盤に成立した政権が、農村地域にも権力を隙間なく浸透させて、末端の行政執行能力を高めていくことを意味した。このような意義をもった事業が日中戦争直前に戦略的に重要な地域で軌道に乗った事実は、もっと広く認識されるべきであろう。日中戦争はその事業の進展を大きく阻害・歪曲したのであり、戦後において国民政府は事業の再開を目指してはいたが、戦時中に背負った負の遺産を解消できないまま、中国共産党との内戦に敗れたのである。

　最後に、本書では全く言及できなかった中国共産党統治区の場合について簡単に触れておきたい。共産党統治区の場合は、北京政府から国民政府へと引き継がれた前述の方式とは全く異なった方式で農村における土地把握が進展していた。国民政府の方式がテクノクラート・行政主導の土地把握であるとすれば、共産党の方式は工作隊の派遣と大衆運動を梃にした土地把握として特徴づけられよう。

周知のように、共産党による土地改革その他の農村工作の場合には、通常の行政機構を利用するのではなく、まず、党指導部から政策遂行の任務を与えられた工作隊が短期間現地に派遣される。そして、工作隊は現地の積極分子の中から村幹部を選抜し（多くは村内の貧農）、彼らを前面に押し立てながら、周到に準備された村民全体を巻き込む激しい大衆運動を発動する。その過程において、闘争対象とされた地主・富農が隠し持つ「黒地」（税逃れの土地）は常に厳しく摘発されていた。

　このような方式の土地把握の有効性と問題点について、ここでは本格的に論及することはできないが、その一端は、中国共産党の土地改革に関する近年の優れた批判的研究の中からうかがうことができる。そこで明らかにされているように、内戦期における共産党の土地改革は、農村人口に対して耕地が全般的に不足しているにもかかわらず、党指導部がすべての貧農に対して生活を支えるに足る土地を分配するという非現実的な目標に固執したために、打倒対象の際限のない拡大や、指導部の根拠薄弱な不信にもとづく村幹部への苛酷な追及・迫害など、深刻な「左傾問題」の発生を繰り返した。(8)このような問題の頻発は、既に指摘されているように、共産党の政治理念や土地改革方式に深く根ざしていたと考えられるが、一方で、党指導部や工作隊、あるいは現地の村幹部が把握していた土地情報がどの程度正確であったのかという疑念を抱かせる。共産党の土地改革は、地主・富農など打倒対象に抗いがたい圧力をかけ、彼らの所有地を吐き出させるのに有効であったが、そうした土地に対する測量や査定を厳密に実施した形跡は見受けられない。工作隊にしても、村幹部にしても、測量その他の土地情報の把握に関する専門的技術を習得した人々ではなかった。農村の土地情報についての不確実で曖昧な把握が、「左傾問題」を生み出す一因となる指導部の誤った現状認識――すなわち、地主・富農を打倒してその土地を貧農に適切に分配すれば、すべての貧農を救済することができるはずであり、それができていないのは土地改革が不徹底だからであるという認識――を助長し、その是正を遅らせたことは否めないように思われる。その意味において、中華民国期に土地・地税制度の近代化を通じた正確な土地把握が実現していなかったことは、共産党の土地改革にも見過ごすことのできない影を落としていたのである。

註

（1） もちろん、本書には、戦後内戦期において土地行政が改めて相当の進展を見せた事実やその意義を軽視しようとする意図はない。この点については、山本真「日中戦争期から国共内戦期にかけての国民政府の土地行政——地籍整理・人員・機構——」（『アジア経済』第39巻第12号、1998年12月）が詳細に論じている。本書の内容を補完するものとして参照されたい。なお、山本が発掘した中国第二歴史档案館所蔵内政部档案（「地政部工作報告　民国37年10月」）のデータによれば、1946年・47年における土地測量面積はそれぞれ2351万余市畝、3465万余市畝であり、戦前の成果に迫る勢いを示している。ただし、山本も指摘しているとおり、これとて1936年の数字（4037万余市畝）を凌駕しているわけではなく、本書が提示した通時的趨勢を否定するものではない。また、戦後の数字には、戦時中に損壊したデータの修復のために、あるいは戦時中の土地の変動を再捕捉するために、戦前に測量を終えた土地を再度測量したデータも含まれている可能性があることも考慮すべきであろう。

（2） たとえば、安井三吉「中国国民政府論——未完の訓政」（『岩波講座・世界歴史24　解放の光と影』岩波書店、1998年）は、戦前に土地測量ないし「土地陳報」が完了した県数が中国全土の県の総数に占める比率が極めて低いレベルに止まったことを強調している。その事実認識に誤りはない。しかし、動態的な趨勢を把握しようとすれば、評価の仕方は異なってくる。因みに、山本真は、1948年6月までの総測量面積が国土面積に占める割合だけをとらえて、国民政府の努力を過小評価する見方を退けている。その理由として、当時の国土面積にはチベット、内外モンゴル、東北、新疆など当時の国民政府の実質的統治外の広大な土地が含まれていること、これ以外にも山岳地帯など測量が不急な土地が多く存在したこと、日中戦争の戦火のため測量可能な地区は限定されていたことをあげている（「日中戦争期から国共内戦期にかけての国民政府の土地行政」前掲、34頁）。筆者もこの見解に基本的に賛成である。

（3） なお、明治日本の地租改正では、近代的な測量技術を用いず、近世以来の在来技術でもって村民自身によって1筆ごとの土地測量が行われた。一般に、伝統中国における村が近世以来の日本の村に較べて団体的性格が著しく希薄であったことを想起するなら（足立啓二『専制国家史論』柏書房、1998年、54～62頁）、中国の場合、日本のような方法を用いて成果をあげることは難しかったといわねばならない。

（4） 山本真は、日中戦争初期に土地測量が行われた広東省3県のデータを提示している。それによれば、測量の実施による課税面積の増加率は、二つの県で70％前後、残りの1県では、100％を超えている（「日中戦争期から国共内戦期にかけての国民政府の土地行政」前掲、34頁）。

（5） 山本真は、同時期の別の史料で、創出された自作農家数を約4万8300戸、その面積を約117万6000市畝としており、**表11-3**の数字とはやや異なる（「全国的土地改革の

試みとその挫折」姫田光義編『戦後中国国民政府史の研究、1945－1949年』中央大学出版部、2001年、185頁）。この相違の由来については不明であるが、いずれにせよ、１筆ごとの土地測量面積の１％にも満たない規模であったことは変わりはない。

（６）　中国地政学会とＣＣ派とのつながりについては本書でも論及しているが、松田康博「台湾における土地改革政策の形成過程――テクノクラートの役割を中心に――」（『法学政治学論究』［慶応義塾大学］第25号、1995年）の分析が示唆的である。なお、ＣＣ派それ自体に関する専論としては、菊池一隆「都市型特務『ＣＣ』系の『反共抗日』路線について――その生成から抗日戦争における意義と限界――」（上）（下）（『近きに在りて』第35・36号、1999年）がある。

（７）　蕭錚の回想に示されているように、財政部が土地行政の推進に対して消極的であったのは事実である。ただし、誤解のないよう念のために付言すれば、これは限られた視点からとらえた財政部の一側面であって、全体的に見れば、この時期の中国の経済発展や国家建設に果たした財政部の役割は極めて大きかった。この点については、久保亨『戦間期中国〈自立への模索〉――関税通貨政策と経済発展――』東京大学出版会、1999年、参照。

（８）　田中恭子『土地と権力――中国の農村革命――』名古屋大学出版会、1996年、参照。

あ と が き

　本書は、10年余りに亘る私の一連の研究を総括した学位論文（2002年3月、学位取得）に若干の加筆を行ったものである。各章の基礎となった既発表論文は、以下の通りである。ただし、これらの諸論文は、現時点から見れば不備が目立つ部分もあり、本書ではその後の新たな史料の発掘や関連する研究の進展をできる限り踏まえて、それぞれについてかなりの修正・加筆・削除を行っている。また、全体の構成上の必要からも、手を加えなければならなかった。とりわけ、序章・終章については、ほぼ書き下ろしに近い。過去の論文との間に論点の食い違いが認められる場合には、本書の叙述を優先していただきたい。

序章・終章
- 「中華民国時期の農村土地行政──国家－地域社会間関係の構造と変容──」（日本上海史研究会編『中国近代の国家と社会──地域社会・地域エリート・地方行政──』同会主催1998年夏季シンポジウム報告集、1999年）

第1章
- 「中華民国時期の土地行政と日本」（曽田三郎編『近代中国と日本──提携と敵対の半世紀──』御茶の水書房、2001年）

第2章
- 「蕭錚と中国地政学会──もう一つの中国土地改革の軌跡──」（曽田三郎編『中国近代化過程の指導者たち』東方書店、1997年）

第3章
- 「南京国民政府成立期の農村土地政策と地主層──浙江省の『二五減租』と『土地陳報』──」（横山英・曽田三郎編『中国の近代化と政治的統合』渓水社、1992年）

第4章
- 「1930年代浙江省土地税制改革の展開とその意義──蘭谿自治実験県と平

湖地政実験県——」(『社会経済史学』第59巻第3号、1993年)

第5章
・「日中戦争前後の中国における農村土地行政と地域社会——江蘇省を中心に——」(『アジア研究』[アジア政経学会] 第43巻第1号、1996年)

第6章
・「国民政府の江西省『剿匪区』統治に関する一考察——地主・郷紳層との関連を中心に——」(『史学研究』第180号、1988年)
・「国民政府の江西省『剿匪区』統治と『賢良士民』」(『現代中国』第62号、1988年)

第7章
・「1930年代国民政府の江西省統治と土地税制改革」(『歴史学研究』第631号、1992年)

第8章
・「日中戦争前後の中国における農村土地行政と地域社会」(前掲)
・「日中戦争と中国の戦時体制」(池田誠ほか編『世界のなかの日中関係 (20世紀中国と日本 上巻)』法律文化社、1996年)

第9章
・「地税行政と請願活動」(姫田光義編『戦後中国国民政府史の研究、1945-1949年』中央大学出版部、2001年)
・「戦後国民政府的地税行政和地域社会」[中国語] (『1949年：中国的関鍵年代学術討論会論文集』国史館、台湾、2000年)

第10章
・「戦後国民政府の江蘇省農村土地行政」(東京都立短期大学編『環太平洋圏における地域関係と文化変容』特定研究報告書、1999年)

　思い起こせば、私の研究生活は、広島大学において横山英先生を指導教官として始まった。横山先生の主著の一つである『辛亥革命研究序説』は、大胆で密度の高いその論理構成においても、学界の権威や通説に寄りかからないその研究姿勢においても、私にとっては鮮烈な衝撃であった。日常の研究指導だけではなく、

あとがき

先生からは多くのことを学ばせていただいた。また、同じ門下の先輩・後輩からは様々な場で絶えず研究上の刺激を受けた。率直に意見を言いあえるかけがえのない関係は今日においても続いている。院生時代の私の問題関心は、近代中国における民主主義発展史にあり、湖南省の連省自治運動から国民革命までを扱った修士論文を執筆し、それを基礎にした数編の雑誌論文を公表した。その後、いくつかの事情が重なって研究テーマを変えることになるが、本書のようなテーマで最初の著書（単著）を公刊することになろうとは、当時においては夢想だにしていなかった。

　本書に直接つながるような研究を少しずつ始めたのは、広島を離れて教壇に立つようになってからである。赴任地は和歌山、東京、そして埼玉へと移り変わり、それに伴って関西圏や東京に拠点をおく様々な研究会に参加させていただいた。いちいち名前を列挙することは差し控えるが、そこで出会った実にたくさんの研究者から直接的あるいは間接的に多大な恩恵を受けてきた。もちろん、同業の研究者ばかりではない。私の最初の赴任校であり10年近く教鞭を執った和歌山高専、5年という短期間ながら試行錯誤を繰り返した都立短大文化国際学科、これら前任校における同僚たちからの折に触れての温かい励ましがなければ、このような地味で骨の折れる研究の結実はさらに遠い道程となったであろう。この点は、赴任後まだ日の浅い現任校においても変わらない。本書に盛り込んだ内容をまとまった形で教壇でしゃべったのは、1999年度の非常勤先であった上智大学文学部における講義が最初であったと記憶している。このとき受講した学生たちには相当の忍耐を強いることになったはずだが、講義が終わるたびに数人が質問や雑談のために教壇に集まってくれた。彼らからも幾ばくかの勇気をいただいている。

　また、本書の原型である学位論文の審査に加わって有益な意見を述べて下さった先生方にも、この場を借りてお礼を申し述べたい。とりわけ、草稿の段階から目を通し、懇切丁寧な批評や助言をしてくださったのは、横山門下の兄弟子にあたる曽田三郎氏と、上京以来お世話になっている奥村哲氏のお二人である。お二人からの指摘に十分に答え得たかは心許ないが、これがなければ、本書はもっと不備の多い著書になっていただろう。曽田氏には、出版社への推薦をはじめとして、論文審査以外においても実に行き届いた配慮と支援をいただいた。それから、

出版が決まった段階で、横山英先生にも原稿をお送りした。先生から届いた返事には、過分なねぎらいの言葉とともに、先生ならではの力のこもった批評が含まれており、便箋8枚が詰まったずっしりと重い封筒は私の宝物となった。先生がお元気なうちに本書をまとめ得たのは、私には何よりの喜びである。

　史料の閲覧や複写については、国内の主要な研究機関・史料センターのほかに、台湾では中央研究院近代史研究所、中国国民党党史委員会、国史館、北京では中国社会科学院近代史研究所、同経済研究所、北京図書館、南京では中国第二歴史档案館、南京大学、上海では上海市档案館、上海図書館などでお世話になった。私が研究を始めた頃に比べれば、大陸や台湾における史料公開の程度は飛躍的に進んでおり、利用可能な史料が大幅に増えた分、新たな研究の可能性は広がったが、研究者の史料収集における負担は大きくなった。長期留学の機会に恵まれなかった私の場合は、夏休みを利用した短期の史料調査を繰り返すほかない。時間を気にしながらの私の性急な要求に対応してくださった職員の方々や、これらの機関との仲介に尽力してくださった現地の諸先生方に心からお礼を申し上げたい。

　このように書き綴ってみると、いろんな方々にお世話になりながら、ずいぶんとわがままを通してきた自分の姿に気づく。このような私に小言をいいながらも結局はわがままを許してくれた妻・光娜、大阪の実家から私を黙って見守ってくれている両親に対して、改めて感謝したい。妻や両親の理解がなければ、研究を継続するなど不可能であった。

　最後になったが、本書の要旨を中国語に翻訳していただいた都立大の奥村ゼミの院生・楊纓さん、そして何よりも、突然の申し出に対して、すぐさま出版を快諾していただいた汲古書院の坂本健彦氏、石坂叡志氏のお二人に厚くお礼を申し上げねばならない。出版業を取り巻く厳しい環境の中にあっても学術書の出版に情熱を傾けるお二人の姿勢に敬意を表するとともに、本書の内容がお二人の情熱を裏切っていないことを心から願っている。

　　　2002年7月

　　　　　　　　　　　　　　　　　　　　　　　　笹 川 裕 史

人名・地名・書名索引

あ

アベリル，S．C． ……………………182
アメリカ合衆国・米国 …26, 29, 37, 46, 68,
    71, 72, 73, 166, 182, 257
アレボー，F． …………………………52
足立啓二 ………………………………294
天野元之助 …4, 10, 18, 19, 44, 85, 104, 111,
    138, 162, 209, 210, 211, 212, 215, 229
安義県 ………………199, 200, 201, 202, 205
安南 ……………………………24, 36, 37
安福県 ………193, 197, 199, 201, 212, 213
晏才傑 ……………………………32, 46

い

イーストマン，L．E． ……166, 230, 233,
    252, 254, 255, 258, 259
イギリス ………………………………36
インド ……………………………24, 36
石島紀之 ……………………………231
岩井茂樹 ………………………………19
『岩波講座・世界歴史』 …………294
殷承瓛 ……………………………36, 46

う

ウェイ，W． ………166, 167, 182, 184
雩都県 ………………………………169
内山雅生 ………………………………44
『雲南文史資料選輯』 ……………138

え

江夏由樹 ……………………………17, 20
永嘉県 ……50, 81, 82, 93, 94, 105, 110, 112,
    114, 134, 248
永康県 ………………………………248
永新県 ……117, 179, 185, 199, 201, 212, 213
永川県 ………………………………248
永福県 ………………………………235
永豊県 ………193, 199, 201, 212, 213
衛興武 ……………………27, 28, 46
易県 ………………………………31
易明熹 ………………………………162
益陽県 ………………………………237
袁毓麟 ………………………………25
袁錦章 ………………………………236
袁継成 ………………………………257
袁世凱 ……………………23, 28, 31, 35, 44
鹽亭県 ……………………236, 240, 243

お

王宇春 ………………………………86
王学権 ………………………………96
王祺 …………………………………55
王啓華 ………………………………117
王敬五 ………………………………116
王継春 ……………………………193, 197
王庚奎 ………………………………100
王国棟 ………………………………235
王珊 …………………………………94
王子建 ………………………………236

王仕悌 …………………………………117
王樹槐 …………104, 107, 140, 141, 161, 162
王述曾 …………………………………251
王如親 …………………………………116
王枕心 …………………………………248
王遂今 ……………………………106, 133
王世琨 …………………………………75
王碩如 …………………………………117
王先強 …………………………………55
王漱芳 …………………………………87
王達 ……………………………………45
王履康 …………………………………25
汪浩……56, 74, 124, 125, 126, 129, 130, 136,
　　　　137, 171, 174, 183, 184
翁文灝 ……………………………65, 68, 69
横県 ……………………………………235
横川県 …………………………………237
奥村哲 ………………………18, 19, 74, 229, 299
温嶺県 …………………………………112

か

ガイザート, B. K. ……………………161
加藤祐三 …………………………182, 184
何応欽 ……………………………………54, 87
何漢文 …………………………………251
何其朗 …………………………………237
何玉書 …………………………………274
何宏基 …………………………………117
何衡丸 …………………………………248
『河南・湖北・安徽・江西・四省小作制
　　度』………………………………189, 209
華陰県 …………………………………236
嘉興県55, 85, 99, 105, 106, 107, 110, 112, 249
『嘉興県農村調査』…………………92, 106
嘉善県……………………81, 85, 99, 107, 110, 112

嘉定県……143, 145, 150, 248, 261, 263, 267,
　　　　268, 270, 271, 274, 277
会昌県 …………………………………169
会理県 …………………………………237
海塩県 ……………………………110, 112
海寧県……………85, 107, 110, 112, 116, 135
海門県 ……………143, 261, 263, 268, 271
『各国経界紀要』……………………37, 46
岳潔清 …………………………………236
『革命文献』……………213, 223, 231, 257, 258
郭漢鳴 ……………………………………56, 145
郭級三 …………………………………235
郭古香 …………………………………145
郭子卿 …………………………………94
郭徳宏 ……………………………………18, 161
葛武棨 …………………………………86
川瀬光義 ……………………………46, 75, 76
川村嘉夫 ……………………………57, 76, 78
『汗血月刊』 …………………………107
灌県 ……………………………………224
関吉玉 ……………………………252, 258
関東州・関東租借地 ……………………36, 37
韓越 ……………………………………117
韓城県 …………………………………236
韓宝華 …………………………………86
『贛皖湘鄂視察記』…………………185
贛県 ……………………………………287
『贛政十年』……………………209, 212, 213

き

宜黄県 ……………189, 199, 201, 212, 213
宜興県……140, 141, 142, 143, 261, 263, 264,
　　　　265, 267
宜春県 …………………………………179
貴渓県 …………………………………189

人名・地名・書名索引　　　　　　　　　303

儀徴県 …………………263, 267, 274
儀隴県 …………………………117, 235
魏向栄 …………………………………193
菊池一隆 ………………229, 230, 295
吉安県 …………189, 199, 201, 202, 213
吉水県 ……………199, 201, 202, 213
九江県 …………………………189, 287
九龍 ………………………………36, 37
居益三 …………………………………116
許恕哉 …………………………………193
許紹棣 ……………………………………87
許昌県 …………………………………237
許世英 ………………………………36, 46
許蟠雲 …………………………………114
許宝駒 ……………………………86, 87
許宝璉 …………………………………135
峡江県 …………………199, 201, 202, 205
喬殿祥 …………………………………125
龔心湛 ………………………………28, 45
曲卓新 ……………………………………25
『近代世界史像の再構成』…………18
『近代中国区域史研討会論文集』…104, 161
『近代中国の経済と社会』…………20
『近代中国農村経済史論文集』……182
金延澤 …………………146, 150, 163
金華県 …………………110, 111, 133, 134
金谿県 ……………199, 201, 202, 205
金山県 ……………143, 217, 261, 265, 267
金壇県 ……141, 143, 144, 217, 261, 263, 267
金徳群 ………………………18, 67, 77, 230
金普森 …………………………………18
鄞県 ………………………………85, 89, 107

く

久保亨 ……………………104, 229, 295

句容県 …………………217, 263, 266
衢県 ……………………………………112
草野靖 …………………………………104
屈映光 ……………………………………94

け

邢介文 …………………………………237
京兆地域 …………24, 26, 27, 28, 29, 30, 37
奚鉄棠 …………………………………151
奚浪清 …………………………………151
桂平県 …………………………235, 287
『経済旬刊』 ……………209, 210, 211
啓東県 ……15, 139, 143, 157, 158, 159, 160,
　　161, 164, 261, 263, 268, 271, 278
建徳県 ………………………………85, 248
建寧県 …………………………………169
『現代アジアの革命と法』…………19
『現代支那人名鑑』……………………25
『現代中華民国・満州国人名鑑』……25
『現代中国政府』………………………257

こ

小島淑男 ……………………………20, 161
小沼正 ………………………………10, 19
小林弘二 ………………………………210
古賀敬之 ………………………………133
伍受真 …………………………125, 129, 137
呉県 …55, 143, 150, 217, 218, 261, 263, 264,
　　266, 271, 272, 274, 277
呉健陶 …………………………………175
呉江県 ……143, 217, 261, 263, 264, 266, 272,
　　278
呉興県 ……………………85, 100, 110, 112
呉志遠 ……………………………………94
呉志道 …………………………………248

呉承湜 …………………………………25
呉漱英 ………………………………237
呉椿 …………………………………100
呉廷鏞 ………………………………237
呉徳華 ………………………………257
呉福保 ………………………………117
呉芳 …………………………………117
胡家鳳 ………………………………213
胡幹臣 ………………………………125
胡冠臣 ………………………………137
胡慶九 ………………………………151
胡健中 ……………………89, 106, 133
胡次威 ………………………… 116, 117
胡葉氏 …………………………………94
胡福 ……………………………………95
胡鳳陽 ………………………………101
賈士毅 …………………………………25
孔祥熙 ……………………65, 68, 69, 230
広安県 …………………… 236, 239, 256
『広安民報』 …………………………256
江陰県……141, 142, 143, 145, 237, 261, 263,
  267, 270, 277
『江西義図制之研究』 ………………211
『江西旧撫州府属田賦之研究』 ………210
『江西省政府公報』 ……………210, 211
『江西省政府施政報告』 ………209, 212
『江西統計提要』 ………202, 205, 212, 213
『江西年鑑』 ………172, 176, 177, 184, 209
『江西農業金融与地権異動之関係』 …172,
  174
『江西文史資料選輯』 ………………213
『江西民国日報』 …167, 169, 180, 181, 182,
  183, 184, 185, 188, 191, 209, 210, 211, 212,
  213
『江蘇建報』（鎮江） ……………268, 278

『江蘇省政府三四・三五年政情述要』
 …………………………229, 276, 277, 278
『江蘇省地政概況』 ……………276, 278
『江蘇省地政季刊』 ……………150, 163
『江蘇省地政局実習日記』 ……145, 163
『江蘇省地方税制調査』 ………217, 229
『江蘇之土地登記』 …………………162
『江蘇文史資料選輯』 …………………75
『江蘇民報』（無錫） …………276, 278
江都県 ……………………141, 267, 269, 274
江寧県…60, 80, 102, 107, 116, 135, 140, 141,
  159, 162, 248, 263, 265, 266, 271, 277, 287
江丙坤 …………………………………17
江浦県 ……………………………217, 267
江油県 ………………………………236
向思遠 ……………………150, 151, 163
向乃祺 ……………………………55, 251
『抗戦建国史研討会論文集』 ………182
『抗戦時期的政治建設』 ……………257
『抗日戦争時期国民政府財政経済戦略措
  施研究』 ………………229, 230, 231
『抗日戦争時期国民政府財政金融政策』
 …………………………………………230
杭県 …93, 107, 110, 112, 113, 114, 126, 129,
  133, 134, 163, 287
杭州市 ……112, 113, 114, 129, 131, 133, 134
『杭州市辦理地価税之研究』 ………134
『杭州民国日報』 …………………89, 133
洪季川 ……………………………55, 130
洪瑞堅 …………66, 84, 88, 90, 104, 105, 106
侯坤宏 ……………………230, 256, 258
高安県 ……………192, 196, 199, 201, 202, 213
高県 …………………………………225
高寿昌 ………………………………248
高淳県 ……………………143, 261, 264, 266

高信 …… 40, 55, 59
高霽 …… 25
候昌齢 …… 99
浩然 …… 105
黄岩県 …… 111, 112
黄起文 …… 94
黄協卿 …… 94
黄佐 …… 94
黄紹竑 …… 113, 124, 130
黄性山 …… 94
黄戴氏 …… 94
黄通 …… 40, 55, 66, 157
黄徳彰 …… 235
黄慕松 …… 25
膠州湾 …… 39, 76
興化県 …… 264, 272
興国県 …… 169
谷正倫 …… 246, 256, 257, 258
『国史館現蔵国家檔案概述』 …… 255
崑山県 …… 44, 143, 218, 261, 263, 266
琨譔 …… 162

さ

沙県 …… 236
佐々木寛司 …… 17, 18, 163
『財政年鑑』 …… 84, 223
『財政評論』 …… 223
『最新支那官紳録』 …… 25
崔国華 …… 230
蔡鍔 …… 24, 28, 36, 37, 45, 46
蔡樹邦 …… 105
蔡殿栄 …… 133
蔡天石 …… 117

し

『支那経済建設の全貌』 …… 133
『支那経済年報』 …… 164
『支那抗戦力調査報告』 …… 75
『支那ノ税制』 …… 44, 45
史梅岑 …… 237
慈谿県 …… 112
資中県 …… 248
『社会経済月報』 …… 210
射洪県 …… 235, 236, 240, 243
謝盈倉 …… 235
謝増寿 …… 184
謝徳如 …… 94
『上海嘉定南匯奉賢等四県改徴地価税之研究』 …… 151, 163
上海県 …… 15, 139, 143, 145, 146, 147, 148, 149, 150, 151, 152, 153, 160, 163, 213, 261, 263, 264, 265, 266, 268, 271
『上海県実行地価税経過紀要』 …… 148, 163
『上海県民衆日報』 …… 151
シュラーマイエル, W. …… 39, 61, 76
朱衍慶 …… 116
朱匯森 …… 104
朱家驊 …… 97, 130
朱玉湘 …… 257
朱元燗 …… 30
朱獻文 …… 248
朱霄龍 …… 136, 137
朱宗海 …… 117
朱祿桑 …… 116
『十年来之中国経済建設』 …… 174
『収復匪区之土地問題』 …… 171, 174, 183
周恩来 …… 50
周学熙 …… 26, 32, 38

周桂初 …………………………116
周源久 …………………………134
周宏業 …………………………36
周之佐 ……………………67, 145
周鍾嶽 …………………………25
周祖徳 …………………………274
周鼎 ……………………………248
周年豊 …………………………236
周炳琳 …………………………87
周炳文 …………………………210
周鳳岐 …………………………94
周北峰 …………………………67
周廉 ……………………………125
『重慶経済戦力ニ関スル報告』……231, 255
『重慶政府戦時経済政策史』………231
『重慶論』 ………………………231
祝平 ……40, 55, 144, 145, 149, 150, 153, 163
宿遷県 …………………………272
瀋陽県 …………………………141
栒邑県 …………………………236
ジョージ, H. ……………………39
『処理勦匪省份政治工作報告』……184
如皋県 ………………143, 261, 268, 271
汝城県 …………………………237
胥竹成 …………………………236
徐可楼 …………………………94
徐之麒 …………………………94
徐志道 …………………………117
徐梓喬 …………………………248
徐穂 ……………………………77
徐世昌 …………………………45
徐青甫 …………………………114
徐達夫 …………………………248
徐堪 ……231, 244, 245, 246, 256, 257, 258
徐佛蘇 …………………………25

徐友春 …………………………25
上虞県 ……………81, 99, 107, 110, 112
上猶県 …………………212, 213, 287
少剛 ……………………………162
庄司俊作 ………………………18, 44, 47
邵元冲 …………………………86
松江県 ……143, 217, 261, 263, 264, 265, 267, 269, 273, 274, 277
葉何氏 …………………………94
葉乾初 ……………………117, 135
葉厳氏 …………………………94
葉黄氏 …………………………94
葉向陽 …………………………249
葉濟 ……………………………236
葉周氏 …………………………94
葉清 ……………………………94
葉藻 ……………………………94
葉董氏 …………………………94
葉倍振 ……………202, 204, 211, 212, 213
葉培林 …………………………101
葉鳳生 …………………………117
章駒 ……………………………117
紹興県 ……………99, 107, 110, 112, 117
常熟県 ……217, 218, 261, 263, 266, 269, 272, 273, 274, 276, 278
『情報』 …………………………231
象山県 ……………………94, 110
蔣永敬 …………………………230
蔣介石 ……50, 52, 53, 57, 62, 63, 64, 65, 66, 67, 69, 73, 165, 167, 168, 170, 175, 182, 192, 226, 227, 231, 234, 241
蔣作賓 …………………………52
蔣方震 …………………………25
蔣述周 …………………………236
蔣夢麟 …………………………72

人名・地名・書名索引　307

蔣廉……………………………………55
鍾祥財…………………………………75
蕭県 …………………………… 140, 141
蕭山県…… 85, 88, 99, 104, 105, 107, 110, 112
蕭鄷郷………………………………237
蕭松森………………………………237
蕭錚…… 39, 48, 49, 50, 51, 52, 53, 54, 56, 57,
　　58, 59, 60, 61, 62, 63, 64, 65, 66, 67, 68,
　　69, 70, 71, 72, 73, 75, 76, 86, 87, 95, 104,
　　105, 106, 107, 108, 124, 125, 126, 129, 136,
　　139, 144, 155, 156, 161, 162, 163, 164, 286,
　　288, 295, 297
聶国青…………………………………55
鐘純生………………………………101
『申報』……………… 99, 105, 106, 107, 179
沈雲省………………………………151
沈毅…………………………… 226, 240
沈金鑑…………………………………27
沈玄廬………………………… 50, 75, 104
沈時可………………………………125
沈乗龍………………………… 271, 277
秦朝臣………………………………117
進賢県………… 199, 200, 201, 202, 205
清江県………… 199, 200, 201, 202, 205
尋烏県………………………117, 209, 210
『新華日報』（重慶版）… 224, 225, 230, 256
新淦県………… 199, 200, 201, 202, 205
新建県…… 126, 192, 194, 195, 196, 199, 200,
　　201, 202, 205, 210
『新県制度之研究』…………………257
『新聞報』…………………………85, 163
縉雲県………………………………248

す

遂安県………………………………81, 96

遂寧県………………………… 233, 287
瑞金県………………………………169
睢寧県………………………………141
末次玲子………………………………20
崇慶県………………………………249
崇仁県………………… 199, 201, 212, 213
崇徳県………………… 81, 82, 105, 110, 112
崇明県…… 143, 157, 158, 164, 261, 263, 267,
　　268, 271, 274
杉本俊朗……………………………162

せ

井研県………………………………249
成漢昌…………………………………18
青浦県………………… 143, 150, 217, 261, 266
『政府公報』………………… 25, 45, 46
盛永発………………………………192
清流県………………………………169
『税務月刊』………………………33, 46
靖安県………………………… 192, 196
靖江県…… 143, 261, 263, 265, 266, 268, 271,
　　274
石光鉅………………………………117
石城県………………………………169
石体元………………………………255
籍忠寅…………………………………25
『浙江学刊』…………………………18
『浙江省財政月刊』………… 105, 107, 136
『浙江省政府公報』………… 133, 134, 135
『浙江省土地問題与二五減租』………104
『浙江省農村調査』…… 82, 104, 105, 134
『浙江省辦理土地陳報及編造坵地図冊之
　　研究』……………………………106
『浙江省民政庁実習工作総報告書』……106
『浙江二五減租之研究』………… 88, 105

『浙江之二五減租』 ……………88, 104
『浙江文史資料選輯』 ……………106, 133
『浙江民政統計特刊』 ……………85
『1949年：中国的関鍵年代学術討論会論
　文集』 ……………………255, 298
川沙県 ………143, 261, 263, 267, 268, 271
『全国郷村建設運動概況』 ……………135
『全国土地調査報告綱要』 ……76, 105, 212
『専制国家史論』 ……………………294
宣中華……………………………………86
『戦間期中国〈自立への模索〉』 …………295
『戦後中国国民政府史の研究』　77, 295, 298
銭実甫……………………………………45
銭万成……………………………………116

そ

宋子文 …………………………54, 106
荘強華 …………………………………135
曹乃彊 …………………………………211
曹伯秋 …………………………………94
曾彝進 …………………………………25
曾鯤化 …………………………………25
曾済寛 …………………………………54, 144
曾震 ……………………………176, 192
『総統蔣公思想言論総集』 …………182
孫科 ……………………………67, 155, 253
『孫中山先生與近代中国学術討論集』 …230
孫兆乾 ……………………………172, 174
孫伝芳 …………………………………51
孫文……12, 13, 18, 39, 40, 41, 46, 48, 49, 50,
　52, 61, 72, 76, 79, 80, 90, 94, 95, 96, 100,
　114, 124, 132, 134, 152, 182, 286
孫豫恒 …………………………………117

た

ダマシュケ，A．………39, 52, 62, 75, 76
田中恭子 ……………………18, 74, 295
田中比呂志 ……………………………164
『大公報』（重慶版）……………………255
大竹県 ……………………………235, 239
大埔県 ……………………………145, 224
太倉県……141, 143, 144, 217, 237, 261, 263,
　266, 268, 270, 271, 277
『太平洋戦争』 …………………………231
台湾……3, 4, 8, 13, 17, 19, 21, 22, 24, 26, 36,
　37, 38, 40, 46, 48, 62, 66, 67, 68, 72, 73,
　74, 75, 80, 92, 96, 104, 133, 140, 155, 160,
　162, 164, 219, 221, 230, 232, 244, 257, 285,
　286, 291, 295, 298, 300
『台湾地租改正の研究』 ………………17
『台湾の土地政策』 ……………………46, 75
泰県 ……………………117, 141, 264, 267
泰和県 ……………………199, 201, 208, 212, 213
泰興県 ……………………………141, 268, 271
戴季陶 …………………………………89
戴貴賢 …………………………………193
戴含章 …………………………………193
戴天武 ……………………………235, 238, 255
戴立誠 …………………………………193
涿県 ……………………29, 30, 31, 45, 46
谷水真澄 ………………………………231
丹陽県……143, 145, 217, 261, 266, 271, 277,
　287
段継李 …………………………………135
譚学夔 …………………………………36
譚之瀾 ……………………………179, 185
譚平山 …………………………………51

ち

『地政学報』…………………………67
『地政月刊』……40, 54, 56, 67, 74, 76, 112,
　　126, 133, 134, 136, 137, 138, 162, 212
『地政統計提要』………………280, 281
『地租改正』………………………163
『中央日報』…143, 149, 152, 153, 158, 163,
　　164, 251, 255, 256, 257, 258, 259
『中華地政史』………………104, 105, 106
『中華民国政治制度史』………………257
『中華民国歴史與文化討論集』…………230
『中華民国重要史料初編』……172, 183, 184
『中国近世の寄生地主制』………………104
『中国近現代人名大辞典』………257, 258
『中国近現代農民土地問題研究』…18, 161
『中国近代現代史論文集』………………162
『中国近代江南の地主制研究』…………108
『中国近代政治制度史綱』………………257
『中国近代史研究入門』…………………161
『中国近代農民問題與農村社会』………257
『中国経済100年のあゆみ』……………229
『中国国民党土地政策研究』……18, 77, 230
『中国実業誌』………………80, 81, 104
『中国戦時体制論』……………………230
『中国専制国家と社会統合』……18, 74, 229
『中国村落制度の史的研究』……………182
『中国田賦史』……………………………46
『中国土地思想史稿』……………………75
『中国土地制度与土地改革』……………18
『中国土地法』……………………………134
『中国の現代史』………………19, 229
『中国農業経済論』……18, 44, 85, 104, 138,
　　162, 209, 229
『中国農村』………………………………162

『中国農村革命の展開』………………162
『中国農村変革再考』…………………210
『中国農村問題』………………………162
『中国歴史学会集刊』………………77, 164
『中国歴代経界紀要』…………37, 44, 46
中渡県………………………………235
中牟県………………………………237
忠県…………………………………236
長興県………………………85, 110, 112
長江県………………………………169
長寿県………………………………225
張珏…………………………………117
張羣…………………………………250
張継………………………………54, 67
張庚年………………………………138
張載陽………………………………94
張俊顕………………………………257
張純明………………………………133
張鋤非………………………………117
張森…………………………………55
張静江…………………51, 87, 88, 95, 106
張宗漢………………………………67, 107
張大鈞………………………………92
張卓夫………………………………94
張忠才………………………………18
張朝桐………………………………94
張廷休………………………………56, 59
張道純………………………………67, 74
張本舟………………………………249
張力…………………………………182
朝鮮…3, 4, 13, 17, 21, 22, 24, 27, 29, 34, 36,
　　37, 38, 46, 219, 291
『朝鮮土地調査事業史の研究』…………17
趙鐘音………………………………94
趙省斎………………………………94

趙仲儒……………………………………94
趙椿年……………………………………25
趙立甫…………………………………236
陳寅恪……………………………………37
陳雲庭……………………………………94
陳果夫…50, 51, 52, 54, 57, 58, 62, 63, 67, 69, 106, 131, 133, 139, 142, 144, 162, 286
『陳果夫先生全集』……………………162
陳嘉楽……………………………………25
陳開泗………………………111, 117, 135, 136
陳鶴亭……………………………………94
陳煥亭……………………………………94
陳希豪……………………………………86
陳錦章……………………………………25
陳顧遠…………………………………134
陳宏烈…………………………………235
陳賡雅……………………………179, 185
陳蔡氏……………………………………94
陳自新…………………………………125
陳思德…………………………………252
陳思余…………………………………100
陳淑銖…………………………77, 104, 164
陳肖云…………………………………116
陳瑞雲…………………………………257
陳大訓…………………………………248
陳戴氏……………………………………94
陳兆虞…………………………………151
陳長蘅……………………………………63
陳道源…………………………………235
陳登原……………………………………46
陳伯………………………………………94
陳宝麟……………………………………89
陳昂若…………………………………116
陳友三…………………………………252
陳樺……………………………………117

陳立夫………………………54, 59, 67, 133, 155
鎮安県……………………………………234, 255
鎮海県……………………………85, 110, 112
『鎮江及平湖実習調査日記』…………136
鎮江県……56, 141, 142, 143, 217, 261, 263, 264, 266, 278, 287

つ

常吉徳寿……………………………32, 33

て

『データでみる中国近代史』……………19
丁姜氏……………………………………94
定海県…………………………………100
程遠帆………………………55, 114, 129, 134
程家穎……………………………………36
鄭亦同……………………………………86
鄭康模………………………88, 90, 93, 105, 106
鄭紹初……………………………………94
鄭震宇…55, 66, 69, 112, 134, 138, 153, 162, 163
鄭邁………………………………………94
『天津大公報』………………………33, 45, 46
田和勇…………………………………213
田光文…………………………………236
『田賦芻議』………………………………46
『田賦徴実制度』………………………252
『田賦問題研究』……………………135, 162
墊江県…………………………………236

と

ドイツ……26, 37, 39, 40, 46, 52, 61, 62, 76, 144, 145
『ドイツ農村におけるナチズムへの道』
………………………………………75

人名・地名・書名索引　311

『土地改革』……………………41, 47, 71
『土地改革五十年』…50, 56, 57, 67, 75, 76,
　　　105, 106, 107, 108, 125, 126, 136, 137, 161
『土地改革史料』………………94, 104, 105
『土地と権力』……………………18, 74, 295
杜興周………………………………………235
杜斗臣………………………………………235
『都市と言語』………………………18, 44
『東亜経済論叢』…………………………104
東海県…………………………………266, 274
東郷県………………199, 200, 201, 202, 205
東台県……………………………264, 271, 272
『東南日報』…106, 112, 126, 133, 134, 135,
　　　136, 137
『東方雑誌』………………………………105
東陽県……………81, 82, 105, 234, 248, 255
桐郷県…………………………………111, 112
唐啓宇……………………………………55, 59, 64
唐志陶………………………………………151
唐彡…………………………………………36
唐陶華………………………………………47
唐文治…………………………………237, 277
陶寿…………………………………………193
湯谿県……………………110, 117, 123, 136
湯恵蓀………………………40, 55, 67, 72, 73
董松渓………………………………………94
董中生………………55, 67, 106, 107, 135
碭山県………………………………………141
潼南県…………………………………233, 236
徳清県…………………………………110, 112
豊永泰子……………………………………75

な

中村哲………………………17, 18, 43, 74
長岡信吉……………………………………74

夏井春喜……………………………………108
『南匯商報』………………………………151
南匯県……15, 139, 143, 145, 146, 148, 149,
　　　150, 151, 152, 153, 160, 163, 213, 261, 263,
　　　267, 268, 271
『南匯県民報』……………………………151
南康県…………………………212, 213, 287
『南充師院学報』…………………………184
南昌県……126, 176, 189, 192, 193, 194, 195,
　　　199, 200, 201, 202, 203, 204, 205, 207, 208,
　　　210, 212, 223, 282, 287
『南昌田賦及其改辦地価税之研究』……211
南城県………………………………………189
南通県…44, 143, 145, 150, 261, 267, 268, 271

に

『二陳和ＣＣ』……………………………77
『日本経済と東アジア』…………………74
『日本資本主義と明治維新』……………17
『日本の中華民国史研究』………………18
『日本農地改革史研究』……………18, 44
任諫章………………………………………235
任玉和………………………………………235

ね

寧化県………………………………………169
寧陝県………………………………………236
寧都県………………………………………169
『年報・日本現代史』……………………44

の

野沢豊………………………………18, 75, 104
野田公夫…………………………18, 43, 47
野間清………………………………………162
『農業改革』………………………………77

は

バック，J．L． ……………………209
馬起華 ……………………………257
馬宝華 ……………………………125
馬耀南 ……………………………251
沛然 …………………………230, 231
沛県 ………………………………141
梅光復 …………………125, 136, 137
萩原充 ………………………………74
白瑞 ………………………………251
莫寒竹 …………………………135, 136
狭間直樹 ……………………………19
秦惟人 ……………………………104
浜口允子 ………………………23, 44
万安県 …………………………212, 213
万県 …………………117, 216, 235, 261
万国鼎 ……………………54, 69, 74
万年県 ……………………………189
范翰芬 ……………………………117
范熙績 ………………………………25
范小方 ………………………………77
范治煥 ………………………………25
潘協同 ………………………………25
潘稲蓀 ……………………………117
潘万程 ……………………………125

ひ

ビルマ ……………………………24, 36
『東アジア資本主義の形成』 ……17, 43, 74
『人与地』 ……………………………67
姫田光義 ………………77, 295, 298

ふ

フランス ………………26, 36, 37, 125, 145

武義県 ……………………………95, 110
武進県 ……117, 143, 248, 261, 263, 264, 267, 269, 271, 277
浮梁県 …………………189, 193, 287
富陽県 ……………………………93, 110
舞陽県 ……………………………237
馮紫崗 ……………………………55, 106
馮小彭 ……………………………145
馮治清 ……………………………235
文輩 …………………198, 209, 210, 212

へ

平湖県 ……14, 15, 56, 74, 102, 109, 110, 112, 113, 115, 124, 125, 126, 127, 128, 129, 130, 131, 132, 133, 136, 137, 144, 213, 223, 288, 297
『平湖県政概況』 …………125, 127, 136, 137
『平湖之土地経済』 ……………125, 137
平陽県 ……………………………112, 117
萍郷県 ……………………………191
弁納才一 ……………………………182

ほ

保志恂 ……………………………162
方城県 ……………………………237
包奐華 ……………………………117
奉賢県 ……143, 150, 163, 261, 263, 267, 268, 271
宝応県 ……………………………237, 270
宝山県 ……23, 44, 143, 261, 266, 268, 271, 274
彭瑞武 ……………………………236
彭沢県 ……………………………193
蓬渓県 ……………………………233
豊城県 …………199, 200, 201, 202, 213
鮑徳澂 ……………………………55, 72, 73

人名・地名・書名索引　313

『北洋政府時期的政治制度』……………45
細谷千博 ……………………………231

ま

増田米治 ……………………………231
増淵俊一 ……………………………134
松田康博 …………19, 75, 77, 78, 164, 295
松本善海 …………………………182, 184

み

ミル，J. S. ………………………………39
宮嶋博史……………………………17, 18, 43
『民意』……………………………………106
『(民国)二十三年一月至六月工作総報告』
　………………………………………135
『民国経界行政紀要』 ………………44, 45, 46
『民国職官年表』 …………………257, 258
『民国人物大辞典』 …………………25, 46
『民国檔案』 ………………………………77
『民国二十年代中国大陸土地問題資料』
　………57, 88, 105, 106, 117, 134, 135, 136,
　　　162, 163, 172, 174, 210, 211
『民心』……………………………………105

む

婺源県 ……………………………………193
無錫県 ……15, 102, 126, 143, 144, 152, 163,
　　　261, 263, 264, 266, 273, 276, 278, 287

め

綿竹県 ……………………………………248

も

毛君白 ……………………………………272
毛沢東………………………………50, 209, 210

『毛沢東農村調査文集』……………………209
蒙理 ………………………………………235
森田明 ……………………………………211

や

八木芳之助 ………………………………104
安井三吉 …………………………………294
山本真 ………………19, 76, 77, 164, 276, 294
山本秀夫 …………………………………162

ゆ

兪慶濤 ………………………………………25
兪飛鵬 ……………………………………258
喩従之 ……………………………………235
熊式輝 ………176, 177, 178, 184, 187, 199, 209
熊漱冰 …………56, 126, 199, 202, 206, 212

よ

余杭県 ……………………………85, 93, 110, 112
余紹宋 ……………………………………248
余姚県 ……………………………85, 110, 112
姚鴻法 ………………………………………25
揚中県 ……………141, 143, 144, 261, 263, 267
楊一鶴 ……………………………………236
楊永泰 ……………………………………165
楊葉氏 ………………………………………94
楊全宇 ………………………………226, 240
楊藻 …………………………………193, 196
楊大倫 ……………………………………235
吉田浤一 ………………………18, 19, 74, 78

ら

ラデジンスキー，W. I. ………………72, 77
来元業 ………………………………………67
雷寿栄 ………………………………………25

雷振鏞……………………………30
洛陽県……………………………237
楽安県……………………………199
楽山県………………………235, 238
楽清県……………………85, 93, 94
楽平県……………………………189
駱運良……………………………235
駱美奐……………………………55
蘭谿県…14, 85, 100, 102, 107, 109, 110, 111,
　　116, 117, 118, 119, 121, 122, 123, 125, 128,
　　131, 132, 133, 135, 136, 248, 297
『蘭谿実験県実習調査報告・下』………135
『蘭谿実験県実習調査報告・上』…117, 135
『蘭谿実験県清査地糧紀要』……119, 121,
　　123, 135

り

李鏡吾…………………………127, 136
李競西……………………………135
李計氏……………………………94
李景銘……………………………25
李慶麐……………………………56
李權西……………………………117
李之屏…………………………149, 150, 163
李志源……………………………94
李若虚…………………………145, 163
李春銑……………………………236
李進修……………………………257
李正榮……………………………251
李正鈺……………………………25
李星楼……………………………236
李盛平…………………………257, 258
李直夫……………………………55
李登輝……………………………74
李蕃………………………………25
李保頤……………………………117
李芳………………………………94
六合県…………………………217, 267
陸江仂……………………………100
陸子嘉……………………………236
陸川県………………………235, 238, 255
陸亭林……………………………125
陸民仁……………………………230
溧水県…………………143, 217, 261, 263, 266
溧陽県…………………141, 142, 263, 264, 266
柳城県……………………………235
琉球…………………………………37, 38
隆昌県……………………………235
劉運籌……………………………54
劉器鈞……………………………25
劉寿林…………………………257, 258
劉書斎……………………………237
劉宣………………………………25
劉文澤……………………………235
龍岩県………………19, 66, 67, 164, 287
龍泉県……………………………248
龍游県……………………81, 82, 105
良郷県……………………………29, 30, 37
梁山県……………………………235
『糧政季刊』……………………231, 257
『糧政史料』…………………256, 257, 258
林詩旦………………………19, 67, 164
林樹芸……………………………117
林萬里……………………………25
臨安県………………93, 110, 117, 248
臨海県………………………99, 100
臨川県………………189, 199, 201, 202, 213

れ

麗水県……………………………248

連城県 …………………………169
蓮花県 ………………199, 201, 212, 213

　　　ろ

呂公望 …………………………94
呂宗望 …………………………236
呂鑄 ……………………………25
呂東園 …………………………237

呂芳上 …………………………182
盧春徳 …………………………235
盧選臣 …………………………94
楼思誥 …………………………25
閬中県 ……………………235, 236

　　　わ

淮陰県 …………………………272

事項索引

あ

安内攘外政策 …………………………53

い

インフレ ………………217, 221, 250
遺失補給執照 ……………………127
囲剿戦争 …………165, 166, 167, 168, 177

え

永康県参議会 ……………………248
永川県参議会 ……………………248
永佃権………81, 128, 132, 137, 204, 207, 213
永福県臨時参議会 ………………235
営業税 …………177, 187, 188, 194, 198, 209
鹽亭県参議会 ……………………236, 240

お

汪精衛政権 ………………………261, 270
横川県参議会 ……………………237

か

苛捐雑税 …………………………183, 187
科挙 ………………………………119, 195
科則……44, 84, 212, 223, 234, 235, 236, 237,
　　238, 239, 240, 255
架書 ………………………………189
家冊 ………………………………121
掛戸 ………………………………195
嘉興県参議会 ……………………249
嘉定県臨時参議会 ………………248, 270, 277

会産 ………………………………123
会薄 ………………………………121
開墾 ………………………………64, 121, 156
各県財務委員会 …………………187
各省経界籌備処章程………………27
各省測量局 ………………………26
革新運動…………………66, 68, 69, 70, 77
額外徴収 …………………………190, 269
完納田賦証 ………………………127
串票 ………………121, 197, 204, 211
官給管業証 ………………………121
官契紙 ……………………………121, 127
官荘 ………………………………20
官有地 ……………………24, 44, 189
管業執照 …………………………127
監察委員……89, 235, 241, 245, 251, 256, 267

き

義図制度 …………192, 195, 196, 211
旗地 ………………………………20
擬辦土地陳報意見書………………61
旧官契紙及図単 …………………121
圩地帰戸冊 ………………………119, 120
圩地図冊 …………………106, 110, 118
許昌県参議会 ……………………237
共有地 ……………………………123, 127, 189
行政院 ……40, 64, 66, 82, 94, 104, 134, 191,
　　222, 229, 244, 246, 247, 250, 253, 256, 257,
　　258, 269
行政督察専員 ……………………55, 178
行政督察専員会議 ………………178, 180

事 項 索 引　　　　　　　　　　317

協助追租辦法 …………………273
教育会 ……………152, 235, 241, 248
郷区辦事処 ………………………88, 91
郷紳 ……15, 83, 86, 166, 168, 169, 170, 171,
　　173, 174, 175, 178, 179, 181, 192, 196, 298
郷地 ………………146, 147, 148, 149
郷鎮公所 ………………120, 239, 241
郷(鎮)民代表会 ………………241, 242
局照費 ……………………………29
魚鱗冊・魚鱗図冊 ……9, 84, 118, 119, 120,
　　122, 123, 124, 132, 136, 189, 195
近代国家 …8, 10, 17, 35, 219, 220, 222, 225,
　　292

く

軍法 …………………178, 234, 256
軍糧…221, 244, 247, 249, 250, 264, 267, 268,
　　269

け

京兆尹……………25, 26, 27, 29, 45
京兆経界行局(経界行局) …24, 27, 28, 29,
　　37, 46
京兆経界暫行章程………………30
京兆経界分局暫行章程…………30
京兆経界預査規則………………30
契税 ……………24, 135, 177, 187
契尾 ………………………………127
経緯網測量 ……………………29, 46
経営規模 ……………42, 49, 81, 194
経界会議 …………………………28
経界学校 …………………………29
経界局(全国経界局) ……13, 21, 22, 23, 24,
　　26, 27, 28, 29, 30, 31, 32, 33, 35, 36, 37,
　　38, 40, 43, 44, 45, 46, 285, 288

経界局暫行編制…………………27
経界局督辦 …………………24, 28
経界行局条例……………………27
経界条例 ………………27, 30, 38
経界審査委員会条例……………27
経界伝習所 …………………29, 30
経界評議委員会 ………25, 32, 46
経済部 ……………………65, 69
経収処 ……………236, 241, 248
経徴処 ……………………198, 204
経徴人 ……………………………118
建国大綱 …………………152, 182
建徳県参議会……………………248
県参議会…235, 237, 240, 241, 242, 247, 248,
　　249, 256
県臨時参議会…235, 236, 237, 241, 242, 248,
　　249
現官執業 ………………………127
現行官契紙 ……………………121
憲兵司令部 ……………………226
賢良士民帰郷推進工作…167, 168, 169, 170,
　　174, 181
験契 ……………………………24, 44
験契執照 ………………………127

こ

小作契約 ……………………81, 92
小作争議…88, 89, 90, 91, 92, 93, 95, 106, 230
小作料……67, 71, 79, 81, 83, 87, 91, 92, 128,
　　157, 158, 161, 172, 215, 218, 225, 230, 271,
　　272, 273, 274
戸摺 ……………………………127
戸地編査 ……………………110, 133
工作隊 …………………………292, 293
公正士紳 ………………………180, 267

公正人士 …………………………120, 129, 180
公田 …………………………………………210
公務員協助催徴連議法 …………………194
公糧 ……………………………221, 249, 268
広安県臨時参議会 ………………………236
合意調達 ……………………32, 242, 252
交通部 ……………………………24, 25
江陰県臨時参議会 …………237, 270, 277
江西財政委員会 …………………………187
江西省各県地価估計規則 ………………201
江西省各県徴収地価税規則 ……………204
江西省各県徴収田賦人員奨懲規則 ……194
江西省各県土地登記暫行規則 …………203
江西省参議会 ……………………………248
江西省政府整頓徴収田賦辦法 …………194
江西省整理田賦徴収暫行辦法 …………194
江西省地価估計委員会暫行章程 ………201
江西省徴収田賦章程 ……………………194
江西省土地登記暫行章程 ………………203
江蘇省呉江県創辦自耕農示範区計画書
　………………………………………278
江蘇省辦理土地査報大綱 ………………217
江蘇省臨時参議会 ………………………268
江寧県臨時参議会 …………248, 271, 277
江寧自治実験県 ………60, 116, 140, 159
抗戦建国 ……………………………182, 219
抗租 ……………………81, 83, 161, 272, 273
耕作権 ……………………………………171
耕者有其田…48, 49, 51, 57, 62, 79, 124, 130,
　　132, 155, 156, 157, 278
航空測量 ……15, 56, 61, 102, 113, 124, 125,
　　126, 128, 129, 130, 131, 132, 134, 137, 144,
　　199, 200, 201, 208, 212, 223, 283, 289
黄冊 …………………………………………9
豪紳…………96, 106, 177, 187, 227, 243, 251

豪門巨室 …………………………………251
告江西各県離避匪賢良士民書 …………168
国家－農村社会間関係 …1, 3, 6, 11, 17, 284
国史館所蔵内政部檔案 ………………46, 47
国史館所蔵糧食部檔案…232, 233, 237, 240,
　　249, 255, 256, 257, 258, 267, 276, 277
国防最高委員会 …………………………240
国民革命 …………79, 81, 87, 89, 257, 299
国民参政会 …………………………249, 258
国民政府主席東北行轅政治委員会………40
国民党第五次全国代表大会(五全大会)
　………………………………………183, 207
国民党第五届九中全会……………………65
国民党第五届十中全会…………………227
国民党第五届一二中全会…………………69
国民党第五届二中全会……………………62
国民党第四届四中全会………………58, 60
国民党第六届一中全会……………………69
国民党第六届三中全会…………………245
国民党第六届二中全会…………………244
国民党中央政治学校 …………………57, 67
国民党中央調査統計局 …………………226
国民党六全大会……………………………69
黒地 ……………………………10, 19, 293
墾荒執照 …………………………………121
墾単 ………………………………………127
墾務総局 …………………………………64

さ

査丈 ……………………102, 110, 133, 237, 255
沙田管業執照 ……………………………127
在郷地主 ……………………………188, 189
財政庁 …55, 60, 84, 105, 114, 115, 116, 121,
　　122, 129, 175, 176, 187, 191, 192, 193, 194,
　　196, 197, 199, 211

事項索引　　　　　　　　　　　　　　　319

財政部…24, 25, 26, 27, 28, 29, 30, 32, 33, 35,
　　36, 45, 58, 59, 60, 61, 63, 65, 66, 68, 102,
　　106, 114, 121, 129, 130, 137, 190, 222, 223,
　　244, 245, 254, 255, 257, 286, 288, 295
財政部田賦管理委員会 ……………223, 254
催租吏 ……………………………………83
催徴警 ………………………………197, 204
催徴吏 …………………………………219
催追処 …………………………………83
冊書……9, 118, 119, 120, 121, 122, 123, 132,
　　136, 140, 142, 144, 145, 162, 189, 194, 195,
　　211, 216, 219
三角測量 ………………24, 29, 46, 112, 133
三七五減租 ………………………73, 74, 79
三保政策 ………………………………175
三民主義青年団 ………………………226
山北社 …………………………………31
参謀部測量局 …………………………25, 26
参謀本部陸地測量総局 ………………199
産権連合会 ……………………………93

し

士紳 …27, 129, 140, 142, 148, 160, 183, 193,
　　235, 236, 237, 241, 256, 271
四川省参議会 …………………247, 248, 277
四川省臨時参議会 ……………………247
四川糧民借穀債権団 …………………247, 258
市場価格(土地の) …146, 147, 149, 153, 154
市地 ……………146, 147, 148, 149, 151, 152
自作農創出……12, 13, 15, 40, 49, 53, 62, 63,
　　66, 77, 139, 140, 155, 156, 157, 159, 160,
　　161, 163, 164, 272, 278, 286, 287
自封投櫃 ………………………………85
自立政権論 ……………………………166
地棍 ……………………………………34

寺廟登記証書 …………………………127
寺廟田 …………………………………189
私補 ……………………………………123
私有不動産登記証書 …………………121
祀産 ……………………………………123
ＣＣ派 ……50, 51, 52, 69, 106, 133, 286, 295
実施改訂財政収支系統会議 ………244, 271
実施耕者有其田条例 …………………73
実徴冊 …………………………………197
執業印単 ………………………………127
執照 …………………………………121, 127
社書 ……………………………………9, 19
射洪県参議会 ………………………235, 240
上海全浙公会 …………………………115
収租処 …………………………………218
収租分処 ………………………………218
収復区……165, 169, 170, 171, 172, 173, 174,
　　183
収復区善後講習会 ……………………169
修改土地法意見書 …………………62, 153
修正整理保甲条例草案 ………………185
修正浙江省田賦徴収章程 ……………115
汝城県参議会 …………………………237
胥吏……9, 10, 11, 34, 84, 118, 122, 222, 260,
　　261, 270, 284, 285, 291
書差 ……………………………………189
小租 ……………………………………91
小農経営 ………………………………42
抄号・拆号 ……………………………127
承買官産省照 …………………………127
承買官産部照 …………………………127
承買没収充公地証書 …………………127
省参議会 ………242, 247, 248, 249, 250, 255
省臨時参議会 ………242, 248, 257, 268, 275
商会 …………………152, 188, 236, 241, 248

訟棍 ……………………………………177
人工測量………………56, 125, 199, 201, 212
申告地価 …………113, 134, 147, 149, 154
申令………………………23, 24, 31, 32, 45
清時官契 ……………………………127
清朝……9, 10, 11, 20, 28, 118, 121, 124, 127,
　　　131, 159, 216, 222, 228, 260, 261, 284, 291,
　　　292
紳董………………………………30, 31, 44
紳富 ……………………………129, 135
紳民 ……………………………236, 237, 241
新県制 …………………………230, 257
縉雲県参議会 ……………………………248

す

推行本党土地政策原則10項 …………53, 58
推行本党土地政策綱領案……………………58
推収員 ……………………………119, 120
綏靖区施政綱領 ……………………………272
綏靖区土地処理辦法………………………71, 272
崇慶県臨時参議会 ……………………………249

せ

井研県参議会 ……………………………249
政事堂 ……………………………………25, 28
清郷地区 ……………………………………218
清査官産処 ……………………………………28, 29
清査地献処 ……………………………………27, 28
清査地糧………110, 118, 119, 121, 122, 123,
　　　135, 136
清追欠賦辦法 ……………………………115
清党 ……………………………86, 87, 92
清賦局 ……………………………………121
請願・請願書……16, 31, 89, 93, 94, 95, 111,
　　　151, 152, 158, 224, 232, 233, 234, 235, 236,
　　　237, 238, 239, 240, 241, 242, 246, 247, 248,
　　　249, 253, 255, 257, 258, 268, 269, 270, 271,
　　　278, 291, 298
請迅速改革租佃制度以実現耕者有其田案
　　　……………………………………62, 155
醒華学会……………………………………50
整理田賦計画六項 ……………………196, 197
整理田賦先挙行土地陳報案附辦法大綱七
　　　条……………………………………60
整理田賦籌備委員会 ……………………222, 223
整理田賦付加辦法 ……………………………191
浙江国税庁籌備処 ……………………………121
浙江省各県経徴田賦考成辦法 ……………115
浙江省最近政綱……………………………87
浙江省参議会 ……………………………249
浙江省田賦徴収細則 ……………………115
浙江省臨時参議会 ……………247, 248, 258
浙江新契紙 ……………………………121
積極実施本党土地政策案……………………69
全国経界籌辦処 ……………………………24
全国経済委員会 ……………………58, 59, 229
全国内政会議 ……………………………109
全国糧食会議 ……………………227, 250, 252
全省賦制会議 ……………………235, 239, 255
陝西省臨時参議会 ……………………………234
戦時行政……15, 16, 215, 242, 243, 245, 246,
　　　253, 254
戦時体制 …8, 15, 16, 19, 64, 65, 66, 76, 130,
　　　216, 219, 220, 221, 225, 228, 229, 230, 232,
　　　241, 242, 243, 253, 290, 291, 298
戦時地税行政…245, 247, 249, 250, 251, 253,
　　　264, 267, 276, 291
戦時土地政策綱領……………………………65
選任経界董事規則……………………………30

事項索引　321

そ

租桟 …………83, 108, 128, 161, 218, 278
租摺 ……………………………121
租税台帳 …………9, 147, 189, 221, 265, 270
租荘 ……………………………83
租佃制度 …………………53, 70, 155
租賦併徴 ……………………218, 291
宗族 ……………10, 85, 176, 178, 192, 197
宗譜 ……………………………121
荘……………………………………83
荘冊……………………………………84
荘書 ………………9, 34, 84, 101, 125
創辦自耕農示範区 …………………272
総力戦 ……………8, 215, 219, 220, 228
剿匪区…14, 15, 165, 166, 167, 169, 170, 175, 179, 181, 182, 186, 208, 279, 298
剿匪区内各県編査保甲戸口条例 ………179
剿匪区内各省農村土地処理条例 …170, 183
族田 ……………………………189
測量機器 …………24, 31, 113, 216, 261, 262
測量技術……………15, 29, 98, 144, 283, 294
村里委員会…88, 91, 92, 97, 98, 99, 100, 101, 106, 107

た

大戸…115, 116, 120, 135, 162, 178, 192, 224, 225, 226, 227
大戸献糧 ……………………227, 231
大戸抗糧 ……10, 85, 86, 175, 177, 178, 179, 181, 188, 191, 192, 194, 195, 197, 285
大衆運動……………………8, 49, 292, 293
大租 ……………………………91
太平天国………………9, 84, 121, 211
台湾土地銀行 ………………………66, 74

帯徴費……………………………29
第一次全国財政会議 ………………188
第三次全国財政会議………………65, 220
第二次全国財政会議 …60, 61, 80, 102, 130, 222
涿良分局……………………29, 30, 31

ち

地価区 ………………………146, 149, 201
地価估計委員会 ……………………113
地価算定…114, 146, 147, 151, 152, 153, 154, 160, 163, 199, 201
地価税……15, 49, 57, 80, 113, 114, 115, 129, 130, 131, 134, 137, 139, 140, 145, 146, 147, 148, 149, 150, 151, 152, 153, 154, 156, 160, 163, 199, 204, 205, 206, 207, 208, 211, 212, 213, 261, 266, 283, 285, 288
地価税冊 …………………147, 149, 266
地価調査 ……………………146, 201
地上権 ………………………128, 204
地上測量 ……………………201, 208
地政学院 …54, 55, 57, 58, 63, 64, 66, 67, 72, 73, 75, 88, 104, 124, 125, 129, 130, 137, 139, 144, 145, 150, 183, 206, 283
地政局……55, 56, 67, 74, 130, 134, 144, 145, 146, 147, 148, 149, 150, 151, 158, 163, 199, 201, 202, 203, 204, 206, 212, 213, 262, 276, 278
地政研究班……………………………57
地政科 ………………125, 199, 204, 262
地政処 ……………………………67, 199
地政署 …………40, 41, 46, 47, 59, 66, 69
地税行政…232, 240, 243, 254, 255, 256, 257, 258, 262, 268, 269, 298
地税戸冊 ……………………………204

地籍原図……………40, 216, 261, 262, 263
地籍整理 …10, 18, 20, 40, 41, 47, 60, 61, 65, 76, 77, 110, 111, 114, 115, 116, 118, 119, 122, 124, 127, 129, 132, 134, 135, 136, 142, 159, 160, 215, 219, 222, 232, 237, 246, 262, 263, 264, 265, 270, 275, 276, 285, 289, 291, 294
地籍整理辦事処……………………262
地籍測量 ………………142, 217, 263
地租改正(明治日本の) …3, 4, 5, 12, 13, 17, 21, 22, 34, 35, 37, 40, 147, 153, 163, 219, 282, 294
治標策……109, 110, 111, 113, 116, 131, 132, 133, 190, 198, 206, 210, 212, 222, 283, 289
治本策……102, 109, 110, 111, 124, 131, 132, 190, 198, 199, 207, 208, 289
中央国民経済計画委員会……………64
中央政治委員会 …62, 63, 145, 153, 154, 156
中央政治会議…………51, 58, 59, 62, 87, 116
中央政治学校 ……55, 57, 88, 104, 116, 117, 124, 125, 137, 145, 183
中央土地委員会(土地委員会) …58, 59, 62, 76, 105, 212
中国第二歴史檔案館所蔵地政部檔案…278, 288
中国第二歴史檔案館所蔵糧食部檔案 …256
中国地政学会(地政学会)……13, 22, 39, 41, 45, 48, 49, 50, 51, 52, 53, 54, 56, 57, 58, 59, 60, 61, 62, 63, 64, 65, 66, 67, 68, 69, 70, 71, 72, 73, 74, 75, 76, 124, 130, 139, 153, 155, 156, 157, 159, 164, 283, 286, 288, 295, 297
中国地政研究所 ……57, 67, 68, 73, 75, 105, 136, 161
中国土地改革協会…41, 42, 43, 47, 48, 57, 70

中国農村復興連合委員会…19, 72, 73, 74, 77
中国農民銀行 ……………66, 77, 272
中農 ……………………………81, 82
中飽 ………………………………190
中牟県参議会 ……………………237
徴収櫃 ……………………………84
徴収不動産移転税契章程 …………121
徴糧督導団 ………………………245
賑房 ………………………………83
陳報単 ………………98, 99, 100, 107
鎮安県臨時参議会 ……………234, 255

て

テクノクラート…10, 13, 19, 57, 74, 75, 139, 144, 164, 206, 216, 262, 283, 286, 290, 292, 295
抵当権 …………………………128, 204
田少糧多……………………………10, 190
田多糧少……………………………10, 190
田底権 ……………91, 157, 158, 278
田賦加徴附捐限制法 ………………190
田賦管理処 …………235, 238, 241, 255, 264
田賦実収額 ………………………122
田賦実徴冊 ………………………216
田賦実物徴収 …65, 220, 221, 225, 227, 232, 233, 234, 236, 237, 244, 247, 248, 249, 250, 251, 252, 253, 254, 264, 265, 268, 269, 270, 291
田賦正税 44, 86, 188, 189, 190, 205, 206, 213
田賦清査処 ………………………199
田賦整理 …26, 30, 32, 38, 61, 104, 133, 134, 186, 188, 190, 196, 198, 212, 223
田賦付加税…………44, 189, 190, 191, 210
田賦糧食管理処……264, 265, 267, 270, 272, 273, 274, 277

事項索引

田畝調査大綱 8 則 …………………27
田面権 ………………………91, 158, 278
田糧業務検討会議 …………268, 274, 278
佃業仲裁委員会 …………………88, 89
佃業理事局 …………………88, 90, 91, 95, 96
佃照 ……………………………127
佃抄及佃租 ……………………127
佃租執照 ………………………127
佃農協会 ……………………42, 71
塾江県臨時参議会 ………………236

と

ドイツ租借地 ………………39, 46, 76
ドイツ土地改革同盟 ………39, 52, 76
土豪 ……………………24, 241, 285
土豪劣紳 ……………70, 96, 169, 178, 180, 226
土地改革（中国共産党の）…7, 8, 12, 18, 21, 43, 48, 286, 293
土地改革（台湾の）……19, 48, 62, 66, 72, 73, 74, 75, 80, 104, 160, 286
土地改革方案 …………41, 42, 43, 47, 71
土地管業証 ………120, 121, 122, 125, 136
土地局 …………………145, 198, 199
土地金融 …………49, 53, 59, 66, 67
土地金融処 ………………………66
土地銀行 …………63, 66, 67, 130, 156
土地権利書状 …………125, 136, 144
土地査報常務委員会 ……………142
土地裁判所 ………………………154
土地債券 ……………63, 66, 130, 156
土地使用権 ………128, 132, 204, 207, 213
土地所有権 ……3, 33, 34, 35, 111, 120, 121, 122, 128, 132, 137, 144, 145, 184, 203, 204, 206, 207, 261
土地所有権状 …………………203, 206

土地政策戦時実施綱要 ……………263
土地清冊 ……………………………204
土地専門委員会…54, 55, 56, 59, 62, 145, 153
土地整理処 ………………………55, 199
土地先買権 ……………………………49
土地増値税 ……………………………46
土地台帳…9, 33, 84, 118, 123, 124, 189, 203, 211, 221, 237
土地・地税制度の近代化……3, 4, 5, 6, 8, 9, 11, 12, 13, 14, 15, 17, 18, 21, 22, 23, 32, 37, 38, 39, 40, 41, 44, 49, 73, 80, 103, 109, 110, 114, 116, 124, 129, 131, 132, 137, 139, 140, 152, 155, 157, 159, 160, 161, 182, 186, 189, 206, 207, 208, 216, 219, 222, 229, 261, 279, 282, 283, 284, 286, 288, 289, 290, 291, 292, 293
土地調査・地租改正事業（台湾の）……3, 4, 22, 36, 73
土地調査・地租改正事業（朝鮮の）……3, 4, 22, 27, 37, 38
土地調査籌辦処 ………………23, 46
土地陳報 …14, 58, 60, 61, 76, 77, 79, 80, 86, 97, 98, 99, 100, 101, 102, 104, 106, 107, 109, 110, 118, 120, 123, 124, 127, 130, 131, 133, 137, 140, 141, 142, 144, 145, 159, 161, 216, 217, 222, 223, 224, 228, 230, 232, 234, 235, 236, 237, 238, 239, 240, 241, 251, 255, 256, 283, 288, 289, 291, 294, 297
土地陳報改進工作監察委員会 ……235, 241
土地陳報規則 ………………………30
土地陳報編査隊 ……………………241
土地陳報辦事処 ……………………97
土地登記……3, 17, 60, 61, 71, 121, 125, 126, 127, 128, 129, 132, 136, 139, 143, 144, 145, 146, 148, 149, 151, 160, 162, 199, 202, 203,

　　　　204, 206, 207, 212, 216, 261, 262, 264, 284
土地登記員訓練班 …………………………126
土地登記所 ……………………………………121
土地登記辨事処 ……………………………126
土地把握………9, 10, 11, 16, 24, 34, 77, 142,
　　　　144, 160, 216, 217, 218, 222, 225, 227, 237,
　　　　239, 260, 264, 284, 291, 292, 293
土地法(国民政府の)…39, 40, 58, 59, 60, 61,
　　　　62, 63, 71, 76, 96, 114, 128, 129, 134, 147,
　　　　152, 153, 154, 156, 160, 163, 201, 207, 283
土地法改定運動 ……………………………58, 61
土地法修改原則24項………63, 153, 154, 156
土地問題討論会……………………………………53
土劣地痞 …………………………………179, 181
同郷会 …………………………233, 241, 248, 269
同業組織……………………………………………188
同族団体……………………………………85, 123, 189
同治清賦 ……………………………………121
東陽県臨時参議会 …………234, 248, 255
盗売 ………………………………………………123
等則 …………………………………………217, 218
特下地 ……………………………………………201
特殊地 ………………………………146, 147, 148, 152
特殊地価 ……………………………………………202
特上地 ……………………………………………201
特区地 ………………………………146, 147, 148
督徴人員 …………………………………………245
督徴団 ……………………………………………265

な

ナショナリズム ………………………………35, 37
内政部…………………………59, 55, 66, 114, 203, 294
内務部 ……………………………………23, 24, 25, 44
南昌行営 ……………………………165, 168, 170, 184
南昌新建清査田賦辨法 ………………………194

に

二五減租 …14, 19, 51, 72, 73, 75, 77, 79, 80,
　　　　83, 86, 87, 88, 89, 92, 93, 94, 95, 96, 97,
　　　　102, 104, 105, 106, 108, 272, 273, 278, 297
日本占領区 …………………215, 216, 217, 228, 291
日本モデル……………………………………………38

の

農会 ………151, 152, 235, 236, 241, 248, 273
農業合作社 ……………………………………43, 71
農業経営 ………………42, 43, 47, 71, 159, 183
農業集団化……………………………………7, 8, 48
農商部………………………………………………45
農村運銷合作社 …………………………………173
農村合作委員会 …………………………174, 198
農村供給合作社 …………………………………173
農村興復委員会 ……170, 171, 172, 173, 183
農村信用合作社 …………………………………173
農村利用合作社 …………………………171, 173
農地改革(戦後日本の) …18, 21, 41, 42, 43,
　　　　44, 47, 77
農地改革委員会……………………………………42
農地改革法草案………………………42, 71, 77
農地図 ……………………………………………203
農民協会 ………87, 88, 89, 91, 94, 95, 105
農民暴動 ……………………………………225, 233
農林部………………………………………………64

は

売田不売糧 ………………………………………195
八月冊 ……………………………………124, 127

ひ

飛灑詭寄 ………………………………10, 84, 190

事項索引　　　325

痞棍 …………………………………129
標準地 ……………………………201
標準地価 …………146, 147, 154, 201, 202
憑條 ………………………………121, 123
貧農 ………………81, 82, 170, 210, 230, 293

ふ

不在地主……81, 83, 154, 156, 157, 163, 188, 189, 207
不倒戸 ……………………………195
不動産移転税証書 ………………127
不動産登記証書 …………………127
付加税…11, 86, 113, 176, 177, 189, 191, 205, 206
布政司 ……………………………121
武進県臨時参議会 ………………271, 277
部照 ………………………………121
富戸 ………………………………226, 227
富紳大戸 ………175, 176, 192, 193, 210, 211
富農 ………81, 82, 161, 173, 174, 210, 293
賦役全書 …………………………189, 202
舞陽県参議会 ……………………237
福建事変 …………………………58

へ

平均地権 …12, 13, 39, 46, 48, 49, 52, 60, 61, 75, 76, 251
平湖地政実験県…14, 74, 102, 109, 113, 115, 124, 125, 129, 131, 132, 136, 288, 297
兵農合一案 ………………………72
編訳所 ……………………24, 35, 37, 44, 46
辨理土地陳報綱要 ………………60, 217

ほ

保衛団 ……………………………100, 175

保甲経費 …………………178, 180, 185
保甲制度 …53, 126, 127, 136, 165, 178, 179, 180, 181, 182, 184, 185, 195, 196, 209
保持証 ……………………………127
保田 ………………………………178
保民大会 …………………………241, 242
補換執業 …………………………127
補税執照 …………………………127
方城県参議会 ……………………237
方単費 ……………………………26, 29
包佃制 ……………………………83
包佃人 ……………………………83
卯簿 ………………………………118, 119, 122
房租（家賃）……………………172
法団 ………115, 149, 152, 235, 241, 256
法定地価 ……………………38, 147, 154
法幣…220, 230, 244, 245, 247, 248, 249, 255, 258, 268, 271, 275, 277

ま

満州国…………………17, 18, 21, 25, 40, 291

み

民意機関……16, 20, 240, 241, 242, 243, 250, 251, 253, 257, 268, 269, 290
民権 ………………………………34, 35
民国官契紙 ………………………127
民生主義 …………………………52, 94
民政庁 …60, 97, 98, 101, 106, 112, 113, 114, 130, 133, 175
民政科地政股 ……………………262

め

明治維新…………………………4, 5, 17

ゆ

有田無糧……………………………10, 190
有糧無田……………………………10, 190
有力地主…10, 11, 14, 32, 76, 81, 85, 86, 100,
　　101, 102, 103, 109, 115, 120, 129, 135, 140,
　　142, 144, 145, 148, 160, 162, 176, 189, 190,
　　191, 192, 194, 206, 207, 208, 222, 224, 225,
　　226, 227, 228, 285, 289

よ

預徴………………………………89, 105, 268

ら

洛陽県参議会 ……………………………237
蘭谿県参議会 ……………………………248
蘭谿自治実験県 ……14, 102, 109, 110, 111,
　　116, 117, 123, 128, 131, 132, 297

り

利害表出 …16, 232, 233, 242, 243, 253, 289,
　　290, 291
立法院…42, 63, 71, 72, 73, 77, 154, 155, 247,
　　258
柳城県参議会 ……………………………235
流氓………………………………90, 179, 181
龍泉県参議会 ……………………………248
梁山県臨時参議会 ………………………235
遼北省偽満時期地籍整理之概要及成果精
　　度検討報告書 …………………40, 47
糧食 …16, 57, 64, 65, 76, 220, 221, 225, 226,
　　227, 228, 230, 231, 232, 233, 237, 240, 241,
　　244, 246, 247, 250, 252, 254, 256, 257, 258,
　　259, 267, 268, 270, 271, 272
糧食価格 ……………………………226, 268
糧食庫券 ……………………………247, 258
糧食部 ……65, 227, 237, 238, 240, 244, 245,
　　246, 249, 252, 254, 256, 257, 258, 265, 267,
　　268, 269, 270, 271, 272, 276, 277
糧食部田賦署 ……………………………254
糧食の強制買い上げ ……65, 221, 227, 232,
　　252, 254, 291
糧食の強制借り上げ ……65, 221, 227, 232,
　　244, 245, 247, 250, 251, 252, 253, 254, 258,
　　264, 291
臨安県参議会 ……………………………248

る

累進制 …………………154, 207, 213, 227
累進地価税………………53, 63, 65, 155, 156
累進土地税 …………………………172, 173

れ

零細農家…………………………………7, 48
麗水県参議会 ……………………………248
歴年糧串 …………………………………127
劣紳………………………24, 129, 241, 243, 285
連帯責任 ……………………178, 195, 196
聯合収租処 ……………………………273, 278

ろ

漏税地 ……………………………10, 24, 31, 34

中华民国时期农村地政史研究
―― 国家与农村社会之间的关系及其演变 ――

绪论　问题的提出和本书的构成······3
 第1节　研究中华民国农村地政史的意义······3
 第2节　国家对农村社会的控制及其演变······9
 第3节　本书的内容及其构成······13

第1部　农村地政的源流及其筹划者······21
 第1章　北京政府经界局及其和日本的关系······21
  第1节　中华民国的土地变革及其和日本的关系······21
  第2节　北京政府时期经界局的政治历程······23
  第3节　经界局的事业规划及其和日本的关系······32
  第4节　国民政府时期地政任务的演变及其和日本的关系······38
 第2章　萧铮和中国地政学会······48
  第1节　中国土地改革的另一种形式······48
  第2节　中国地政学会成立以前的萧铮······50
  第3节　抗战以前中国地政学会的组织与活动······54
  第4节　战时与战后的萧铮和中国地政学会······64
  第5节　通向台湾土地改革的道路······72

第2部　抗战以前江浙地区地政事业的发展······79
 第3章　浙江省的最早尝试与挫折
    ―― "二五减租"和"土地陈报" ――······79
  第1节　国民政府成立时的农村统治任务与浙江农村······79

第 2 节　"二五减租"的实施与空洞化……86

第 3 节　"土地陈报"的实施与失败……97

第 4 节　小结与展望——论述国民政府的一种视角——……102

第 4 章　浙江省农村地政的发展状况和实验县……………… 109

第 1 节　"土地陈报"失败后的进展……109

第 2 节　兰溪自治实验县……116

第 3 节　平湖地政实验县……124

第 4 节　小　　结……130

第 5 章　江苏省实施地价税与扶植自耕农计划……………… 139

第 1 节　土地与地税制度近代化的发展概况……139

第 2 节　实施地价税产生的诸问题及其协调……146

第 3 节　拟定扶植自耕农的计划……155

第 4 节　小　　结……159

第 3 部　抗战以前和抗战初期"剿匪区"地政事业的发展…… 165

第 6 章　江西省"剿匪区"的统治……………………… 165

第 1 节　研究"剿匪区"统治的一种观点……165

第 2 节　推动"贤良士民"回乡工作……167

第 3 节　"剿匪区"统治的实况……175

第 4 节　小　　结……181

第 7 章　江西省农村地政事业的发展………………… 186

第 1 节　江西省的财政改革和田赋问题……186

第 2 节　"治标策"的实施及其困难……190

第 3 节　"治本策"的开展及其成果……198

第 4 节　小　　结……208

第 4 部　向战时行政的转换及其曲折 · 215

第 8 章　日军占领区和重庆政府统治区 · 215

第 1 节　日军占领区的农村地政——以江苏省为例——· · · · · · 215

第 2 节　重庆政府的战时体制和农村地政的演变· · · · · · 219

第 3 节　小　　结· · · · · · 228

第 9 章　战时至战后的地税行政与请愿活动 · 232

第 1 节　地域社会的利益要求与请愿· · · · · · 232

第 2 节　战时请愿活动的特征· · · · · · 233

第 3 节　战后地税行政的演变与地域社会的动向· · · · · · 243

第 4 节　国共内战的全面展开和全国粮食会议的召开· · · · · · 250

第 5 节　小　　结· · · · · · 253

第 10 章　战后江苏省的农村地政 · 260

第 1 节　战前和战后的江苏省· · · · · · 260

第 2 节　战后国民政府的恢复和地税行政的再举· · · · · · 262

第 3 节　地域社会的反应以及地税征收的实际情况· · · · · · 268

第 4 节　小　　结· · · · · · 275

尾声　结　　语 · 279

第 1 节　总的趋势和发展过程的特征· · · · · · 279

第 2 节　成果和意义· · · · · · 284

第 3 节　推动原因和阻碍原因· · · · · · 286

第 4 节　抗日战争的影响· · · · · · 290

第 5 节　总结和展望· · · · · · 292

中 文 要 旨

　　本书的课题在于探讨中华民国时期(1912年至1949年)农村地政的发展过程及其所面临的一系列问题。由此可以从动态上了解该时期国家与农村社会之间的关系及其演变过程。中华民国时期的农村地政虽然包括了多方面的内容，但从实际情况上看，在整个农村地政中占据了中心位置的还是土地和地税制度的近代化。概括起来，其内容包括了土地测量、土地登记、土地所有权的确定和保障、地价的估算以及在此基础上的地税征收等等。

　　最早开始尝试在全国范围内实行土地和地税制度近代化的是北京政府设立的经界局。为了加强国家的财政基础建设，经界局参考日本明治时期地税改革以及二战前统治台湾和朝鲜时实施的一些相关办法，制定了一个长时期、大规模、全国性的实施计划。可是该计划由于受到来自政府内部的干扰和政局动荡的影响，最后在农村社会的强烈反对下，仅一年半多就遭到严重挫折。因此，实现土地和地税制度近代化的任务就被打倒北京政府之后建立的国民政府原封不动地继承下来。国民政府时期，有关农村地政的政府决策不再仅仅参考日本的办法而主要是贯彻孙中山思想，以维护政权的正统性。作为举办地政的智囊团，政府设立了一个专门的组织——中国地政学会，它除了负责召集专家筹划地政之外，还有计划地培养了一批从事地政业务的技术官员。他们不仅以实现土地和地税制度的近代化为目标，而且采取了一系列相关措施，以便从其社会政策的观点出发，实现"平均地权"，扶植自耕农的目标。特别是后者，它是与中国共产党主张不相同的、中国土地改革的另外一种形式。不过，国民党统治大陆时期由于受国内外环境的制约，上述措施只在局部地区得以试行，国民政府农村地政的重点还是土地和地税制度的近代化。当时的决策者们认为实现土地和地税制度的近代化可以为上述的土地改革奠定基础。国民政府转移到台湾后，实行了这种形式的土地改革并获得成果。

综观国民政府推动土地和地税制度近代化的全过程，归纳起来有以下几个特点：第一，纵观其进程，二十世纪三十年代中期发展极为迅速，抗日战争爆发前的一九三六年是事业发展的顶峰。一九三七年七月开始全面抗战，在很大程度上阻碍了土地和地税制度的近代化进程，之后再也没有恢复到抗战以前的水平。第二，地域差距很大。抗日战争以前，存在着两个"极点"。一个是长江下游三角洲地区，从行政区划上来看即江苏和浙江两省。该地区早就属于国民政府统治稳固地区，同时也是经济发达地区。另一个是"剿匪区"，即与中国共产党苏维埃政权抗衡以及内战后需要重建统治体制的地区，受政治因素影响很大。从行政区划上来说，江西省的发展最为迅速。无论哪一个地区，农村地政得到优先实施的都是农业生产力发展水平较高的平原地区，因此虽然从面积和县份数来看农村地政得到举办的地区在整体中所占的比例并不大，但其作用不可低估。第三，农村地政实施较好地区，土地和地税制度近代化的方法都是逐渐改进完善的。一开始实施了以土地陈报（土地所有者自行申报其土地概况）为主的各种各样的"治标"办法（整理田赋时不作正式的土地测量的简便方法），但其情况错综复杂。后来在举办过程中发现这些"治标"办法弊病很多，到抗日战争爆发前已有废除的倾向。在测量技术上，个别地区采取了航空测量的办法，取得了显著的成绩，同时所需经费和所耗日数也大大降低了。

国民政府推动土地和地税制度的近代化，其成果可以归纳如下：第一是促使国家与农村社会之间的关系发生了很大的变化。国家对土地的控制方式从原来所谓的"胥吏依靠型""胥吏承包型"向国家对每个土地所有者实行直接控制的体制过渡。这样至少从制度上对胥吏在暗中的活动以及地域社会内部的力量对比影响征税过程这一状况起到了防止作用。它表明国家对地域社会实行更直接更确实的控制的新结构正开始形成，以此代替自清朝到民国时期对地域社会实行的宽松控制。由此可见建立在城市基础上的国民政府通过办理农村地政，逐渐将其权力范围渗透到了农村社会。

第二则是国家与农村之间关系的变化给农村各个阶层所造成的不同影响。这

种变化摧毁了旧结构中有权有势的地主在税收上享受的非正式的特殊权益，基本上符合了一般土地所有者(地主、自耕农、自耕农兼佃农)的利益。这一点从以下的事实中也可以得到证实：在地政事业发展较快的地区，虽然征税范围和征税总额有了大幅度的增加，但是单位面积的税额却有所减少。

另外还应指出的是，农村地政事业本来具有更符合资本主义发展的特点，同时也为国民政府的进一步改革奠定了基础。但是，抗日战争的爆发以及其后的政治动荡，使我们无法探讨农村地政改革的中长期成效。

具有上述特点的农村地政事业，虽然遭到了政府内部的反对势力以及有权有势地主的对抗，但是阻碍此项事业发展的最大原因还在于抗日战争。首先来看抗日战争对长江下游三角洲地区和江西省所造成的影响。抗战爆发后不久，长江下游三角洲地区不断受到战火袭击，随之被日军占领。江西省不久也受到日军进攻，丢失了实施地政改革成绩最好的该省中北部地区。当时，国民政府将这些地方的地籍图册以及测量工具运往内地，负责办理地政的技术官员也随之散失。这不仅中断了农村地政事业，而且也使日方无法掌握和继承以前所取得的成果。日方只能搜出以前的胥吏，依靠他们征收地税。这完全倒退到清朝以来原有结构。其结果即使在比较安定的占领区，日方能征收到的地税也极低。虽然日本方面也已经认识到这一问题的存在，但最终未能得到彻底解决。

另一方面，迁都重庆坚持抗战的国民政府要想继续实行土地和地税制度的近代化也很困难。除了优先在市区等极少地方实施了土地测量以外，在大多数地方则回避了耗费时间和金钱的土地测量，实行了土地陈报这一更为不彻底的方式(前述)。土地陈报制度本身并不完备，无法严格查处不法申报，结果在很多地方引起了各种各样的纠纷。因此重庆政府在战时体制下实行的一系列强化土地税征收的措施(田赋征实,征购和征借)，基本上是在国家对土地的控制仍不充分的情况下进行的。这样不仅很难引导出地域社会潜在的税收承担能力，而且使税收行政的矛盾更尖锐了。重庆政府虽然勉强将抗战坚持下来，但却在农村社会埋伏了深刻的危机。这种状况以请愿的方式在地域社会的利益要求中得到了充分的体现。虽然

负责行政的人员也认识到这一矛盾的存在，但是二战后国民政府由于面临严峻的国共对立局面，继续实施了战时地税行政。国民政府的这一选择，和战后地域社会提出的立即废除战时地税行政的要求背道而驰，结果造成国民政府的基层行政组织日趋脆弱。

在中华民国农村地政中占据了中心地位的土地制度和地税制度的近代化，是国民政府统治时期才开始进行的。从历史的角度看，民国时期在国家结构上继承了清朝行政基层组织对农村社会的控制极为疏放和脆弱的特征，而土地和地税制度的近代化正是为了摆脱这种结构特点而做出的不懈努力。这种努力在组建近代国家所必需的行政和财政机构上是必不可少的。抗日战争在很大程度上阻碍和扭曲了具有上述意义的农村地政事业的发展，虽然国民政府在战后也曾试图重新举办地政事业，但终未能解消战争所带来的沉重负担，最终失去了其在大陆的政权。

笹川　裕史（ささがわ　ゆうじ）

著者略歴
1958年　大阪府茨木市に生まれる
1981年　広島大学文学部卒業
1986年　広島大学大学院文学研究科博士課程中退
1986年　和歌山工業高等専門学校に赴任
1996年　東京都立短期大学助教授
2001年　埼玉大学教養学部助教授（現在に至る）
2002年　広島大学博士（文学）の学位を取得

著作
『中国の近代化と地方政治』（共著、勁草書房、1985年）
『中国の近代化と政治的統合』（共著、渓水社、1992年）
『日本の中華民国史研究』（共著、汲古書院、1995年）
『世界のなかの日中関係』（共著、法律文化社、1996年）
『中国近代化過程の指導者たち』（共著、東方書店、1997年）
『近代中国と日本』（共著、御茶の水書房、2001年）
『戦後中国国民政府史の研究』（共著、中央大学出版部、2001年）

中華民国期農村土地行政史の研究

2002年11月4日　初版発行

著　者　笹　川　裕　史
発行者　石　坂　叡　志
整版印刷　富　士　リ　プ　ロ
発行所　汲　古　書　院
〒102-0072　東京都千代田区飯田橋2-5-4
電話 03(3265)9764　FAX 03(3222)1845

ⓒ2002　ISBN4-7629-2542-X　C3322　汲古叢書43

汲古叢書　(表示価格は2002年11月現在の本体価格)

1	秦漢財政収入の研究	山田　勝芳著	本体	16505円
2	宋代税政史研究	島居　一康著		12621円
3	中国近代製糸業史の研究	曾田　三郎著		12621円
4	明清華北定期市の研究	山根　幸夫著		7282円
5	明清史論集	中山　八郎著		12621円
6	明朝専制支配の史的構造	檀上　寛著		13592円
7	唐代両税法研究	船越　泰次著		12621円
8	中国小説史研究－水滸伝を中心として－	中鉢　雅量著		8252円
9	唐宋変革期農業社会史研究	大澤　正昭著		8500円
10	中国古代の家と集落	堀　敏一著		14000円
11	元代江南政治社会史研究	植松　正著		13000円
12	明代建文朝史の研究	川越　泰博著		13000円
13	司馬遷の研究	佐藤　武敏著		12000円
14	唐の北方問題と国際秩序	石見　清裕著		14000円
15	宋代兵制史の研究	小岩井弘光著		10000円
16	魏晋南北朝時代の民族問題	川本　芳昭著		14000円
17	秦漢税役体系の研究	重近　啓樹著		8000円
18	清代農業商業化の研究	田尻　利著		9000円
19	明代異国情報の研究	川越　泰博著		5000円
20	明清江南市鎮社会史研究	川勝　守著		15000円
21	漢魏晋史の研究	多田　狷介著		9000円
22	春秋戦国秦漢時代出土文字資料の研究	江村　治樹著		22000円
23	明王朝中央統治機構の研究	阪倉　篤秀著		7000円
24	漢帝国の成立と劉邦集団	李　開元著		9000円
25	宋元仏教文化史研究	竺沙　雅章著		15000円
26	アヘン貿易論争－イギリスと中国－	新村　容子著		8500円
27	明末の流賊反乱と地域社会	吉尾　寛著		10000円
28	宋代の皇帝権力と士大夫政治	王　瑞来著		12000円
29	明代北辺防衛体制の研究	松本　隆晴著		6500円
30	中国工業合作運動史の研究	菊池　一隆著		15000円
31	漢代都市機構の研究	佐原　康夫著		13000円
32	中国近代江南の地主制研究	夏井　春喜著		20000円
33	中国古代の聚落と地方行政	池田　雄一著		15000円
34	周代国制の研究	松井　嘉徳著		9000円
35	清代財政史研究	山本　進著		7000円
36	明代郷村の紛争と秩序	中島　楽章著		10000円
37	明清時代華南地域史研究	松田　吉郎著		15000円
38	明清官僚制の研究	和田　正広著		22000円
39	唐末五代変革期の政治と経済	堀　敏一著		12000円
40	唐史論攷	池田　温著		近刊
41	清末日中関係史の研究	菅野　正著		8000円
42	宋代中国の法制と社会	高橋　芳郎著		8000円
43	中華民国期農村土地行政の研究	笹川　裕史著		8000円